역사로서의 현재

전 세계 권력 지형에 대한 비판적 조망

역사로서의 현재

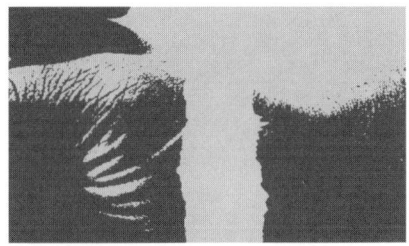

전 세계 권력 지형에 대한 비판적 조망

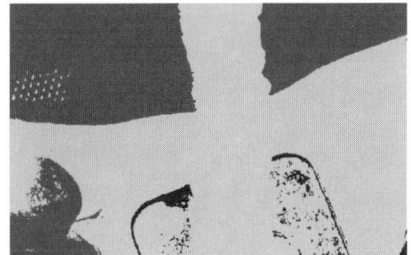

네르멘 샤이크 엮음 ┃ 김병철 옮김

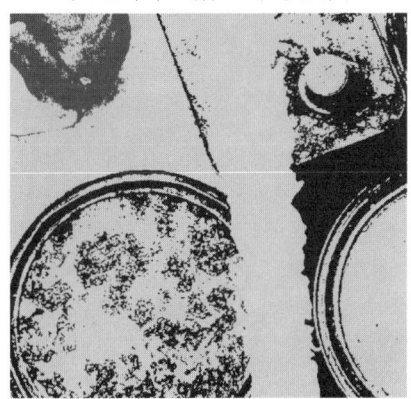

모티브북

일러두기

1. 원주는 해당 주의 첫머리에 *로 표기했으며, 그 외의 것은 모두 역자 주입니다.
2. 단행본은 『 』, 신문과 잡지는 《 》, 논문과 보고서 등은 〈 〉로 표기했습니다.
3. 본문에 나오는 책 제목은 국내에 출판된 것은 출판된 것의 제목을 따랐으며, 미출간된 책들은 원문을 따랐습니다.
4. 13장 질 아니자르와의 인터뷰 중 일부는 세속주의와 이슬람의 주제와 큰 연관성이 없어서 축약했습니다.

목차

PART 1 세계 경제

PART 2 포스트식민주의와 신제국주의

감사의 글

이 기회를 통해 인터뷰 기회를 준 분들과 인터뷰의 일부를 사용하도록 허락해 준 아시아 소사이어티Asia Society에 감사의 마음을 전한다. 이 책은 편집자 피터 디목Peter Dimock의 헌신과 확고한 지지가 없었다면 존재하지 않았을 것이다. 이 책의 기획을 최초로 제안한 브렌다 콜린Brenda Coughlin, 요제시 찬드라니Yogesh Chandrani, 에이미 숄더Amy Scholder, 아담 샤츠Adam Shatz에게도 감사한다. 인터뷰는 수년에 걸쳐 이루어졌으며, 그 과정 중에 나우만 나크비Nauman Naqvi, 질 아니자르Gil Anidjar, 제임스 잉램James Ingram, 니논 빈슨뉴Ninon Vinsonneau, 조나단 마기도프Jonathan Magidoff, 에이미 로젠버그Amy Rosenberg, 산자이 레디Sanjay Reddy, 아사드 아메드Asad Ahmed, 이람 칸드왈라Iram Khandwala, 바넷 루빈Barnett Rubin, 리투 빌라Ritu Birla와 같은 동료들이나 대담자들과의 논의를 통해 이 책에 관련된 아이디어들이 완성된 꼴을 갖추게 되었다. 특히 정치와 근대성modernity 그리고 그 밖의 주제들에 관해 15년간 함께 대화를 나눌 수 있었던 제임스 잉램James Ingram에게 고마움을 느낀다. 나의 아버지 나즈무딘 샤이크Najmuddin Shaikh와 할아버지 이프티카르 아메드

샤르와니Iftikhar Ahmed Sharwani는 언제나 표현할 수 없이 고마운 지적 영감을 불어넣어 주셨다. 나와 이념적으로는 입장이 다름에도 이 기획을 응원해준 남자 형제 나디르 샤이크Nadir Shaikh에게도 고마움을 전한다. 아미Ammi와 아부Abu(나즈마Najma와 리아즈 나크비Riaz Naqvi), 사랑하는 여동생 나벤 나크비Naveen Naqvi와 나의 동생 노필 나크비Nofil Naqvi의 사랑에 대해서 나는 부채의식을 가지고 있다. 나의 부모 나즈무딘Najmuddin과 라나 샤이크Raana Shaikh는 시초에서부터 모든 것이 가능하게 해주신 분들이다.

질 아니자르는 우리가 처음 대화를 나눈 순간부터 강렬한 열정과 희생 그리고 사랑으로 나를 축복해 주었다. 내가 또 다른 삶을 꿈꿀 수 있게 된 것은 그와 나우만 나크비와의 대화를 통해서 가능한 것이었다.

범계에 깃든 안식처 나우만 나크비는 내가 비판적이고 윤리적인 삶을 살아갈 수 있게 해주는 존재이며, 말로 된 것이든 아니든 내가 깨달을 수 있는 것보다 더 많이 배울 수 있었던 것은 그가 있기 때문이다.

이 책을 나의 어머니 라나 샤이크Rana Shaikh에게 바친다. 어머니가 보여준 정의와 사랑의 본보기는 나를 인도해왔으며, 격려와 헌신은 다르게 생각하며 살아가는 데 강한 힘이 되어 주었다.

서문

    이 책은 현대의 권력과 국제 정치학이 그려내는 지구적인 지형에 관한 몇 명의 중요한 석학들의 생각을 소개한다. 이들은 사회와 인문과학의 다양한 영역에서 선별되었다. 이들의 1차 보고서는 미래에 대한 비판적 시각을 제공하고, 현대의 여러 사건들을 이해하는 데 자신들이 속한 학문 분야가 어떻게 기여할 것인가 하는 논의에 막대한 영향을 끼치고 있다. 이 책이 택한 인터뷰 형식은 전문적 학술 작업을 위해 학자들이 사용하는 난해한 개념들에 일반 독자들도 쉽게 접근할 수 있도록 해준다. 나아가 경제학과 인류학, 정치학, 종교, 역사, 법 등과 비교문학에서 사용되는 이론적이고 종종 추상적인 개념들의 긴요함과 정치적 중요성이 드러나도록 한다. 학자들의 육성은 우리 시대의 가장 시급한 질문에 응답함으로써 국제 문제의 근원이 되는 광범위한 역사 · 정치 · 경제적 맥락을 더 잘 파악할 수 있도록 해준다. 제국주의, 식민주의의 잔재, 경제적 불평등, 세계적 차원의 제도들과 정치적 이슬람Politic Islam[1], 세속주의secularism[2], 페미니즘, 그리고 인권 등과 같은 주요 현안의 맥락들이 우리가 살아가는 현재의 국제 질서를 만들어 내고 있는 것이다.

나아가 그 맥락들은 이러한 이슈들이 나타나고 현실화되는 역사적 맥락을 조망할 수 있게 한다. 즉, 식민주의로부터 개발로, 탈식민주의에서 모더니티와 그 너머로 우리의 지평을 열어줄 것이다.

이 책은 세계 경제에 대한 논의부터 시작해서 국가 내부와 국가들 사이에 광범위하게 분포되어 늘어나고 있는 불평등이 가진 중요성을 밝힌다. 세계 경제 파트에는 노벨상 수상자인 아마티아 센과 조셉 스티글리츠뿐 아니라 산자이 레디와 개발 비판론자인 헬레나 노르베르–호지가 포함되어 있다. 센은 2차 대전 말에 논의된 개발 어젠다의 단점만이 아니라 개발의 과업이 위임된 기구들, 특히 세계은행World Bank과 국제통화기금IMF의 역할에 대해서 논의한다. 그는 국제적 논쟁, 다시 말해 잠재능력 접근capabilities approach[3]과 그를 통한 인간 개발 어젠다의 출범이라는 논쟁에 대한 그의 기여를 정교화하면서 협소하게 경제적 지표들에만 초점이 맞춰져 있던 것에서 개발의 척도로써 교육이나 보건과 같은 사회적 이슈들을 포함시키는 것으로 논의 영역을 확장한다. 스티글리츠는 경제적 세계화와 특히 국제통화기금IMF의 궤적에 대한 설명을 통해 국제통화기금의 압도적인 힘에 대해 논의한다. 그는 국제적인 경제 기구들이 어떻게 가장 부유한 국가의 금융과 상업 이익에 의해 지배되며, 개발도상국에서 이것이 무엇을 함축하는지에 대해

---

1) 일반적으로 이슬람주의 이상을 정치적으로 실현하고자 하는 대중 운동을 가리킨다. 1967년 '6일 전쟁'의 패배와 이슬람주의 운동의 부상, 이슬람 국가의 좌파 민족주의 쇠퇴 등에 의해 나타났다. 학자들에 따라 의미와 용례가 다른데, 이 책에서 마흐무드 맘다니는 서구적인 편견에 찬 이슬람 근본주의를 대신해서 사용하는 반면에 사바 마흐무드는 이 용어가 세속주의의 성격을 드러내지 못한 채 종교 비판으로만 이어진다고 생각한다.
2) 국가와 사회의 제도와 기구, 관습은 종교나 종교적 믿음과 분리되어야 한다는 정치 이념과 그 실천.
3) 잠재능력, 가능성 이론 등으로 번역되기도 하는 센의 고유한 개념이다.

공들여서 설명한다. 헬레나 노르베르 - 호지는 개발 어젠다를 비판하는 방법으로 티베트의 라다크에서 겪은 경험을 활용한다. 그녀에 의하면 개발 어젠다는 전쟁이 끝난 이후, 그리고 식민지 시대의 그와 유사한 관행과 관련해 생성된 관행으로 굳어진 것이다. 그녀는 세계은행과 국제통화기금뿐 아니라 이들로부터 기금을 수령한 국가의 지역 주민을 위한 개발 정책에서 나타나는 전도된 상황의 문제점에 대해서도 논의를 해 나간다.

다음으로 탈식민주의와 신제국주의 파트에서는 정치학자 파르타 차테르지, 마흐무드 맘다니와 아나톨 리벤이 식민지 시대에서 탈식민주의 시대로 넘어오는 과정에서 헤게모니 역학의 궤도를 분석한다. 차테르지는, 인도에 대한 자신의 초기 저작을 설명하면서 영국 식민주의에 대항한 민족주의자들의 투쟁, 이른바 아래로부터의 투쟁에 관해 하위 주체 학파subaltern studies가 행한 역사 기술에 대해 논의한다. 나아가 그는 탈식민지에서도 이어지는 식민지 정부의 연속성의 의미와 이전 식민지에 유산으로 남겨진 모더니티의 기묘한 형태가 갖는 의미에 대해 논한다. 마흐무드 맘다니 또한 아프리카에서의 탈식민주의의 맥락과 여러 개발 중인 세계에서의 식민지 관행의 연속성에 대해 논의한다. 그는 냉전의 귀결에 초점을 맞춰 그 시기에 세계적으로 성장한 테러리즘에 대해 논의하는데, 이슬람의 증가되는 정치화와 제3세계와 관련해 미국의 대외 정책이 세계에 미친 영향을 함께 다룬다. 정책 연구소의 연구원이자 언론인인 아나톨 리벤은 미국 민족주의의 다른 층위에 초점을 맞춘다. 그는 문명을 전파해야 한다는 사명감civilizing mission과 간접 통치 등의 개념을 통해 19세기의 제국주의와 미국의 제국주의 사이의 연속성과 단절에 대해 논의한다.

페미니즘과 인권을 다룬 파트에는 이란의 인권 변호사로 노벨상을 수상한 시린 에바디를 비롯해 인류학자 릴라 아부-루고드와 사바 마흐무드, 문학이론가이며 문화평론가인 가야트리 차크라보티 스피박과의 대담이 포함된다. 시린 에바디는 인권 영역에서 자신의 활동, 이슬람과 민주주의와 인권의 관계, 나아가 현재 지속되는 테러와의 전쟁의 의미에 대해서 논의한다. 릴라 아부-루고드는 역사적으로 여성이 어떻게 제국주의 개입의 구실로 이용되었는지를 설명하고 그러한 맥락에서 무슬림 여성들의 상황을 가장 잘 이해할 방법은 무엇인지 제안한다. 사바 마흐무드는 자유주의, 이슬람 그리고 세속주의의 관계에 관해 논한다. 무슬림 여성들의 처지를 세밀히 다루면서 베일의 의미에 대해 논하고, 세계적으로 증가하는 이슬람 운동에 대한 설명한다. 가야트리 스피박은 인권 담론과 실천이 관계된 문제들을 조명하고, 비서구권에서의 여성의 재현에 대하여 논한다. 그녀는 나아가 식민주의에 대한 그녀의 작업에서 나타나는 중요한 개념을 정교하게 보여준다.

마지막 세속주의와 이슬람 파트에서는 탈랄 아사드가 근대성과 관련된 세속주의 개념의 발생과 이것이 각각 다른 맥락에서 쓰이는 특수한 형태를 추적한다. 더 나아가 그는 인권의 문제를 따져보고 세속주의에 대한 논쟁에서 이슬람의 특별한 지위에 대해 논한다. 질 아니자르는 종교와 세속과의 관계에서 현대의 결정적인 대립에 수반하는 신학적인 영역과 정치적인 영역 사이의 차이를 논하고, 세속주의와 기독교 사이의 역사적 결합관계에 대한 이론을 발전시킨다.

이 인터뷰들은 세계 역사에 대한 이해뿐 아니라, 지구적 권력과 정의에 관련한 논의에 있어 지배적인 관습적 담론을 교정하는데 도움을 줄 것이다.

PART 1

세계 경제

아마티아 센Amartya Sen

하버드의 라몽 대학 교수이며, 1998년 노벨 경제학상을 수상했다. 하버드, 옥스퍼드, 캠브리지, 런던 경제대학, 델리 대학과 그 밖의 학술연구소에서 강의했다. 그의 책은 30여개의 언어로 번역됐는데, 『Identity and Violence』(W.W.Norton&Company, 2006), 『Argumentative Indian』(Farrar, Straus and Giroux, 2005), 『자유로서의 발전 *Development as Freedom*』(세종서적, 2001), 『On Ethics and Economics』(Basil Blackwell, 1987) 등이 대표적이다.

1

아마티아 센

● 몇몇 비평가들은 지난 50년간 추구되어 왔던 개발은 빈약하게 이해되고 편협하게 규정되었다고 주장합니다. 선생님이 언급하려는 개발 어젠다[1]가 지닌 편파성은 무엇이며 왜 제기하려 하는 것입니까?

개발은 매우 복잡한 개념입니다. 개발이 정의되는 방식이 발전할 수 있다고 생각한다고 해서 놀랄 일은 아닙니다. 이 주제는 1940년대에 논의되기 시작했는데 개발은 앞서 1930~1940년대에 발생한 경제 성장 이론의 진전에 의해 추동되었습니다. 여기에는 가난한 국가란 단지

---

1) 아마티아 센은 이 인터뷰를 통해 일반적으로 추구되는 개발development이 단순히 경제만의 성장이 아니라 인간의 잠재능력capabilities을 확대시킴으로써 자유를 확산시키는 발전development이 되어야 한다는 자신의 이론을 드러내고 있다. 센에게 발전이란 곧 자유가 확대되는 것이며, 이 자유는 실증적으로 정치적 자유, 경제적 편의, 사회적 기회, 투명성 보장, 보호적 안전성을 내용으로 한다. 나아가 자유는 발전의 목표이자 수단이기도 하다.

저소득 국가를 의미하는 것이라는 인식이 깔려 있고, 논의의 초점은 경제 성장과 국민총생산GNP의 증대 등을 통한 저개발 극복에만 맞춰져 있었습니다. 개발에 관한 이러한 사고방식은 좋지 않은 것으로 드러났습니다. 개발은 인간의 삶과 자유를 증진시키는 것과 관계되어야 합니다.

소득은 복지와 자유에 기여하는 하나의 요소이지, 유일한 요소는 아닙니다. 경제 성장의 과정은 한 국가의 진보를 평가하는데 오히려 궁핍한 기준이 됩니다. 그것은 부적절한 것은 아니지만 여러 요소들 가운데 하나에 불과한 것입니다.

역사를 되돌려 애덤 스미스Adam Smith, 존 스튜어트 밀John Stuart Mill, 칼 마르크스Karl Marx의 시대로 거슬러 올라가 보아도 처음부터 개발 어젠다는 인간의 삶과 관련된 것이었습니다. 이들의 모든 논의는 현대의 개발 문헌에서 다시금 분명히 주장되어야 합니다. 이것이 내가 꽤 깊숙이 연루되었다고 느끼는 주제입니다. 저는 개발 경제학을 중점적으로 연구하는 학자는 아닙니다. 하지만 사람들에게 그렇게 받아들여지지는 않는 것 같습니다. (개발 경제학에 기여한 공로로 노벨 경제학상을 수상했다는 사실에 우쭐하는 기분이 들기도 하지만, 사실 그 상은 '복지 경제학'과 '사회 선택 이론'에 대한 작업에 주어진 것입니다.) 하지만 내가 개발 문제에 결부되어 있는 한, 많은 부분에 있어 발전의 본성과 거기에 기여하는 인과적인 메카니즘에 대한 연구에 관련되어 있는 것입니다.

●유엔개발계획UNDP이 1990년부터 연례적으로 출간하고 있는 〈인간 개발 보고서 Human Development Report〉는 대체적으로 잠재능력capability[2]에 대한 선생님의 작업에 의존하고 있습니다.[3] 이러한 접근법이 가지고 있는 중요성과 그에 기반한 정책의 의미에 대해 설명해주시겠습니까?

하나의 접근 방식으로써의 인간 개발은 제가 채택한 개발 개념, 즉 인류의 삶의 기반이 되는 경제적 부보다 인간적 부를 진전시키는 것이 되어야 한다는 개념과 관련됩니다. 경제적 부는 한 부분에 불과한 것입니다. 그것이 제가 생각하는 인간 개발 접근법에 있어 기본 중심입니다. 인간 개발은 마흐붑 올-하크Mahbub ul-Haq[4]가 처음 고안해낸 것이며 1990년에 첫 보고서가 제출되었습니다. 마흐붑은 1989년 여름에 이 작업을 시작했습니다. 그의 작업이 내게 경종을 울린 것은 제가 핀란드에 살고 있던 때로 기억합니다. 마흐붑은 저의 절친한 친구였습니다. 우리는 함께 공부한 학생들이었고, 그의 급작스런 죽음 전까지 친밀한 관계를 유지하며 대화와 논쟁을 즐겼습니다.

당신의 질문 중에서 〈인간 개발 보고서〉가 제 작업에 의존한다는 표현은 정확한 것이 아니라고 말해야겠군요. 그것은 우리들의 아이디어

---

2) 아마티아 센이 개발해 낸 능력/잠재능력이라는 개념은 인간이 무엇인가를 실현하거나, 어떤 상태에 놓일 수 있는 능력을 의미한다. 이에 따르면 개발/발전이란 인간이 무엇을 성취하거나 어떤 상태에 놓일 수 있는 잠재능력을 얼마나 가지고 있는가를 보여주며, 그것을 향상시키는 것을 말한다. 반대로 빈곤이란 그러한 능력이 박탈되는 것을 의미한다. 그리고 이 능력의 정도가 곧 자유의 정도이기 때문에 센의 이론에서 이 능력은 매우 중요한 위치를 점하는 개념이다.
3) 보고서에는 '인간 개발'이란 GNP의 성장과 같은 것 이상으로 인간의 능력—보건과 교육 등—을 향상시키는 것이라 하여 센의 생각이 유엔의 개발 이론에 충실히 반영된 것을 확인할 수 있다.
4) 1934년에 태어나 1998년에 사망한 파키스탄의 경제학자이자 관료, 세계은행의 정책계획 담당관. 인간 개발 이론의 선구자이자, 인간 개발 보고서의 창안자이다.

에 많이 기대어 있으며 마흐붑은 이 영역의 위대한 개척자입니다. 우리는 초기 연구에서 마흐붑의 좌절한 표현을 보게 됩니다. 예를 들자면, 1963년 파키스탄에 대한 그의 저서 『경제 계획 전략*The Strategy of Economic Planning*』에서 만약 인도와 파키스탄이 당시 세계에서 경험할 수 있는 가장 빠른 속도로 성장한다면 25년 안에 당시의 이집트처럼 되어 있을 거라 언급했었습니다. 그는 반反 이집트적인 인물은 아니었습니다. 그럼에도 불구하고 당시 이집트의 위치가 인도와 파키스탄에 있어 25년간 최고도 성장의 결과로 충분한 것은 아니라고 주장했습니다. 이러한 기본적 관심이 인간 개발이라는 사고의 초창기에 엿보입니다. 그리고 그것은 이미 마흐붑이 1963년에 작업했던 사고방식과 깊은 관련이 있습니다.

그는 우리 삶의 질에 영향을 주는 결정 요인들을 직접 맞잡아 해결하면 인간의 삶은 더 부유해질 것이라고 주장했습니다. 마흐붑은 파키스탄에서 행정가로 나중에는 재정장관으로서 정치에 참여하기도 했고, 세계은행에 조언을 하기도 하고 함께 일하기도 하는 직업인의 삶을 살았습니다. 그래서 그는 비실용적으로 살아가던 나처럼 자신을 위한 시간을 갖지 못했습니다. 그러던 어느 날, 그와 내가 자유롭게 공유했던 아이디어를 추구할 수 있는 기회가 찾아왔습니다. 마흐붑은 1979년에 스탠퍼드 대학에서 있었던 '무엇의 평등인가?'라는 나의 태너 강연Tanner lecture[5]에 매우 큰 관심을 가지고 있었습니다(나는 이외에도 1985년에 캠브리지에서 이와 관련된 두 개의 태너 강연을 했습니다). 현재 '능력 접근법the capabilities approach'이라고 불리는 1979년의 논문은 중요한 저

---

5) 미국 철학자 태너의 제창에 의해 만들어진 인문학 분야에서의 대학 순회강연.

술이었습니다. 그 후로 얼마 지나지 않아 나는 제네바에서 마흐붑을 만났고 그 논문에 대해 대화를 나누었습니다. 이후 1985년에 『상품과 능력Commodities and Capabilities』이라는 책이 출간되었고, 후속 연구서 『삶의 표준The Standard of Living』이 1985년의 캠브리지 강연을 기초로 출간되었습니다. 저는 점점 이것들에 몰입되었고, 마흐붑은 저를 응원해주었습니다.

1989년, 그는 전화를 걸어서 제가 너무 순수 이론에 빠져 있으며 당장 모든 것들을 그만두라는 말을 했습니다. ("이제는 그만 둘 만큼 충분해.") 그리고 나서 그와 저는 실제적인 수치조사와 실제적인 수를 다루는 뭔가를 함께 해서 세상에 충격을 주기로 했습니다. 그는 엄청난 추진력의 소유자였습니다(언제나 그렇듯이!). 그는 제 학창시절 기억 속에 남아 있던 그 정력적인 모습을 보여주었습니다. 그 모습은 세계은행이나 파키스탄에서의 공직 생활 때문에 자제해왔던 것이었습니다. 그의 아내 카디자―우리들과 그녀의 친구들은 바나라고 불렀습니다.―에게 마흐붑이 다시 순수했던 시절로 돌아간 것이냐고 물었던 기억이 납니다. 그러자 그녀는 명쾌하게 그렇다고 대답했습니다.

● 선생님은 세계은행이나 IMF와 같은 개발 위탁 기구가 자신들의 과업에 부합하는 역할을 어느 정도나 하고 있다고 생각하십니까? 다른 말로 하자면, 선생님이 구상한 인간의 평등과 가능성, 자유의 구현을 위한 구조적인 조건이 존재한다고 보시나요?

먼저 여기서 분명히 해야 할 것이 세 가지가 있습니다. 첫째는 세계은행이나 IMF로부터 제안된 몇 가지의 정책들이 적어도 제 판단으로는 인간 개발이라는 어젠다가 진전하는 데 정확히 일치하지는 않는다는 것입니다. 만약에 누군가가 완벽한 정확성이나 대체적인 정확함을 요구한다면 저는 세계은행과 IMF가 그 정확성의 범주에는 포함되지 못할 것이라 생각합니다.

두 번째 유의할 점은 기구들도 개인의 경우처럼 배우는 과정을 거치며, 세계은행과 IMF 역시 같은 경우라는 것입니다. 개인이 배우기 위해서는 사립학교를 다닐 때 돈이 드는 것처럼 각자가 대가를 치러야 합니다. 이에 비해 세계은행과 IMF는 대부분 불필요하거나 잘못된 지도로 다른 이들이 경제적 곤란을 통해 더 비싼 수업료를 치르게 만들었습니다.

더 깊숙이 살펴보면 사실상 지금까지 많은 것들을 배워왔습니다. 또 그 과정에서 이 기구들의 지도부의 변화도 있었습니다. 세계은행은 제임스 울펀슨James Wolfensohn 총재의 지도 하에 분명히 친인간적인pro-human 개발 방법을 택했습니다. 실제로 수년 전에는 생각조차 못했을 많은 일들이 세계은행 안에서 약간의 소동과 함께 은행의 모든 분야가 '인간 개발'에 집중되었습니다. 이러한 기구 조직의 조용한 변화는 은행의 철학이 가난 구제를 가장 중요한 과제로 인식하고 있음을 보여주고 있습니다.

당연히 IMF도 바뀌었습니다. 미셸 캉드쉬Michel Camdessus와 스탠리 피셔Stanley Fischer는 과거 초기의 경우들과 비교해서, 우리가 지금 인간 개발이라고 부르는 것에 주목할 만한 관심을 가지고 있습니다. 비록 더 금융적이고 덜 장기적 개발을 하는 IMF의 본래의 성격이 조금은 다르게 실현되어 나타났지만 말입니다. 어쨌든 IMF 내에서의 변화는 울펀슨의 리더십에 좌우되는 세계은행만큼 크게 변하지 않았습니다.

유의해야 할 세 번째 지점은 세계은행과 IMF의 통치 구조—자신들의 규율과 협약에 의해 정해진—가 외부 시선의 영향력이라는 점에서 볼 때 매우 평등하지 않다는 점입니다. 이 사실은 이 기구들이 유엔UN이 그렇듯 기본적으로 정치적 기구는 아니지만 단순한 금융기구만도 아니라는 사실을 보여주는 것입니다. 오히려 그 이상의 무언가가 세계 은행과 IMF의 운영조직과 방식에서 나타나는, 나라들 간의 힘의 제도화된 비대칭 안에 존재하고 있다는 것입니다. 유엔 그 자신을 포함한 전체 유엔 구성원들은 너무도 상이한 세상이던 1940년대에 생성 되었습니다. 세계은행과 IMF는 1944년 체결된 브레턴우즈 협정Bretton Woods Agreements에 따라 생겨났습니다. 당시는 국가의 절반 이상이 자치를 하지 않았던 상황으로 인도를 비롯한 아시아와 아프리카의 식민지들이 독립하기 전이었습니다. 중국은 독립국이었지만 일본의 점령에 따른 오랜 기간의 서구적 지배를 경험한 직후였습니다. 그리고 독일과 일본, 이탈리아는 패전한—곧 패전할—국가였으며, 국제 정치 구조에서 발언권이 없었습니다.

당시에는 가난한 민주 국가는 단 하나도 없었습니다. 더불어 인권에 대한 이해는 매우 제한적이었습니다. 유엔 스스로가 세계 인권 선언을 만들어 냈는데, 그것은 브레턴우즈 협정이 체결된 지 몇 년 안 되었고 인권에 대한 전체적인 접근은 아직 유아기에 머물러 있을 때였습니다.

오늘날 세계에는 매우 강력한 비정부기구NGO들이 있습니다만, 그때에는 전혀 그렇지 않았습니다. 옥스팜OXFAM[6]은 1942년에 창설되었지만, 그러나 옥스팜은 국제적 사안에 거의 발언권이 없는 조그만 구호 단체에 불과했습니다. 그러나 옥스팜은 수년간 변해왔으며 사람들

---

6) 옥스퍼드를 본부로 하여 발족한 국제 빈민 구제본부.

이 가난한 자들과 혜택이 없는 자들의 목소리에 귀 기울이도록 하는데 이 조직의 공헌이 얼마나 지대했는지를 저는 알고 있습니다. 그와 같은, 사회의 낙오자를 위해 싸우는 조직이 오늘날은 많이 있습니다. 국제사면위원회Amnesty International, 국경없는 의사회Doctors Without Borders, 휴먼 라이츠 워치Human Rights Watch, 세이브 더 칠드런Save the Children, 액션에이드Action Aid와 같은 기구들은 실제적 도움을 주는 활동과 더불어 지지하는 활동을 통해 사회적 약자를 돕습니다. 이 조직들은 1940년대에는 존재하지 않았으며, 매우 제한적인 역할만 수행했습니다. 당시 미국 원조물자발송협회CARE는 존재하지 않았지만(제가 학교 교육을 이수한 후, 벵골에 있는 이웃마을에서 간이 야학을 할 때, CARE의 음식 상자들을 책상과 의자와 칠판 받침으로 활용했던 기억이 납니다.) CARE는 주로 음식을 배급하는 주요한 구제 조직이었습니다. 비정부기구가 개발 담론에 대해 말을 하게 되고, 영향력 있는 참여자가 된 것은 불과 얼마 전의 일입니다.

그런 맥락에서 보자면 이 세계는 '기구 국가establishment countries'의 손에 막대한 권력의 집중을 쥐어준 새로운 환경이 되었습니다. 예를 들자면, 세계은행의 총재는 언제나 미국인이고, IMF의 총재는 미국인이거나 유럽인이 될 수 있지만 파키스탄인이나 에티오피아인은 될 수 없습니다(개인적인 자격에 상관없이). 통치 구조에서의 비동등함은 재고되어야 하지만 가까운 시일 내에 바뀌는 일은 없을 것으로 보입니다.

유엔도 동일한 문제를 가지고 있으며(특히 이사회의 비대칭성), 더욱 정치적인 조직이 되어가고 있는 중입니다. 지금은 재검토를 시도하는 일에 착수한 상태입니다(지금까지 많은 효과는 없지만). 저는 세계은행과 IMF가 통치 질서를 근본적으로 개혁하려 하지는 않는다고 믿고 있으며, 더구나 이들이 금융기구라는 점을 감안할 때 분명히 그러지 않을 것이라 생각합니다. 슬픈 일이지만 세계 차원의 공식화된 토론을 위해서는 타당한 논의가 불가피합니다.

●열렬한 찬사를 받고 있는 선생님의 저작 『자유로서의 발전 *Development as Freedom*』의 몇 장은 제임스 울펀슨 총재의 요청에 의해 세계은행 직원들에게 강연했던 내용입니다. 선생님은 울펀슨 총재와의 공동 작업이 세계은행 관행에 근본적인 변화를 가져올 것이라 생각하십니까?

세계은행에서의 강연이 아무런 영향도 끼치지 않았다고는 말할 수 없습니다. 하지만 울펀슨 총재는 자기 자신만의 생각을 반영한 많은 아이디어와 구제화된 관행을 은행에 도입했습니다. 저는 그의 아이디어가 저의 사고방식과 많은 유사성을 가지고 있다는 데서 기쁨을 느꼈습니다. 하지만 그 아이디어는 어디까지나 그 혼자만의 생각으로 제안한 것입니다.

세계은행은 제가 바라던 조직이 아니었습니다. 저는 세계은행이 가지고 있는 많은 문제에 대한 태도를 변화시키지 않을 경우 세계은행의 일에 상관하지 않으려고 했습니다. 그런데 울펀슨의 부임과 함께 변화가 일어났습니다. 그 역시 저의 오랜 친구이며, 우리는 프린스턴 대학의 고등과학원에서 함께 연구자로 일하기도 했습니다. 그때나 지금이나 그는 고등과학원 이사회의 의장입니다. 저는 이사회의 일원이었고, 우리는 거기서 함께 일했습니다. 저는 울펀슨이 이사회를 운영하는 방식에 감탄했었고, 그가 세계은행의 총재가 되었을 때 너무 기뺐습니다.

그가 제게 주제가 무엇이든 세계은행에서 강연해주었으면 좋겠다고 말했을 때, 그 즉시 이것이 바로 제가 하고 싶었던 일이었다는 생각이 들었습니다. 강연은 여러 유용한 충고를 들을 수 있었던 점에서 좋은 경험이었으며, 그것을 통해 『자유로서의 발전』을 완성할 수 있었습니다. 그리고 많은 사람들이긴 하지만 비판적이고 지적인 청중 앞에서 연습할 수 있었다는 점에서 좋았습니다.

● 선생님은 영국 신문 《가디언 *The Guardian*》에 실린 "자유의 시장 Freedom's Market"이라는 기사에서 "세계화와 관련된 진짜 논점은 결국 시장의 효율성이나 현대 기술의 중요성에 대한 것이 아니다. 오히려 문제는 권력의 불평등함에 관한 것이다."라고 주장했습니다. 선생님은 한 국가 내의 그리고 또 여러 국가들 간의 권력의 불평등이 극적인 구조의 변화 없이도 평등하게 바뀔 수 있을 거라 생각하십니까?

참 어려운 주제입니다. 세 가지를 말씀드리겠습니다. 오늘날 세계에서 경제적 풍요와 정치적인 힘의 불평등은 기념비적인 일입니다. 세계화에 관련된 어떤 분석이든 이것에 민감해야 합니다. 저는 더 위대한 지구적 차원의 접촉이 현재뿐 아니라 수천 년간 모두의 이익을 위한 매우 강력한 추동력이었다고 믿고 있습니다. 지구적 접촉의 역사는 최근의 현상이라는 생각 때문에 또 그 영향이 단지 서에서 동으로, 북에서 남으로 이전되었다는 관점에서 때로는 저평가되어 왔습니다. 하지만 역사적으로 볼 때 영향이 단일한 방향으로 이전된 것은 아니었습니다. 예를 들어, 얼마 전 끝난 밀레니엄의 초창기인 기원 후 1000년경이 그렇습니다. 과학과 기술 분야에서 유럽에서는 아직 알 수 없었던 많은 것들이 당시의 중국에서는 이미 알려진 사실들이었습니다. 마찬가지로 십진법 체계와 삼각술에서의 많은 새로운 기원을 포함해, 유럽인들은 전혀 알 수 없던 수학에 관한 막대한 지식을 인도와 아랍과 이란의 수학자들은 알고 있었습니다. 이러한 것들이 세계화를 통해서 동에서 서로 이전되었습니다. 마치 지금 과학과 기술이 서에서 동으로 이전되는 것처럼 말입니다. 유럽은 오늘날 비서구 지역이 그렇듯 동에서 전파된 지혜를 무시하는 어리석음을 보이곤 했습니다. 정리하자면, 권력의 불평등에도 불구하고 아이디어들—지식과 이해를 포함해—의 세계적 움직임이 만들어 내는 긍정적인 공헌을 직시해야만 한다는 것이 저의 첫 번째 주장입니다.

두 번째로는 경제적인 면에서의 세계화 그 자체는 생활 여건 개선의 주요한 근원이 될 수 있으며, 실제로 지금도 그러하다는 점입니다. 주요 난점은 가난한 이들을 위한 최대한의 이익을 발생시킬 수 있는 상황이 현재로써는 존재하지 않는다는 점입니다. 하지만 이것은 세계적 범위에서의 경제 교류에 대해 반대하기 위한 주장이 아닙니다. 오히려 세계적 범위에서의 경제 교류에서 얻어지는 이익이 더 좋은 방향으로 분배되도록 하기 위한 논쟁입니다.

세계화의 결과 대체적으로 가난한 이들이 더 가난해지고 부자들은 더 부자가 되고 있다는 것은 당연한 사실이 아니며, 그것은 종종 사용되는 수사법이기는 하지만 저 역시도 그렇게 믿고 있을 것이라는 생각은 잘못입니다. 그것은 몇몇 나라에서 벌어지는 일이지만 대체적으로 보았을 때 실상은 그렇지 않습니다. 세계화와 관련된 성공이나 실패가 가난한 이들의 형편이 조금 나아지는 것으로 평가되어서는 안 됩니다. 만약 가난한 이들의 정치적 환경이 달랐다면 같은 과정을 통해 더 많은 이들이 부자가 될 수 있었을까요? 답은 예입니다. 이는 교육 제도, 특히 학교 교육의 개선, 기본적 보건의 진보, 성평등의 진전, 토지 개혁의 시행과 같은 국가나 지역적 차원에서의 정책 양자를 모두 필요로 합니다. 또한 더 이득이 될 만한 국제 무역 상황과 더 공평한 경제 제도들, 예를 들어 부유한 나라의 시장에 대한 접근성을 높이는 것은 도움이 됩니다. 이는 상대적으로 가난한 국가들이 세계 경제 접촉을 통해 더 많은 이익을 얻게 할 것입니다. 그런 점에서 특허법은 재점검되어야 하고, 부유한 국가들이 가난한 국가에서 온 상품들을 반길 수 있도록 제도들이 정비되어야 합니다. 세계화는 이런 변화들을 통해 더 평등하고 효율적일 수 있습니다. 따라서 논의해야 할 중심 문제는 경제적인 세계화가 사람들을 피폐하게 하는가가 아닙니다. 현재는 그렇지 않지만 그럼에도 실제로는 사람들에게 지금보다 더 많은 이익을 줄 수 있을 것이며 바로 이 점이 중심적 논의 지점입니다.

세 번째 지적해야 할 것은 시장 경제는 여러 가지 제도 중 하나에 불과하다는 것입니다. 현재 세계적인 차원에서의 민주주의 같은 것은 없지만, 누군가는 이러한(민주주의의 부재와 같은) 문제들에 대해 목소리를 높임으로써 영향을 줄 수도 있습니다. 어떤 식으로 민주주의가 실현되든 그것은 공공적인 합리성의 문제입니다. 예를 들어, 만약 세계은행이나 IMF가 변화한다면 그것은 세계의 다른 영역에서 제기한 엄청난 비판에 대한 반응의 결과인 것입니다. 따라서 세계적 민주주의를 단순히 제도적인 세계 정부로 생각해서는 안 됩니다. 그것은 또한 공공적인 합리성, 즉 비판적인 공공적 합리성을 기르는 일입니다. 다행히도 유엔은 코피 아난Kofi Annan의 리더십을 통해 관심 받지 못했던 어떤 종류의 비판을 대변할 수 있는 매체가 될 수 있었습니다. 대중 매체 중에서는 일반적으로 신문이 그 역할을 합니다. 정보 기술, 특히 인터넷의 두드러진 확장과 CNN이나 BBC와 같이 전 세계를 연결하는 뉴스의 가능성은 내가 "세계적 담화global speech"라고 부르는 것에 기여했으며, 이를 통해 세계적 민주주의의 궤도를 발전시킬 수 있을 것입니다.

세계화를 통해 더 적절한 이익 분배를 끌어 내기 위해서 모두가 할 수 있는 일이 있습니다. 우리는 거기에 관심을 가질 수 있고, 그에 관해 발언할 수 있으며, 외칠 수도 있습니다. 그것이 바로 지금 당장 해야 할 중요한 일입니다. 침묵은 사회 정의의 강력한 적입니다.

● 마사 누스바움Martha Nussbaum[7]은 선생님의 작업을 더 세밀하게 검토하고 보편적 인간 능력universal human capability의 목록을 "정당한 분노"를 표현할 수 있는 것과 "성적 만족을 위한 기회"를 갖는 것까지로 확대시켰습니다. 선생님은 그러한 접근에 한계가 있다고 보십니까? 다시 말해, 이른바 보편적인 인간의 만족스런 삶을 측정하는 데 지나치게 주관적인 개념을 사용하는 것이 아닌가라는 점입니다.

어렵긴 하지만 참으로 좋은 질문입니다. 우리가 욕망하는 것, 삶에서 중요하다고 여기는 것이라는 관점에서 우리는 그것들의 가치를 따져봐야 합니다. 인간의 마음에 의해 감동되지 않은 어떤 것을 추구하는 것은 잘못입니다. 반면에 그것이 우리의 사고 과정에서 분출된다는 사실이 객관성을 결여했다는 것을 의미하는 것은 아닙니다. 평가

---

7) 마사 누스바움은 미국의 정치 철학자이자 윤리학자이다. 그녀는 1980년대 중반 센과 개발과 윤리학에 대한 공동 연구를 진행하여 그 성과로 『삶의 질The Quality of life』을 출간하였으며, 이후에도 센과 함께 잠재능력 접근론을 연구하고 확산시키고 있다.

와 판단의 문제에서 객관성은 억제되지 않은 열린 비판을 필요로 하며, 공공적 합리성과 도전적인 토론을 요구합니다. 지나간 세기의 절반의 시간들을 통해 정치 철학의 진전에서 얻어야 할 단 한 가지가 있다면—대부분 존 롤즈John Rawls에 의해 얻어진 것—그것은 윤리학과 정치 철학에서의 객관성은 기본적으로 공공적인 논쟁과 토론의 정밀한 검증에 대한 국민의 신뢰와 제안에 대한 필요에 결부되어야 한다는 것이었습니다. 어떤 주어진 기성의 능력 기준 같은 것(만약에 있다면), 예를 들어 정당한 분노의 표출과 같은 것도 비판적 평가로부터 만들어진 판단에 따라야 하는 것입니다. 어떤 것이 주어지든, 우리가 다른 이들이 볼 때 충분히 그럴 만한 이유가 있는 "정당한 분노"를 표출할 수 있다면(이는 현재 남아프리카 공화국 정치의 '진실과 화해'를 위한 노력에서 주요 실행 현안입니다.) 그것은 명백히 중요한 능력의 좋은 실제 사례가 될 것입니다. 이와 유사하게 동성애와 관련된 성적 만족의 기회가 있다면 거기에는 반대할 이유가 없을 것입니다. 난점은 어떤 좋은 것이 또 다른 어떤 것과 충돌할 때 생겨납니다. 그때 그것은 상대적인 평가의 문제가 되고 논쟁이 되는 사안들이 공적 검증의 장 안으로 들어오게 됩니다.

런던에서 간디M. Gandhi는 한 기자에게 영국령 인도에서의 억압과 관련해 영국식 문명화에 대해 어떻게 생각하는가라는 질문을 받았습니다. 간디는 "참 좋은 생각입니다."라고 대답했습니다. 그것은 아마도 비판적 분노(비록 더 점잖게 표현되기는 했지만)의 침묵적 표현이었을 것입니다. 그리고 객관화된 공적 평가는 이 분노가 정당한 것이라는 결론을 내릴 것입니다(오늘날 대부분의 사람들, 심지어는 영국인들조차도 이 평가를 받아들일 것입니다). 만약 이러한 분노의 상태를 표현할 자유가 부정되었다면, 간디는 자유에 심각한 손상을 입었을 것입니다.

마사 누스바움은 잠재능력 접근법에 관한 저술에서 중요한 공헌을 했습니다. 그녀는 잠재능력 접근법에 관해 접근이 쉽고 생동감 있게 만들었습니다. 그녀는 단지 경제학자들에 의해서만 참조되는 맥락을 창조한 것만이 아니라, 철학자들과 일반 사회학자들까지도 참조하는 맥락을 만들어 냈습니다. 물론 우리는 잠재능력 접근법이 어떻게 쓰여질 수 있는가라는 점에서 몇 가지 차이를 가지고 있습니다. 누스바움은 동의된 목록에 있는 능력을 실제로 사용하는 것에 집중하는 반면에, 저는 공적 논의에서 맥락과 조건에 따라 다양하게 나타나는 적절한 목록을 얻는 것에 기울어 있습니다. 그건 큰 차이는 아닙니다. 저는 실행에 있어서, 예를 들자면 인권과 같은 가장 기본적인 능력의 걸출한 목록(누스바움이 행한)을 가지고 작업하는 것의 이점을 알고 있습니다.

반면에 우리는 집중적인 공공의 논의를 통하여 몇 가지 능력의 중요성을 알게 되었습니다. 우리는 시간을 넘어서 더 일찍 알 수 없었던 것들을 배웠습니다. 공공적인 토론이 이것을 가능하게 했습니다. 성평등의 영역에서 예를 들면(젠더의 문제는 종종 이러한 맥락에서 나타나기 때문입니다.) 가정에서 전통적인 역할에 머물도록 교육된 여성이 스스로를 억압으로 이끌어간다는 것을 생각해 보십시오. 비록 그들이 그 역할을 수천 년간 불평 없이 받아들인다고 하더라도 말입니다. 이 인식은 대부분 새롭게 등장한 페미니즘의 연구 성과와 공공 논의에서 비롯된 새로운 깨달음입니다. 마찬가지로 언어에서 여성의 정체성을 무시하는(모든 이를 남성으로 호명하는 것과 같이) 것은, 단지 수사적인 문제가 아니라 실질적으로 자유를 박탈하는 것이라는 생각은 새로운 해석입니다. 만약 누군가 1940년대에 여성의 자유를 매개변수로 목록에 올린다면, 저는 이것이 커다란 중요성을 가진 요소라 생각하지 않았을 것입니다. 왜냐하면 사람들은 그것이 내포한 자유의 범위를 완전히 이해하지 못했을 것이기 때문입니다. 우리는 항상 알아가고 있으며 그 점이 바로 왜 공공적 합리성이 그렇게 중요한지의 이유입니다.

주변 환경 역시 변하고 있습니다. 오늘날 인도와 파키스탄, 방글라데시에서 사용되는 전자우편이나 인터넷을 통한 서로간의 소통 능력은 어떤 새로운 발전입니다. 서로 소통할 수 있는 능력은 새로운 전자 미디어를 통해 가능해졌고, 그것은 경제적 관점이나 사회 · 정치적 관계라는 점에서 매우 중요합니다. 다시 한 번 1940년대의 목록과 관련해서 보자면, 지금 검토 중인 능력이 그것들을 생각해낼 수 없었기에 이것은 당시로는 그 윤곽도 잡을 수 없는 것이었습니다.

따라서 우리는 능력의 목록을 최종적이며 고정되지 않은 어떤 것으로 다루되 오히려 실제 나타나는 성격과 우리의 이해의 범위에 따르는 맥락 의존적이고 종속적인 것, 공적 논의에 기반한 것으로 보아야 합니다. 유엔의 인간개발지수는 능력을 매우 적은 형태로만 사용하고 있지만, 그것은 그 안의 이유에 의해서 아직까지는 나름의 가치를 가지고 있습니다. 마사 누스바움 역시 그녀의 양성평등과 인권에 관한 가치 있는 실행과 잘 맞는 능력의 특정한 목록을 뛰어나게 잘 사용하고 있습니다.

●『자유로서의 발전』에서 선생님은 "우리의 관심과 이익을 넘어 의무와 이상까지 생각하도록 하는 것이 이성의 힘이다. 이러한 생각의 자유를 부정하는 것은 우리의 합리성의 범위를 심각하게 제한하게 될 것이다."라고 말씀하셨습니다. 인간의 이성과 점진적인 진전에 대한 폭넓은 믿음을 피로 얼룩졌던 세기에서 막 벗어나기 시작한 때에 선생님은 인간의 합리성에 의해 그것이 가능할 것이라고 어떻게 그렇게 낙관할 수가 있었습니까?

우선 당신이 보았던 핏자국이 사실 이성의 사용의 결과는 아닙니다. 실제로는 정확히 그 반대입니다. 사람들이 독일의 나치스를 무엇이라고 믿고 있든, 그들은 인간의 이성의 결점 없는 모델이 아닐뿐더러 공공 논의의 위대한 실천자들도 아닙니다. 유대인이나 집시처럼 반드시 몰살돼야 할 집단이 존재한다는 사고는 기본적인 인간의 이성을 철저하게 침해합니다. 지난 세기의 피 칠갑한 모든 사건과 경험에 대해 같은 말을 할 수 있습니다. 이따금 그것이 18세기 계몽주의에서 비롯된 이성의 결과라는 기묘하면서도 잘못된 상황 진단이 있습니다. 즉, 나치의 수용소나 일본군의 포로수용소, 르완다에서 후투족이 투치족에게 행사한 폭력에 대한 책임을 계몽주의가 져야 한다는 것입니다. 저는 이러한 일들은 사람들이 이성보다는 광기에 내몰린 전형적인 예라고 생각하며 이러한 관점을 취하는 것을 이해할 수 없습니다. 사실 이성은 그런 혼란을 조절하는 데 큰 역할을 할 수 있었습니다. 예를 들어, 후투족이 투치족은 원수라는 이유로 죽여야 한다고 계속 듣는다 하더라도 후투족의 누군가는 자신은 후투족일뿐 아니라 르완다인이며, 아프리카인이고, 인간이라는 것을 이성적으로 생각해낼 수 있을 것이고, 이런 모든 정체성이 그의 태도에 주의를 요구하게 됩니다. 이성적으로 추론되지 않은 인간으로서의 정체성(예를 들자면, "너는 후투족 이외의 아무것도 아니야.")의 강요에 대항하는 것이 바로 이성입니다.

1940년대에 어린 아이였던 저는 힌두-무슬림의 폭동을 목격했고, 힌두교도든 무슬림이든 간에 하나의 극단적 정체성을 선호해서 그들 정체성이 가지고 있는 근본적 복수성에 대한 이성적 추론과 이해를 잃어버리는 것이 얼마나 쉬운 일인지를 알게 되었습니다. 그 점에서 감성적 호소는 다시 한 번 이성적으로 설명되어야 할 것입니다. 실제로 우리는 그런 피범벅의 세기에서 간신히 빠져나왔기 때문에 이성을 위해—축하하기 위해, 방어하기 위해, 그 범위가 넓어지도록—싸우는 것이 특히 중요한 의미가 있습니다.

●제3세계 국가들에서 나타난 종교운동의 원인은, 반反식민지 민족주의 투쟁의 축적으로써 독립의 직접적인 영향에 의해서 이 운동들이 억압된 것과 관련이 깊다는 주장이 제기되었습니다. 왜냐하면 그들은 현대의 제도적인 국가와는 양립할 수 없기 때문입니다. 이 논쟁을 알고 계십니까? 선생님은 일반적인 자유주의가 세속주의와 관련되어 노선을 복잡하게 한다는 점에 동의할 수 있으십니까?

저는 그 논쟁에 대해서 알고 있지만 그러한 생각은 잘못이라고 생각합니다. 그러한 일은 절대 일어나지 않는다고 믿고 있습니다. 종교가 정치 영역에서 큰 부분을 차지하는 파키스탄과 같은 곳에서 종교가 사회의 세속적인 기초를 강화하는 효과를 주었다는 것은 사실과 다릅니다. 정확히 그 반대지요.

식민주의는 마음을 구속합니다. 하지만 식민화된 마음은 종종 깊은 변증법적 형식을 취하기도 합니다. 식민화된 마음이 취하는 것들 중 한 형태는 광신적인 반反서구주의입니다. 예를 들면, 세상을 수백 년에 걸친 서양에 의한 지배의 관점에서만 판단합니다. 그리고 이것은 다른 모든 정체성과 우선순위를 배제시키면서 무엇보다 중요한 관심사가 됩니다. 예를 들면, 갑자기 아랍 무슬림 운동가들은 자신을 서양에 복수하려는 사람으로 보아야 하고, 다른 모든 협력과 연대를 중요하지 않은 것으로 확신하게 될 수도 있습니다, 그렇게 되면 아랍의 과학, 수학, 문학, 음악, 미술의 모든 전통은 교육적이고 정체성을 부여하는 역할을 잃게 될 것입니다. 이것이 식민화된 마음인데 당신은 이전 식민지 지배자와의 관계 외의 모든 것을 잊기 때문입니다. 저는 오늘날 우리가 보고 있는 폭력의 분출을 식민주의에 대한 반작용과 결부시키곤 했고, 그것은 분명히 식민주의와 연결되어 있는 것입니다.

과거에 무슬림 왕국들이 스페인과 모로코에서 인도와 인도네시아까지 지배하며 세계 문명의 중심에 서 있었을 때, 무엇인가에 대응으로써, 부정적인 용어를 통해 스스로를 규정할 절대적인 요구는 없었습니다. 즉, 제 친구 아킬 빌그라미Akeel Bilgrami가 "타자"("우리는 서양이 아니야.")라고 부르는 것처럼 스스로를 볼 필요는 없었습니다. 왜냐하면 무슬림이나 아랍인들은 당시에 매우 능동적으로 자신들의 정체성을 규정했었기 때문입니다. 그들은 철학이 있었고, 과학에 관심이 있었고, 그들만의 작업에 관심이 있었고, 다른 사람들의 작업에도 관심이 있었습니다.—아리스토텔레스나 플라톤 같은—그리스의 작업들은 유럽과는 다른 방식으로 아랍에서 살아남았습니다. 인도의 수학은 주로 아랍 무슬림 작가들이 산스크리트어에서 그것들을 번역함으로써 서구에 알려졌습니다. 거기에서 라틴어 번역이 이루어졌지요. 무슬림 왕국이 세계를 지배하던 때에는 그들을 스스로 "타자"라는 부정적인 용어를 사용해 규정할 필요가 없었지요. 우리는 오늘날 "아시아적 가치"라는 깃발을 올리려는 유사한 시도를 보고 있습니다. 이것은 1990년대에 매우 강력했는데, 동아시아와 동남아시아가 열정적으로 "서구화"를 시도하던 때였습니다. 이것들도 식민화된 마음의 특수한 반응인 것이지요.

●선생님은 식민지에서 독립한 인도가 기근에 의해서 발생한 기아가 아니라―활발한 민주주의와 자유로운 언론을 고려할 때―고질적인 기아를 잘 다루지 못했다는 점을 지적하셨습니다. 그것이 어떤 의미를 갖는 것입니까? 선생님께서는 개혁을 해 나가는데 국가적 차원이든 세계적 차원이든 제도상의 장애가 있다고 보십니까? 자유 민주주의의 현존하는 상태―참여, 주기적 선거 등으로 알려져 있는―가 변화를 충분히 보장할 수 있다고 보십니까?

다시 한 번 정말 훌륭한 질문이라는 말씀을 드려야겠군요. 어떤 제도도 그 자체로 충분할 수는 없습니다. 모든 것은 그 제도들로 무엇을 만들어 사용할 것인지에 달려 있습니다. 정치적이고 사회적인 참여를 대체할 것은 없습니다. 인도가 기근을 막아내는 데 성공할 수 있었던 것은 기아를 정치적으로 이용하기 쉬웠기 때문입니다. 당신은 수척한 엄마와 죽어가는 아이의 사진을 인화하기만 하면 됩니다. 그러면 그것은 그 자체로 신문사의 사설을 자극하게 됩니다. 그것은 많은 반성을 필요로 하지 않습니다. 그러나 외면 속에 넓게 퍼져 있는 기아를 공중의 관심을 받게 하려 한다든지, 학교 교육의 결여와 문맹이 쇠약하게 하는 효과를 공론화시키려 한다든지, 토지가 없음으로 인해 장기간 이어진 착취를 개혁하기 위해서라면 엄청난 참여와 상상력을 동원해야만 합니다.

이러한 관점에서 보았을 때 인도의 민주주의 관행은 상대적으로 미약한 것이며 그 성공은 상대적으로 한계를 가지고 있었습니다. 여기서 하려는 말은 세상은 변하고 있다는 것, 예를 들자면 여성의 불평등이라는 이슈는 최근까지 대중 매체와 정치적 순서에서 거의 관심을 끌지 못했지만 이제는 바뀌고 있다는 것입니다. 20~30년 전만 해도 중요 사안들 중 하나가 인도 의회에서 여성들에게 최소한 3분의 1의 의석을 보장하는 방안을 모색하는 것이 될 것이라고는 생각조차 못했습니다. 이런 종류의 이슈는 일찍 제기될 수 있는 것이 아닙니다. 따라서 저는 민주주의라는 제도에서 무엇을 만들어 낼 수 있을까가 더 올바른 질문이라고 생각합니다. 민주주의를 실천해 나가는 과정에서 민주주의가 더욱 필요할 때, '민주주의는 잘못 됐어. 민주주의를 줄여야 돼.'라고 말하는 것은 분명 잘못된 방향입니다.

최근에 저는 《뉴욕 북 리뷰*New York Review of Books*》에 인도와 중국에 관한 글을 발표했습니다(「중국으로 가는 길」 2004년 12월 2일). 거기에서 이 주제에 대해 언급했습니다. 또한 왜 중국이 민주적인 복수정당 체제를 갖지 않음으로 고통받고 있다고 생각하는가에 대해서도 언급했습니다. 그것은 중국이 혁명 이후에 비현실적인 정치적 지도력에 의해 일찍 주요한 진보를 이루었기 때문입니다. 학교 교육과 보건에서의 사회 변동과 진보라는 점에서 보면, 그들은 인도보다 훨씬 많은 것들을 해냈습니다. 비록 엄청난 기근을 겪기는 했지만(그들은 그런 실수를 계속했지요.) 중국은 기본적이고 보편적인 학교 교육과 보건, 여성의 고용을 잘 지원했습니다. 인도의 민주주의 진행이 머뭇거린 것에 비하면 훨씬 나았습니다.

반면 지금 그 결과를 보면, 1979년 경제 개혁 이래로 중국 경제의 성장은 인도보다 3배 이상 빨랐음에도 불구하고, 인도의 평균 기대 수명은 중국보다 빠르게 성장하고 있습니다. 그 까닭은 보건 서비스에 대한 민주적인 시스템이 제공하는 토론과 비판의 방법과 관련이 있습니다. 우리는 인도의 보건 서비스가 얼마나 열악한지 알고 있습니다. 그렇지만 우리가 그 점을 알고 있다는 사실과 신문이 계속해서 기사를 내고 있다는 사실은 그 상태가 지속되도록 내버려두지 않을 것입니다. 1979년에 중국의 평균 기대 수명은 인도보다 14년이 길었습니다. 오늘날은 7년이 더 깁니다. 인도의 케랄라Kerala 같은 지역은 평균 기대 수명이라는 점에서 보면 중국보다 4년이 더 깁니다. 주목해야 할 다른 비교는 다음과 같습니다. 1979년에 중국과 케랄라는 모두 1,000명 당 37명으로 영아 사망률이 정확히 같았습니다. 지금 중국의 영아 사망률은 37명에서 30명으로 낮아졌고, 케랄라에서는 중국의 3분의 1인 10명으로 낮아졌습니다. 케랄라는 다음 두 요소의 결합에서 성과를 얻었는데, 첫째는 혁명 직후 초창기에 즉각적인 진보를 이루어 낸 중국을 가능하게 했던 일종의 급진주의이고, 다른 하나는 복수정당 제도를 인정하는 민주주의 시스템이 가져온 이득입니다.[8]

명심할 것은 우리가 민주주의에서 얻을 수 있는 것은 대체적으로 우리가 그 민주주의를 착수할 준비가 얼마나 되어 있는가에 달려 있다는

---

8) 인도의 주(州)인 케랄라는 1950년대 지방 정부를 공산당이 장악하면서 인위적인 개혁이 이루어진 지역이다. 케랄라는 인도에서 교육 수준이 가장 높고, 보건 의료 시설이 가장 잘 갖춰진 지역이다.

것입니다. 내가 생각하는 인도에서의 가장 큰 이슈는 민주적인 정치 제도에서 큰 역할을 할 수 있는 지식인들이 정치 분야로 들어서지 않으려는 경향입니다. 그들은 정치를 떳떳하지 못한 직무라고 여기고 있습니다. 어떤 범위에서는 변하고 있지만 훨씬 더 극적인 변화가 필요하고, 인도에서 민주주의의 더 큰 성공을 위해서는 더 많은 참여가 요구됩니다. 또한 아직까지도 존재하는 오랜 불평등에 직면하여 불화를 덜 일으키고 통합이 더 잘 될 수 있도록 낙오자—빈민 지역과 하위 카스트 신분과 관련된—를 위한 정치가 강력히 요구됩니다. 이것은 민주주의 관행이 말을 걸어야 할 다른 많은 것들 중 하나의 과제입니다.

헬레나 노르베르-호지 Helena Norberg-Hodge

세계 경제가 문화와 농업에 미치는 영향에 대한 전문 연구가. 대안적인 노벨상인 바른
생활상Right livelihood Award의 수상자이며, 생태와 문화를 위한 국제 협회ISEC의 창
립자이자 회장이다. 수많은 글을 남겼으며, 큰 반향을 일으킨 고전인 『오래된 미래
Ancient Future』가 대표적인 저서이다.

2

헬레나 노르베르－호지

●선생님은 여러 곳에서 "개발을 이해하려면 식민지 이전 단계로 돌아가야 한다. 식민주의는 훗날 발전이라고 불리는 과정의 핵심이다." 라고 말해왔습니다. 이에 대해 더 자세히 설명해주시겠습니까? 선생님이 말하는 개발은 정확하게 무엇입니까?

저는 개발이 2차 대전에 뒤이어 착상된 개념이라고 논하고 있습니다. 발전은 그 창시자들뿐 아니라 일반 대중들에게 사람들을 빈곤으로부터 벗어나게 하기 위해 계획된 프로그램이라고 인식되고 있습니다. 하지만 개발은 본질적으로 식민지 시대에 시작된 정책과 동일한 정책을 추구하는 것이었습니다. 예를 든다면, 가정의 필요에 의한 생산과는 다른 교역[1]을 위한 생산의 장려입니다. 식민주의 아래서 유럽의 지

---

1) 이 장에서 사용되는 교역／무역은 모두 trade를 번역한 것이다. trade는 일반적으로는 국가 간의 교역을 의미하지만 노르베르-호지는 같은 국가 내의 자급자족이 가능한 지역 경

배 세력들은 자원을 찾기 위해 전 지구를 가로질러 이동했습니다. 그들은 무력을 사용했고 우리가 아는 것처럼, 죽이고, 살육하고, 노예로 삼거나 그들을 지구의 반대편으로 데려가 수출을 위한 단일 재배mono-culture[2]에 부리기도 했습니다. 서양에서는 그 지역들이 본국에 공급하는 자원이 무엇인가에 따라 모든 국가들을 주석을 생산하는 국가, 커피를 생산하는 국가 등으로 구분했습니다.

이러한 경제 정책은 2차 대전 뒤에 이어진 독립과 형식적인 탈식민화 이후에도 개발이라는 이름 아래 계속되었습니다. 독립 후 식민지의 지배자들은 떠났지만 그 자리는 그들과 같은 정책을 따르도록 훈련된 지역의 엘리트들로 대체되었습니다. 따라서 우리가 자원, 농업, 자본에 무슨 일이 일어났는지 조심스럽게 살펴 본다면, 근본적으로 동일한 기본 공식이 사용된 것을 발견할 수 있습니다. 거대한 규모의 단일 작물 재배가 장려되고 수출입을 위한 생산이 장려되었습니다. 개발의 시대(지금은 세계화라고 불리지요.)에 생각할 수 있던 것은 수출입을 촉진시키면 부유해질 것이라는 생각이었습니다. 이것은 부를 생산하는 방법이라는 비교 우위론으로 돌아갑니다. 분명히 비교 우위론은 많은 이유로 엄청난 설득력을 발휘했습니다.

먼저 세계 도처에 사는 사람들이 언제나 고급스러움으로 상품을 평가해 온 것은 이해가 갑니다. 왜냐하면 그들이 호사스러웠기 때문이지요. 지구를 절반이나 가로질러 왔다는 사실이 가격에 반영된 것—그것이 유럽의 면綿이든 차茶든 라다크의 터키옥이든 간에—은 과거에도

제 공동체 간의 교역도 국가 간 무역과 같은 것으로 본다. 따라서 이 장에서 교역/무역은 같은 의미이며, 이러한 용례를 제시하지 않는 경우에는 모두 무역으로 번역하였다.
2) 생산성 향상과 대량 판매를 위해 단일 작물만을 경작하는 재배법을 말한다. 이것이 국가 차원으로 확산되었을 때 모노컬쳐 경제라고 부른다.

있었던 일입니다. 이것들은 사치품으로 여겨졌고 사람들은 그것을 갖는 것을 매우 기쁘게 생각했습니다. 따라서 당신이 경제 발전의 근간으로 무역을 촉진할 때, 사람들의 관심을 얻게 될 것이라고 설득하는 것은 쉬운 일입니다.

두 번째로 이 점은 꽤 일리가 있는 것이, 세상 어디에 사는 누구라도 갖고 싶은 모든 것을 생산할 수 없고, 따라서 증대하는 무역은 부와 생활의 질을 높여줄 것처럼 보이기도 합니다. 하지만 우리가 주의해야 할 것은 비록 식민지 시대가 지났지만 경제의 근본적인 재구성은 (특히 식량에서) 아주 적은 소수에게는 부를 창출시키지만, 일반적으로는 큰 손실을 입히고 고난과 빈곤을 만들어 낸다는 것입니다.

● 선생님이 규정하는 개발과 더 중요하게는 그 개발의 결과에 관한 대부분의 가정들은 라다크[3]에서의 경험에 기반하는 것 아닌가요? 하지만 라다크는, 인정하셔야 하는데, 식민지가 된 적도 없고 주민들의 수가 많은 것도, 이질적인 주민들로 구성된 것도 아니라는 점에서 다소 이례적입니다. 선생님은 어떻게 이런 라다크의 경험을 개발도상국에 적용하려고 하십니까?

라다크가 정말 좋은 본보기가 될 수 있는 것은 경제가 식민화된 적이 없었기 때문입니다. 이 점이 라다크가 중요한 이유인데 자원이 매우 희소한 지역에, 주목할 만큼 높은 삶의 기준이 있다는 것을 보여주기 때문입니다. 하나의 지역은 그곳 주민들의 기본적인 요구를 충족시

---

3) 라다크는 인도 북부의 잠무카슈미르주(州)에 속하는 지역으로 카슈미르에서는 동쪽에 위치해 있으며, 히말라야 산맥의 서쪽인 라다크 산맥이 놓인 고원과 협곡으로 이루어진 지역을 말한다. 호지는 1975년부터 이 지역에 16년간 거주하면서 이 지역이 문명화, 산업화되는 과정을 『오래된 미래』라는 책으로 펴냈다.

키는 방향으로 움직입니다. 그리고 교역은 부차적이게 되며, 지역 경제를 번영시킨 다음에 교역이 부가됩니다. 그것이 당연한 것입니다(그것이 우리가 교역을 반대하지 않는 이유이며, 우리는 스스로를 노예화하는 경제에 반대합니다).

개발과 식민주의에 대해 다시 돌아가 봅시다. 유럽의 국가들이 세계를 가로질러 세계를 자신의 자원 기지로 보게 되는 과정에서, 각국 정부는 이미 강력한 힘을 가지고 있던 기업들을 선호하고 함께 일했다는 것을 명심하는 것이 중요합니다. 각국 정부는 그들과 함께 그들의 무역을 고무하며 지원했기 때문에 기업들은 무역업자들을 고무하고 지원했습니다. 그리하여 우리가 이 과정에서 얻은 것은 이 거대 기업들이 정책을 세우고 장려하는 것을 지원할 만큼 강력해졌다는 것입니다.

실제로 주변부나 지역, 국가의 경제가 계속해서 무역을 선호하면, 그들은 지역의 생산자와 소비자를 희생시키는 대가를 치루고 무역업자를 우선시하게 되는 것입니다. 그리고 무역업자는 지역의 생산자와 소비자보다 훨씬 적은 수이기 때문에 그들은 소수를 선호합니다. 그 소수는 이동이 용이해져서 그들의 활동과 부의 축적을 통제하기 어렵게 됩니다. 그것은 민족국가가 추구하기에는 근시적이며 구조적으로 비생산적인 정책입니다.

라다크는 무역업자를 위한 무역이 아니라, 국가가 스스로와 자신들의 국민을 돕는데 초점을 맞추고 그들을 위해서 무역을 하는 것이 가능하다는 것을 보여주는 생생한 예입니다. 라다크는 예외적으로 주목할 만한 지역의 사례가 됩니다. 라다크는 자원이 부족하고, 혹독한 기후 탓에 곡물을 재배할 수 있는 기간은 넉 달밖에 되지 않습니다. 혹독한 기후 조건 때문에 라다크의 농업 산출량은 인도 여러 지역에 식민지의 지배자들이 도착했을 때의 수준에 이르지 못했습니다. 인도에는 1헥타르당 10톤의 곡물을 생산하는 지역이 있지만, 라다크는 평균적으로 3톤입니다. 라다크는 그런 어려운 환경에서도 경제 정책의 우선순위가 다르기 때문에 사람들이 부유할 수 있다는 것을 증명해냈습니다.

하지만 제가 개발을 비판할 때 반드시 라다크에만 의존하는 것은 아닙니다. 저는 세계 도처에 있는 막대한 증거들, 즉 만들어진 빈곤과 광범위하고 장기적인 결과를 생각해 보지 않고 동일한(무역 그 자체를 위한) 공식을 조장하는 무모한 증거에 근거해 비판합니다.

●많은 사람들이 선생님과 같은 입장은 실상 가난한 사람들에게 발전할 것인가 말 것인가를 "선택"할 기회를 박탈한다고 주장합니다. 예를 들어, 농민들이 VCR을 가질 수 있고 4배의 가구 소득을 얻을 수 있으며, 농촌을 떠나 도시로 갈 수 있다면 무엇 때문에 자급자족을 하는 농민이 되려고 하겠습니까? 이런 종류의 비판에 대해 선생님은 어떻게 답하시겠습니까?

현재의 상황에서는 한 농민 개인이 하려고 하는 것을 보는 것보다는 어떤 정책과 변화가 대다수에게 이익이 되는지를 살피고 이에 대한 책임을 지려는 것이 매우 중요합니다. 제가 만일 자급자족하는 농민이고, VCR과 도시에서의 편안한 삶을 제안 받는다면, 저는 아마 그 제안을 받아들일 것이고 그런 선택을 하는 농민들을 비난하지 않을 것입니다. 제가 말하고자 하는 것은, 라다크든 어디든 간에 이 정책들이 우리를 집단적으로 사회나 시민들로서, 끌고 가려는 곳이 어디인지 보아야 한다는 것입니다. VCR을 찾아 도시로 이전하더라도 대다수가 부유하게 되는 것은 아니라는 정보를 제공하더라도, 오늘날 자급자족하는 농민들이 이주에 응하는 것을 쉽게 볼 수 있습니다.

오늘날 그 증거는 놀랄 만큼 풍부한데, 수백만의 농민들은 그러한 매력적인 소비자 생활을 영위할 수 있으리라는 약속과 함께 자신의 근거지에서 뿌리 뽑히고 있으며, 우리는 그중 10퍼센트도 안 되는 사람들만이 목표를 달성한다는 것을 알고 있습니다. 의심의 여지없이 나머지 90퍼센트는 결국 낮은 수준의 생활로 귀착됩니다. 그들은 마을을 떠날 때 상대적으로 안전한 음식과 물과 공동체를 떠납니다. 이른바 제3세계의 농촌 대부분이 이상적인 조건은 아니지만(식민지 세대에서 이어진 엄청난 궁핍과 대규모의 단일 재배, 폭발하는 인구, 최소한의 지표 제공) 전반적으로 대부분의 도시 빈민가보다는 양호합니다.

저는 개발론자들이 농민들에게 소비자 생활의 꿈을 불어넣음으로써 사기를 치고 있다는 사실을 명심해야 한다고 생각합니다. 왜냐하면 약속된 삶을 영위하는 사람의 숫자는 늘지 않을 것을 알고 있기 때문입니다. 또 우리는 소비자 라이프스타일이 자원의 공평한 소유를 넘어 필요보다 더 많은 것을 사용해야 하는 것이라는 점도 알고 있습니다. 이것은 절대로 애초의 약속을 지킬 수 없는 예정된 틀이며 따라서 우리는 모두에게 사실을 말해야 할 빚을 가지고 있습니다. 만약 당신이 고향을 떠나는 것을 선택하게 되면, 그것은 꽤 많은 감자를 키울 수 있다는 보장, 친구와 가족들로부터의 도움을 얻을 수 있다는 보장, 어떻게든 살아갈 수 있는 보장을 두고 떠나는 것이라는 사실을 말입니다. 당신은 지금 당신의 식량까지도 수입해야만 하는 더 많은 익명의 상황으로 진입하고 있습니다. 이것은—우리들 중 환경을 걱정하는 사람들에게는—슬럼Slum의 거주자조차도 수입된 식량에 의존한다는 것을 의미하며, 이는 이산화탄소 배출량을 상승시키는 것이라는 점까지 의미합니다. 고향을 두고 슬럼으로 떠난 수백만의 사람들과 더불어 이산화탄소 배출량은 급격히 많아집니다. 우리는 개발도상국에서 발생하는 이산화탄소의 증가를 "슬럼화"의 연장선에서 이해해야 합니다. 그와 같은 정책들을 추구하는 것은 동시에 환경 부담과 빈곤을 증대시키는 것입니다.

오늘날의 발전 정책은 근본적으로 도시화입니다. 이 정책들은 소규모 농민과 어민, 영세 상인들의 생계를 파괴하고 있으며, 그들을 도시 인근 미개발 지역과 슬럼으로 집중시킨 것에 대한 책임이 있습니다. 이것은 과잉 인구 때문에 발생한 결과가 아니라 정책의 결과입니다. 사람들은 도시보다 농촌에서 무엇이든 만들어 낼 더 좋은 기회를 갖는다는 점에서 과잉 인구는 도시화와 관련이 없습니다.

● 선생님은 "전통문화가 붕괴된 가장 중요한 이유는 근대화되어야 한다는 심리적 압박 때문"이라고 많은 곳에서 말씀해 오셨습니다. 이 점에 대해서 더 자세히 설명해 주시겠습니까?

지역 경제와 문화의 붕괴는 구조적인 면과 심리적인 면의 두 층위에서 일어났습니다. 저는 둘 다 중요하게 여기고 있으며, 문제는 이 두 층위의 붕괴가 서로 연동되어 작동하기 때문에 사람들에게 막대한 영향을 미치고 있다는 것입니다.

구조적인 층위에서 보자면, 정부의 정책은 도시의 중심부에 일자리, 교육, 사회보장 혜택, 보건, 에너지원을 제공해주지만, 농촌에는 이런 시설들이 제공되지 않으며 만약 제공되더라도 질 낮은 시설일 뿐입니다. 그래서 사람들을 도시 지역으로 들어가고 싶게 유혹합니다. 동시에 무역 그 자체를 위한 무역을 촉진하고자 하는 경제 정책은 농촌 사람들의 상품 판매 기회를 박탈하고, 그들의 경제를 파괴합니다. 따라서 그들은 경제적인 이유 때문에도 이농을 강요받게 되는 것입니다.

동시에 심리적인 면에서 우리는 '미래는 도시이며 결국 미래는 서구적인 소비자 라이프스타일'이라는 개념을 조장하는 대중매체와 광고, 학교 교육과 밀착되어 살아가고 있습니다. 이러한 생활양식은 유럽 백인과 같은 시선, 유럽식 음식 문화, 유럽식 의복생활과 관련된 것입니다. 그중에서 가장 문제가 되는 것은 피부색, 눈동자색, 예절, 유럽의 언어를 갖는 것과 관련된 것입니다. 그리고 결론적으로 어린아이들이 얻는 것은 자신들의 언어와 피부색, 살아가는 방식에 대한 열등의식입니다. 저는 라다크에서 이 문제를 아주 가까운 거리에서 목격했는데, 그것은 결코 특이한 관찰이 아니었습니다. 세계 수백만의 사람들이 이와 동일한 과정을 경험하고 있기 때문입니다. 사람들은 제 책과 다큐멘터리 『오래된 미래』를 35개 이상의 언어로 번역해서 대중들의 인식을 제고하기 위해 정기적으로 사용합니다. 라다크에 대한 책을 본 많은 사람들은 라다크의 이야기가 바로 자신들의 이야기라고 응답했습니다.

제가 라다크에서 관찰했던 것은 이 심리적 압박이 아주 짧은 시간에 젊은이들을 한 개인으로서, 또 한 문화의 구성원으로서 열등하며 부적절하다고 느끼도록 한다는 것입니다. 저는 그것을 아주 가까이서 바라보았기에 더욱 확실하게 느꼈습니다. 그것은 비극이었습니다.

라다크는 세계의 몇몇 지역에서 수년에 걸쳐 일어났던 과정을 이해할 수 있는 기회를 제공합니다. 왜냐하면 그들은 외부 세계의 영향으로부터 철저히 보호되었었고 따라서 변화 과정은 매우 급격하게 일어났기 때문입니다. 제가 처음 라다크에 도착해서 그들의 말을 배웠을 때, 그 안에 담긴 자기 존경과 품격은 제가 겪었던 다른 어떤 문화보다도 높은 수준이었습니다. 예를 들어, 그들의 언어에는 자살, 공격, 침울과 같은 단어들이 전혀 없거나 낮은 빈도로 사용되었고, 이를 증명할 여러 종류의 지표들이 있었습니다.

하지만 연이은 변화의 물결(관광, 광고, 대중매체)이 들어온 뒤에, 라다크의 젊은이들은 서구의 현대 사회에서는 사람들이 무한정한 여가를 누리고, 무한정한 부를 가지고 있으며, 엄청난 힘을 소유하고 있다는 인상을 받게 되었고, 자신들의 부모들이 전해주는 문화는 어리석고, 쓸모없으며 뒤처진 것이라고 느끼게 되었습니다. 교육과 대중매체의 모든 것이 이 점을 강화했습니다. 이리하여 그들은 존재와 피부색에 대한 수치심이 커져갔습니다(젊은 여성들은 '흰 피부와 사랑받기Fair & Lovely'라는 아주 위험한 피부 미백 크림을 사용하고 있습니다). 콘택트렌즈의 판매는 세계적으로 나날이 늘어갑니다. 태국, 남아메리카, 인도에서 광고는 종종 다음과 같은 메시지를 전합니다. "당신이 태어나면서부터 소망했던 눈동자의 색을 가지세요." 그 색은 당연히 푸른색입니다.

그것은 재앙이자 비극입니다. 우리는 우리의 정체성을 지니고 함께 일하며 서로를 도와야 합니다. 라다크에서 목격한 자기 존중의 상실의 예는 서구 세계의 중심에서 일어나는 일과 같이 매우 심각합니다. 내가 자란 스웨덴에서는 금발의 푸른 눈의 소녀들이 날씬하지 못한 것에 엄청난 콤플렉스를 가지고 있으며 그것은 점점 커지고 있습니다. 섭식 장애가 매우 빠른 속도로 증가하고, 여섯 살 소녀가 자기 몸을 증오한다고 말합니다. 이제 이것은 전 세계적인 문제이며, 있는 그대로의 자신을 받아들일 권리를 가진 우리의 모든 것을 동질적인 소비자 문화가 부정하고 있습니다. 이것이 우리 모두가 함께 노력해야 하는 이유입니다. 지금 코카콜라 광고는 다문화주의를 촉진하고 있다는 엄청난 자부심을 가지고 있습니다. 종종 그 광고는 검은 피부나 검은 머리를 가진 사람들과 아시아 여성과 백인 여성을 포함한 모두를 마치 하나의 행복한 가족인 것처럼 만들어 놓습니다. 그 이미지는 소비자 라이프스타일과 같으며, 그것이 문제의 본질입니다. 왜냐하면 인간은 자신들이 성취할 수 없는 완벽함의 표준을 바라보고 있기 때문입니다. 어린이들은 실제적인 인생의 롤 모델을 가질 필요가 있습니다. 왜냐하면 실제적인 롤 모델은 절대로 완벽한 눈과 치아와 몸을 가질 수 없기 때문입니다. 그들도 인간일 뿐입니다.

● 선생님은 또 최근에 입안된 개발 정책들은 사람들의 정체성의 일원적인 느낌을 강화하지 않을 수 없고, 따라서 정체성에 기반한 (예를 들면, 인종적·종파적·종교적 대립과 같은) 대립을 만들어낸다고 지적하셨습니다. 왜 이것이 문제가 되는지 설명하실 수 있겠습니까? 선생님의 주장을 보강하기 위해 사례를 하나 들면, 2001년 인도네시아의 칼리만탄Kalimantan에서 발생한 폭력과 다야크Dayak족 원주민들이 마두라Madurese족 이주민들을 살해한 사건[4]이 그러합니다.

---

4) 인도네시아 보루네오의 행정구역인 칼리만탄에서는 2001년 발생한 인종 분쟁으로 500~1,000명의 마두라족이 원주민인 다야크족 사람들에 의해 처참하게 살해되었다. 인도네시아 정부는 보루네오의 밀림을 개발하기 위해 인근의 자바섬과 마두라섬에 살던 마두라족을 대거 이주시켰는데, 이들이 임업과 광업에 종사하면서 다야크족의 전통적인 생활 근

그것은 근본적으로는 무역 증대를 목적으로 한 정책과 인구 통계에서 드러나는 것과 같이 집중화 또는 도시화를 촉진하기 위한 정책들이 결합된 결과입니다. 앞에서 말했듯이 기반 시설은 증대되는 무역의 관점에서 보았을 때, 도시화와 세계화 양자에 기여하기 위해 갖추어진 것입니다. 만약에 주민들이 도심에서 벗어나게 된다면 코카콜라와 맥도날드는 그들에게 전달될 수 없을 것입니다.

마찬가지로 그 시스템의 구조적인 특성은 인간의 노동을 대신하여 점점 더 많은 기술을 사용하는 것입니다. 화석연료와 다른 한정된 에너지 사용과 인간의 노동을 대체하는 기술을 더 많이 필요로 하는 것과 같이 말입니다.

이 세 가지 요소들—무역을 위한 무역, 도시화, 인간의 노동을 대신한 기술의 사용을 선호하는 정책들—이 합쳐져서, 제한된 지역에만 판매하기 위해 생산하는 소규모 생산자들은 하나씩 몰락하여 슬럼가로 쫓겨가는 구조(이는 특히 저개발 국가에서 명백합니다.)가 만들어집니다. 동시에 앞서 말한 것처럼, 그들의 정체성은 위협받습니다. 도시의 중심부에서는 일거리가 매우 제한적이고, 공간도 한정되어 있기 때문에(땅값은 치솟고) 사람들은 자신들이 매우 어렵고 경쟁적인 상황에 처해있음을 발견하게 됩니다(사람들은 숙박시설과 일거리를 얻기 위한 싸움에 내몰립니다). 이런 일련의 과정은 중심으로 집중시키는 힘이자 통제의 단일한 과정입니다.

게다가—저는 거기에 예외가 없다고 봅니다.—힘 있는 자는 자기 것만을 선호하는 경향을 보입니다. 제가 생각하는 서양의 범위와 다른

거인 밀림을 파괴하게 되자 인종간의 대립으로 발전해서 원주민인 다야크족이 이주민인 마두라족을 살해한 사건이다. 마두라족의 집단탈주로 사건은 일단락되었다.

사람들이 생각하는 서양의 범위가 분명하지는 않지만, 서양에서는 자기 것만을 선호하는 경향이 여전히 지속되고 있습니다. 저개발 국가에서는 사람들이 인종이나 종교적인 측면에서 공동체의 정체성과 연관을 가지고 있습니다. 이러한 인종과 종교에 따른 구분은 권력을 가진 사람들이 자신들의 집단을 확실하게 선호한다는 것을 의미하며, 나머지 집단은 점점 권리를 박탈당하고 더 나아가 폭력적이 됩니다. 저는 이것이 힌두교와 대립하는 부탄의 불교 정권, 카슈미르Kashmir의 이슬람이 이끄는 정권, 인도의 힌두교가 지배적인 정권이든 상관없이 그것이 동일한 방식으로 양식화된다는 점을 증명할 수 있습니다. 따라서 인종적이며 종교적인 집단의 문제로 보는 대신에 구조에 주목하고 앞에서 말한 바와 같이 권력이 집중되었을 때 무슨 문제가 발생하는가를 살피는 것이 중요합니다.

다른 요인은 일자리의 집중입니다. 이는 서양에도 해당됩니다. 만약에 당신이 미국이나 영국 또는 스웨덴에서 일자리를 얻으려면 일자리가 모여 있는 중심부는 그 수가 줄어들게 됩니다. 예를 들자면, 영국에서 일자리는 런던과 브리스톨과 그 밖의 다른 도시에 집중되어 있습니다. 결과적으로 인구는 밀려나고 그들의 일부는 일자리 근처에 살 여유가 없기 때문에 하루 4시간의 여행을 통해 그곳으로 갑니다.

이 문제의 또 다른 이면에는 스웨덴과 미국, 심지어는 라다크에서조차 가난한 노동자들은 더러운 일을 하도록 내몰리고 있는 특정한 패턴이 있습니다. 가장 더러운 일은 그 지역에서 가장 가난한 사람이거나 또는 사회 주변부의 사람들이 하게 됩니다. 라다크의 경우 네팔인들과 인도의 비하르족[5]들이 길을 닦고 화장실 청소와 같은 일을 하러 옵니다. 이들은 일부는 가족을 떠나야 했던 사람들이거나, 스스로 비하르에 온 행복하지 않은 젊은이들이며, 이들의 대다수가 술을 마시고 범죄와 폭력에 빠져들게 됩니다. 이런 현실은 인종이나 종교적 특성들과는 아무런 관련이 없다는 것을 깨달아야 합니다. 이는 극도로 구조화된 불평등의 조건에서 주변화된 것들의 정해진 패턴입니다. 이 파괴의 패턴을 이해해야 하며 이해를 통해 그것들을 변화시키는 방법을 찾아야 합니다. 중심화 되기보다는 탈중심화 되는 것, 세계화되는 것보다는 지역화되는 것이 더 필요하다는 것은 너무도 분명합니다. 지금 우리들의 경제적인 움직임은 이전에는 볼 수 없었던 속도로 사람들을 그들의 터전에서 타지역으로 이전시키고 있습니다.

만약에 외부로부터의 압력을 통해 극도의 불안정이 발생하고 지역 주민의 본래 모습이 위협받게 된다면 갈등과 충돌이 생겨날 것입니다. 이러한 압력은 희소한 일자리를 얻기 위한 아주 격렬한 경쟁과 연결되어 있으며 사람들은 공존할 수 없습니다. 나는 오늘날 세계에서 볼 수 있는 대부분의 폭력이 이런 구조적 문제와 관련이 있다고 생각합니다. 반대로 본래 화합하지 못하고 관대하지 못한 집단은 존재하지 않습니다.

---

5) 인도의 비하르 지역에 거주하는 종족. 파키스탄과 방글라데시의 분리와 인도와 파키스탄의 분쟁 과정에서 어디에도 속하지 못한 채 캠프에서 난민으로 살아가는 사람들이 대부분이다.

●선생님은 IMF와 세계은행의 정책이 이런 구조적 문제와 부합한다고 생각하십니까? IMF와 세계은행의 정책이 저개발 국가에 미치는 충격은 무엇입니까?

IMF와 세계은행은 이러한 과정에 근본적인 영향을 미쳐 왔습니다. 그들은 제가 지금껏 말해온 문제들을 더 심화시키는, 이른바 개발을 촉진하기 위해 설립된 것입니다. 일자리의 집중화, 특히 집중화된 에너지 기반시설을 설치하고 이를 장려하는 것, 생산기술을 인위적으로 저가로 만들고 인간의 노동은 비싸게 만드는 것, 도시화와 무역만을 위한 무역을 고무하는 것과 같은 것들이 IMF와 세계은행 정책의 구조적인 특징들입니다.

이 과정의 본질은 세계은행과 IMF, 관세와 무역에 관한 일반협정 GATT이 같습니다. GATT는 비슷한 시기에 무역의 증진을 목표로 창립되었습니다. 세계은행이 하려고 했던 것은 기반시설을 건설하려 했던 것이고, 그것이 지속될 수 있도록 IMF가 금융을 제공한 것입니다. 또 이 과정을 돕는 수출입 담당 은행과 수출신용대리인ECAs도 있습니다.

동시에 이 정책들을 어떤 개별 기구나 개인들의 잘못으로만 여겨서는 안 됩니다. 우리가 물려받은 이 시스템은 나중에 이런 식으로 운영될 것이라는 것을 아는 사람이 많지 않았던 시대의 산물입니다. 이런 류의 발전을 장려했던 많은 사람들은 이것이 가난을 뿌리 뽑을 유일한 방법이라고 진실로 믿었습니다. 오늘날까지 그것은 사실입니다.

하지만 얼마 후 사람들은 권력을 가진 자들이 이 정책들이 발생시킨 문제에 귀 기울이기를 바랐습니다. 그러나 지금은 조금씩 좌절하고 있습니다. 정보 격차는 점점 벌어지고 있으며, 보기에 따라서 우리는 이전보다 덜 소통하고 있습니다. 저는 이러한 방향으로 정책이 지속되길 선호하는 사람들과 그에 반대하는 사람들 사이의 공적인 토론이 더 많아지기를 희망합니다. 우리에게는 그러한 문제에 관한 진지한 논의에 개입하기 위한 실질적인 역량이 부족합니다.

● (선생님의 말에 따르면) 개발이 "파괴"를 의미하는 것입니까? 더 사회적이고 윤리적이며 환경적인 책임 있는 발전은 어떻게 구성되어야 합니까?

저는 우리가 찾으려고 하는 무언가를 위해, 적극적인 변화를 위해 "발전"이라는 말을 남겨둘 수 있다고 생각합니다. 우리가 발전이라 칭할 수 있는 적극적인 변화는 가능할 뿐 아니라 절대적으로 필요합니다 (특히 개발이라는 이름의 파괴적인 정책에 의해 수년간 황폐화된 저개발 국가에서 그러합니다).

분명히 해둘 몇 가지가 있습니다. 첫 번째로 개발도상국이나 북반부의 선진공업국의 기구와 엘리트는 모두 가난한 사람들에게 빚지고 있다는 것을 깨달아야 합니다. 우리는 남북의 오랜 논의를 넘어서 개발을 촉진시켰던 사람과 구조가 남북 모두에 있다는 사실을 이해해야 합니다.

두 번째로 집중화와 도시화의 과정을 유보시키는 새로운 방법을 모색해야 합니다(이 둘은 무역을 위한 무역을 중시하는 것에 의해 촉진됩니다). 우리는 무역을 줄이는 방법을 모색하고, 특히 식량과 농업 분야에서의 건강한 지역 경제를 건설해 나가야 합니다. 이것이 안전한 식량 수급과 생산의 분화를 가능하게 하며 나아가 지역의 인구가 적절한 수준으로 유지되도록 해줍니다. 나는 지역 경제에 투자하는 것이 지금의 정책보다 비용이 덜 들 것이라고 확신합니다. 지역 중심 경제는 더 적은 에너지를 필요로 하는 대신에 탈중심적인 에너지 설비를 필요로 합니다. 따라서 탈중심적인 에너지 기반 설비를 건설해야 합니다.

세 번째로, 오늘날 저개발 국가들이 탈중심적인 재생 에너지 기반 시설을 지을 수 있도록 도와준다면 급격한 변화가 야기될 수 있습니다. 이 시설은 재생 에너지를 사용함으로써 이루어지며, 단 하나의 방법이 아닌 수력, 풍력, 태양열 에너지를 모두 활용하는 가능성을 모색해야 합니다. 우리는 라다크에서 20년간 그와 같이 작업을 했으며, 그 방법이 비용이 덜 든다는 것과 가능성이 있다는 것을 알고 있습니다. 하지만 오늘날의 세계에서는 누구도 거기에 투자하지 않습니다. 더 건강한 발전을 위해서는 이 문제를 우선적으로 해결해야 합니다.

네 번째로, 그러한 탈중심적 발전을 해나가기 위해서 각각의 모든 생태계와 마을, 토양은 모두 다르다는 것을 깨닫는 것이 시급합니다. 따라서 다양성과 다양성을 강화시키는 원칙 위에서 조사와 과학과 기술을 진행시키는 방향으로 이동해가야 합니다. 그것은 장소와 더 밀접하게 관련되어야 하며, 동시에 국제적인 정보 교환이 지속되어야 합니다. 또 문제가 되는 것은 오늘날 우리가 행하는 정보의 교환은 본질적으로 규격화된 서구식의 모델을 강요한다는 것입니다. 이 모델은 전 세계를 자원 기지로 여기는 것에 기반해 있기 때문에 완전히 반복이 불가능한 모델입니다. 바로 이 점이 그 모델이 받아들여지는 모든 곳에서 아주 적은 부유한 엘리트와 그 나머지 빈곤한 사람들을 만들어내는 이유입니다. 작동해야 할 모델은 단 하나, 다양성에 기반한 것이어야 합니다.

예를 든다면, 라다크에서는 온실을 도입한 것만으로도 엄청난 계기가 되어 다양한 분야의 생산 증가를 이루어낼 수 있었습니다. 지금 그들은 겨울에도 녹색채소를 생산할 수 있지만 그전에는 그렇지 못했습니다. 때문에 우리가 이 집중화와 하향식 모델에서 벗어나고, 탈중심화되고 다양화된 경제 모델을 건설할 수 있도록 도와주기만 한다면 넓은 지역에서 훌륭한 먹거리를 생산할 수 있는 가능성은 충분합니다.

산자이 레디|Sanjay Reddy

컬럼비아 대학 버나드 칼리지의 경제학과 조교수이다. 그의 연구활동은 개발 경제학과
국제경제학, 경제와 철학, 그리고 경제와 사회이론의 영역에서 이루어지고 있다.

3

산자이 레디

●선생님은 철학자 토마스 포기Thomas Pogge와의 공동 보고서 〈통계에서 빈자의 누락 How Not to Count the Poor〉에서 세계은행의 세계 빈곤 측정은 결함이 있는 방법론에 근거한 것이라고 지적했습니다. 세계은행의 빈곤 측정이 가진 주된 문제는 무엇인지 설명해주시기 바랍니다.

토마스 포기와 저는 보고서에서 세계은행의 세계 빈곤 측정이 불충분하며 그 빈곤 측정의 본질과 중요성이 변질되었음을 확인했습니다. 거기에는 세계은행이 안고 있는 여러 문제들의 근간이 되는, 하나의 중심적 결함이 있다고 말하는 것이 맞을 것 같습니다. 이 결함이란 개인의 기본적 요구를 충족시키는 자원을 소유하고 있는지와 관련해서, 빈곤층을 규정하는 기준을 정하지 않고 업무를 시작한 것입니다. 제 방식대로 말하자면 세계은행은 기본적인 인간의 능력을 포함하는 빈곤 규정 기준을 세우지 않고 관계된 모든 일을 시작했습니다. 그것은 아마티아 센이 언급한 것처럼 인간이 존재being하고 행함doing에 있어서 요구되는 기본적 형식에 도달할 수 있는 능력입니다. 예를 들자면 알맞게 영양을 섭취할 수 있는 능력과 같이 소득 수준에 달려 있거나, 깨끗한 공기를 마실 수 있는 능력과 같이 곧바로 소득 수준에 종속되지 않은 능력도 있습니다. 하지만 분명히 깨끗한 공기를 마실 수 있는 능력과 같이 간접적으로 소득 수준에 종속된 성취들 역시도 공기 오염에서 벗어난 지역에 거주할 수 있는 능력에 종속되어 있는 것입니다. 인간의 여러 기본적 능력들이 성취되는 데 있어 필요한 소득은 많을 수도 있고 적을 수도 있지만, 결과들이 확실해진다는 점에서 소득은 중요한 수단입니다.

세계은행은 세계 소득 빈곤 통계를 내는 것과 같이 협소하게 소득 빈곤에만 초점을 두는 것이 아니라, 인간이 실제 필요로 하는 것이 무엇인가에 대한 이해를 통해 빈곤 개념을 정립할 필요가 있습니다. 세계은행이 채택한 방법론의 가장 큰 문제는 기본적인 인간의 요구에 중심을 둔 방법론이 아니라 화폐 기준 측정법money-metric이라 불리는 방법론을 채택했다는 것입니다. 세계은행의 화폐 기준 측정법은 구매력 평가PPP 단위에서 정의되는 임의적이며 대략적으로 규정된 빈곤 기준 (하루 1~2달러)에서 출발합니다. 이런 접근법의 결과로 최소 두 가지의 눈에 띄는 문제가 있습니다. 첫 번째는 1~2달러는 세계 여러 나라 인간들의 기본적인 필요를 만족시키는 데 충분하지 않다는 것이며, 빈곤 기준이 정해진 기축 국가, 즉 미국의 통화에서도 마찬가지입니다. 뿐만 아니라 이 국제적인 빈곤의 기준을 지역 통화 단위로 환산하는 것은 불가능합니다. 왜냐하면 통화 단위에는 절대적 등가가 존재하지 않기 때문입니다. 절대적 등가가 존재할 것이라는 생각은 개념상의 잘 못입니다. 다음과 같은 질문을 봅시다. "파키스탄의 카라치에서 바스 마티 쌀 한 자루는 얼마입니까? 그리고 뉴욕의 렉싱턴 거리에서 바스 마티 쌀 한 자루는 얼마입니까?" 또는 다음과 같은 질문을 할 수도 있 습니다. "카라치에서 핸드폰을 사는데 얼마가 듭니까? 그리고 뉴욕 렉 싱턴 거리에서 카라치에서와 같은 브랜드의 핸드폰을 사는데 얼마가 듭니까?" 우리는 두 장소에서 각기 다른 두 종류의 물건을 구입하는 데 드는 화폐 단위의 상관적인 양을 알 수 있습니다. 하지만 일반적으 로 파키스탄에서 루피rupee의 액수가 달러로 얼마인지는 알 수 없습니 다. 답은 항상 자원이 최종적으로 주어지는 결과가 얼마인가에 달려 있습니다. 조금 더 자세하게 말씀드리면, 사람들이 충분한 영양을 섭 취하는 데 드는 달러의 등가로 여겨져야 할 루피의 액수는 어떤 도시 에서 관리자가 평균적인 생활을 유지하는 데 드는 달러의 등가로 여겨 져야 할 루피의 액수와는 많은 차이가 납니다.

따라서 빈곤 분석에 적용될 수 있는 통화간의 절대적 등가의 비율이 있다는 세계은행의 생각은 간단히 말해 개념상의 잘못입니다. 사실상 빈곤 측정의 맥락에 적용되는 데 적합한 등가의 비율을 채택하는 규정 은 빈곤한 사람들에 대한 명확한 규정의 기초가 되는 기준, 특히 무엇 이 빈곤이고 그것을 피하는데 무엇이 필요한가에 대해 어떤 생각을 갖 고 있는가에 의해 좌우되는 것입니다.

우리는 인간의 기본적인 요구에 대한 몇 가지 안을 통해서 어떤 식이 든 빈곤 측정을 확정해야 한다는 사실에서는 벗어날 수 없습니다. 그것 이 국가 내의 차원이든 국가 간의 차원이든 말입니다. 우리는 세계은행 이 채택한 절대적 화폐 기준 측정법이 실제로는 빈곤을 근본적으로 측정하지 못하는 잘못된 방향으로 갈 것이라 생각합니다. 그리하여 결과적으로 다양한 방법론적이고 실제적인 문제를 낳게 될 것입니다.

●선생님이 제출하신 자료에 대해 세계은행으로부터 회신이 왔다고 들었습니다. 그 후 어떻게 되었는지 말씀해주십시오.

보고서를 내고 얼마 있지 않아 세계은행에서 세계 빈곤 측정 산출을 직접 책임지는 마틴 라발리온Martin Ravallion으로부터 회신을 받았습니다. 제 생각으로는 그분이 매우 진실한 분이기는 하지만 그와 상관없이 저희의 주된 비판을 받아들이지는 못했습니다. 우리가 이러한 비판을 시작한 이래, 세계적으로 이 비판에 대해 주목할 만한 관심이 있었음에도 세계은행은 5년여 동안이나 이에 대해 답하려는 진지한 노력을 하지 않았습니다. 세계은행은 더 나은 빈곤측정법을 만들려는 시도에 조금도 동참하려 하지 않았습니다.

세계은행의 태도는 이미 진행되고 있는 것을 지키려는 것이었습니다. 정치·경제학적 맥락에서나, 기구가 가지고 있는 정치적 입장을 볼 때 완전히 놀랄 일은 아닙니다. 그들이 일련의 구체적 행동을 취한다는 것은 거대한 신용자본을 투자하는 것이며, 그들의 신용은 다른 이들이 소유하지 못한 것과 비교했을 때 더 우월한 기술적 전문성을 소유한 데서 비롯된 것입니다. 따라서 우리들의 비판에 맞서 진지한 반대 의견을 내놓거나 그 비판에 사용된 방법론을 살펴보는 데 무관심하더라도 우리는 놀라워하지 않습니다. 매우 안타까운 일입니다. 결과적으로 이 중요한 주제가 기구나 집단 내의 한 인물의 관심에 묶인 채로 남아 있어서는 안 됩니다. 이러한 종류의 방법론으로 세세한 부분까지 공공의 관심을 기울이게 하는 것은 매우 중요한 일입니다. 그러나 그것은 종종 순수하게 기술적인 것이거나 기술적인 전문가들만이 홀로 해야 하는 일인 것처럼 다뤄지고 있습니다. 우리는 이렇게 실제적인 일 처리는 세계인의 일반적인 관심사로 다뤄져야 한다고 믿고 있습니다. 그것은 실제 시행 과정에서 더욱 투명하게 자문을 받아가며 진행되어야 합니다. 이같은 모습이 세계은행을 비롯한 개발 기구들이 실망을 주는 부분들인데 그들은 1차적으로 폐쇄적인 반응을 보이고 더 나아지기 위해서 무엇이 필요한지 연구하려 하기보다는 자신들이 이미 한 일에 대해 정당성을 강화하려고 시도합니다.

● 선생님이 제안한 빈곤층을 규정하는 기준과 방법론은 명확히 무엇입니까? 그리고 어떤 국제 기구가 이 책임을 맡는 것이 좋다고 보십니까?

우리는 최근 세계적 소득 빈곤을 측정하는 화폐 기준 측정법의 대안을 제안했습니다. 그것은 국가 내와 국제 기구에서도 적용 가능합니다. 이 방법은 모든 국가에서 빈곤을 측정하는 방법에 채택될 수 있습니다. 그것은 기본적인 인간의 필요라는 공통적인 개념에 기초를 두고 있습니다. 특별히 우리가 제안하는 것은 전 세계적인 차원에서 가난하지 않은 상태로 인식되기 위해 인간이 가져야 할 합당한 기초적 능력과 이 능력을 계발하는 데 필요한 물품들의 특징은 무엇인가라는 개념에 대한 합의가 있어야 한다는 것입니다. 그런 후 "각국에 인간의 기본적인 필요를 충족시키는 데 필요한 소득은 얼마인가?"가 질문되어야 합니다. 여기서 첫 번째 원칙은 세계적 차원에서 적절히 투명하며, 자문을 받는 국제적 과정에 의해 반드시 동의가 이루어져야 한다는 것입니다. 또한 이는 어느 정도는 적절한 방법으로 국가적인 다양성에 부합하도록 해야 한다는 것입니다. 하지만 두 번째 필요, 즉 세계적인 차원에서 각국마다 다른 기본적 필요를 충족시키는데 필요한 소득 측정은 국가적이며 준국가적인 차원에서 진행되어야 한다는 것입니다. 우리의 관점은 이 과정의 두 부분은 가능한 범위 내에서 참여적이고 자문을 받아가며 하는 방법에 의해 이루어져야 한다는 것이며, 동시에 관련된 전문가에 의해 적절하게 통제되어야 한다는 것입니다.

각국에서 이러한 방식으로 확립된 가난을 기준 짓는 경계는 공통적인 해석에 기초하여 구성되었기에 국가를 넘어 공통적인 해석을 자동적으로 가지게 됩니다. 더구나 이 해석은 의미 있는 것이 될 것이며 적절한 과정을 거쳐서 국가와 국제적 공중으로부터 시인될 것입니다. 이런 방법은 개념적으로는 단순해도 실제로 적용하기는 어려울 수 있습니다. 왜냐하면 각국에 빈곤 경계를 설정하려는 노력이 요구되고 또 몇몇의 공통적 세계 기준에 조응하는 빈곤 측정이 이루어져야 하기 때문입니다. 우리의 답은 분명히 어느 정도의 기간과 이 목적을 달성하기 위한 자원의 지출이 필요하다는 것입니다. 하지만 이것이 터무니없는 장애는 아닙니다. 우리가 종종 적절한 예로 드는 것은 국가 회계 시스템입니다. 미국의 통계국이 이를 개발하는 데 선구적인 역할을 했으며 세계 대부분의 국가가 국가 소득, 생산 계정, GDP를 산출하는 데 사용하고 있습니다. 이런 성취는 매우 특별한 일입니다. 존 케인스John Keynes가 『고용, 이자 및 화폐에 관한 일반 이론General Theory of Employment Interest and Money』을 썼을 때 오늘날 우리가 알고 있는 종류의 국가 소득 계정은 어느 나라에도 존재하지 않았습니다. 오늘날은 거의 모든 국가에 이 계정이 존재할뿐더러, 많은 부분에 공통적으로 기초가 되는 개념적 기본 원리가 존재합니다. 게다가 이 계정은 화폐시장이 GDP 성장률 보고에서 조그만 변화에도 반응할 정도로 막대한 관심의 대상입니다.

빈곤 통계를 조정하는 것이 지나치게 비용이 많이 들고, 필요 자원을 동원하는 것이 어렵다거나 시간이 너무 들기 때문에 불가능하다는 생각은 이런 종류의 역사적 예를 보았을 때 잘못된 것입니다.

우리가 제시한 방법론이 가능성이 있다는 생각을 뒷받침하기 위해 제공할 수 있는 또 다른 예는 기업경영 자문회사와 세계 여러 도시의 생활 물가를 확정하기 위해, 해마다 조사를 위한 적당량의 물품을 구매하는 국제시민봉사단체International Civil Service Commission[1]와 같은 비정부 기구입니다. 그들은 사기업의 임원이나 다국적 기업과 국제 기구의 관료들에게 생활물가 조정을 위한 적절한 기초 자료를 제공하기 위해 조사를 합니다. 어느 누구도 그 실제 조사가 어렵고 시간이 들며, 비싸다고 불평하지 않습니다. 그리고 실제로 그 조사는 하나의 실체를 만드는 것보다는 완성되는 데 다소 시간이 더 걸리기는 합니다. 우리가 질문하고 싶은 것은 매일 자치 단체장이나 국제 단체 직원들에게 하는 일을 가난한 사람들 또는 잠재적으로 가난해질 수 있는 사람들을 위해 하는 것이 왜 개념적으로 적당하지 않으며 실천적으로 가능하지 않은가입니다.

---

1) 국제 공무원위원회라고도 불리며 유엔총회에 의해 설립된 독립적인 전문조직이다. 이 조직이 하는 일은 유엔 직원들의 근무 여건을 관리하고 조정하는 것이며, 세계적인 생활물가를 조사하여 통계를 작성하는 일도 하고 있다.

●선생님의 설명을 들으면 그 제안이 반드시 어떤 국제 기구에 의해 조정될 필요는 없어 보입니다.

어느 정도 맞춰가는 것은 불가피하지만 조정이 하향식 기준에 의해 이루어지는 것은 아닙니다. 세계 빈곤 측정에 더 적합한 형식을 보충하는 것에 대한 우리의 생각은 변증법적인 것입니다. 우리들의 이론에 따르면, 국가들은 적절한 기초적 능력을 구성하는 데 저마다의 관점을 적용할 뿐 아니라 국가의 빈곤 측정을 위한 기준을 정하는 데 사용되는 기술적 규준에도 그 관점을 적용하게 됩니다. 우리는 그 과정을, 조정하는 중심적인 단위는 존재하지만 초기에는 막대한 양의 국가 정부 투입이 있어야 하고 또 개별적인 경우에 맞는 기준선을 책정하기 위해 국가 빈곤 측정을 하는 단위 또는 위원회에 어느 정도의 자유를 보장해 주어야 하는 것으로 생각합니다. 하지만 개별성이 인정되더라도 양립할 수 있고 또 책정에 있어 융통성이 유지되기 위해서는 기본 원칙에 따라야 합니다.

●세계은행이 이러한 과정들을 공개하지 않으려고 하기 때문에 세계은행과 다른 중심적인 조정 단위를 생각하는 건가요?

우리는 이런 종류의 과정이 필요한 조직적이거나 병참적인 지원을 하는 국제 기구를 반대하지 않습니다. 비록 우리가 지적했던 문제가 세계은행의 결함에서 기인하기는 하지만, 하루에 1달러니 2달러니 하는 식의 세계 빈곤 측정에 대한 비판은 기구로서의 세계은행에 대한 근본적인 비판이 아닙니다. 그것은 세계은행이 세계 빈곤 측정 업무를 해왔던 방식에 대한 비판입니다.

제가 분명히 하려는 것은 통화의 등가 비율을 특징짓기 위해 사용했던 구매력 평가 전환 요소들을 구성해왔고, 세계은행이 빈곤을 측정하는 데 이용했던 부서인 국제 비교 프로그램International Comparison Program, ICP은 항상 사무국을 유엔에 두었었다는 것입니다. 하지만 10년쯤 전에 세계은행으로 이전해 갔습니다. ICP 사무국이 이전한 이유 중의 하나는 유엔에는 없는 금융 자료를 세계은행은 가지고 있기 때문입니다. 따라서 세계은행은 이미 다양한 종류의, 세계적 차원의 다양한 통계를 산출하는 데 능동적으로 깊이 관여할 준비가 되어 있으며, 유엔 통계국UNSTAT이 가지고 있는 것보다 더 많은 빈곤 측정 목적을 위한 자료를 가지고 있습니다. 이 점이 세계은행이 우월적인 지위를 지속적으로 차지하는 이유는 아니지만 세계은행이 현재와 같은 환경에서 행해야될 역할에는 분명히 나름의 개연성이 있음을 보여주는 것입니다.

필수불가결한 것은 세계은행이 더 높은 수준의 투명성을 가지고 그 문제에 접근해야 하며 통계가 어떻게 산출될 것인지를 효과적으로 결정하는 데 은행이나 다른 기구 내에서 적은 수의 사람만이 참여하도록 해서는 안 된다는 것입니다. 우리들의 반복되는 문제 중 하나는 통계를 산출하는 데 투자하는 비용은 조직적으로 적게 책정되는 반면에 질 낮은 통계에 의존하는 것인데 이는 매우 중요한 문제를 발생시킵니다. 빈곤에 대한 통계와 인간의 풍요로운 삶에 관련된 통계의 질을 향상시키는 데 드는 비용은, 한 국가와 세계적 상황을 측정하고 이를 기반으로 공적인 토론과 선택을 인도할 때 나쁜 통계에 의해 생겨날 수 있는 잠재적 위험을 반대로 좋은 통계의 결과로써 만들어지는 잠재적 이익과 관련지어보면 상대적으로 적다는 것은 분명합니다.

우리가 제시한 대안의 마지막 요점은 개별 국가들은 이미 실시하고 있는 빈곤측정법의 대체 방법을 만들 필요가 없다는 점입니다. 반면에 우리는 그 국가들만의 빈곤측정법의 질을 향상시키는 방법을 제안하고 동시에 그 빈곤측정법이 국제적으로 병존할 수 있도록 할 것입니다. 지금 우리가 제안하고 있는 것은 간단히 말하면 국가들은 빈곤 경계를 설정해야 하고 자신들의 생계 조사 방법을 계획할 때 이런 방식으로 만들어진 소득 빈곤 통계에 대한 국제적 비교 방식을 허용해야 한다는 것입니다. 우리의 제안을 인센티브를 제공함으로써 국가의 빈곤 통계에 대한 방법론적이며 실질적인 기초를 보강하는 제안으로 보아도 무방합니다. 그 결과로 산출된 국가 빈곤 통계는 국제적으로 비교 가능하며 단일화가 쉬워질 것입니다.

●선생님은 세계은행에서 출간한 2006년의 〈세계개발보고서 World Development Report〉를 검토하고, 개발도상국의 관점에서 많은 결점을 지적하셨습니다. 이 보고서가 이전의 보고서에서 크게 이탈했습니까? 그리고 개발도상국의 시각에서 보았을 때 어떤 문제가 있는지 설명해주시기 바랍니다.

제가 이미 논평했던 것처럼, 애초에 개발 중인 G-24 국가를 위해 발행된 2006년 〈세계개발보고서〉(이하 보고서)는 세계은행의 진보적이랄 수 있는 산물입니다. 제임스 울펀슨의 총재 수행 기간인 10여 년간 세계은행은 분명 개발 계획 참여의 중요성과 같이 은행에 비판적인 측에서 오랫동안 강조해왔던 많은 사안들로 실질적인 관심을 이전시켰고 의사를 표명해 왔습니다. 예를 들면, 개발 계획은 불투명하고 타당성 없는 정부기구들에 대한 비판의 중요성, 인간 능력과 특히 선상과 교육 제도에 투자하는 것의 중요성, 환경에 대한 적절한 주의를 기울이는 것의 중요성 등의 내용입니다.

2006년 보고서의 주제는 공평과 개발입니다. 저는 공평함이 다른 개발 목표를 위한 수단이자 목표 그 자체로만 추구되는 것은 아닌가라는 의문과 함께 걱정스러웠습니다. 이 의문은 세계은행이 이런 종류의 문제를 발의하는 것은 고사하고 그것을 참지 못했던 특별한 경제학자들에 의해 지배되던 1980년대부터 전개되어 왔다는 사실에 기초합니다. 그런 관점에서 보자면 2006년의 보고서는 추천될 만합니다. 2006년 보고서는 분명히 많은 중요한 주장을 담고 있고 뛰어난 제안을 하고 있으며, 이에 대해서는 세계은행이 과거에 보였던 편견과 협소한 관심사 때문에 비판을 가했던 사람들을 포함하여 세계은행 밖의 분석가들도 그렇게 볼 것이라 생각합니다.

하지만 이를 비판적인 측면에서 보았을 때, 저는 보고서가 마치 은행 그 자체 내의 본래 요소와 개혁적인 요소 사이의 정교한 타협안처럼 보입니다. 예를 들어, 외부의 많은 관찰자들은 중요한 논의 안건이라 생각하는 많은 부분들에 대해서 이상할 만치 침묵을 보이고 있을 뿐 아니라 나타난 전제들에 대해 다소 쉽게 생각하고 있습니다. 전자의 예를 찾아보면 보고서는 개별 국가에서 불평등을 일으키고 절대적인 박탈을 증대시키는 정책에 대해서 논의하고 있지 않습니다. 예를 들면, 최소한의 발전을 이룬 많은 국가들(특히 1980년대부터 1990년대 중반 사이에)에서 사회 분야의 개혁을 압박해야 할 세계은행의 역할은 그에 반대되는 것이었습니다. 게다가 더 구체적으로, 세계은행은 보건과 교육 분야에서 수익자 부담 원칙을 도입하는 일을 자임하고 나섰으며, 최소한의 개발이 진행된 국가(예를 들자면, 사하라 이남의 아프리카 국가들)에서 이용자들이 이용료를 부담할 것을 요구했습니다. 그들의 관점에서 보았을 때 기본적인 보건소 이용과 초등학교에 입학하는 데 드는 비용은 너무 비싸서 금지된 일이나 마찬가지였습니다. 1990년대 후반, 세계은행은 이 현안에 있어서 180도 다르게 바뀌었고, 지금은 초기의 입장을 고수하지는 않습니다. 하지만 가난한 국가들에서 불평등과 박탈을 증가시켰던 1980년대에서 1990년대 초반에 나타난 정책들에 세계은행이 관여했다는 사실들은 여전히 유효합니다. 저는 여기서 매우 전문적인 분야의 정책을 언급했는데, 여기에는 브레턴우즈 기구들에 의해 추천되었던 거시경제적인 정책들과 그 정책들이 맡아야 할 역할에 대한 일반적이며 광범위한 질문이 포함되어 있습니다. 특히 훗날에 와서야 약자들에게 발생하는 역효과를 완화해야 할 필요가 인정되고, 보호 장치와 미세한 차이들에 대한 고려없이 맹목적으로 채택되었던 초창기의 구조조정 프로그램과 같은 정책들이 문제로 지적되었습니다. 세계은행의 경우, 공정성에 대한 보고서에서 이 역사에 대해 언급조차 하지 않은 것은 절반의 진실만을 말하는 것입니다. 보고서를 통해 알 수 있는 이런 종류의 외면은 잘못된 것 중 하나의 예일 뿐이며, 비평에서는 그 외의 다른 것들에 대해서도 언급했습니다.

저는 또 암묵적인 전제에 대해서도 언급했습니다. 한 예로 보고서는 국가 제도의 공평성을 측정하기 위한 규준으로써 전체적으로 사적재산권 보호의 중요성을 강조하는 동시에 "출발 관문의 평등"을 제공하기 위한 방법으로 자산의 더욱 공평한 분배를 요구합니다. 이를테면 시장 경쟁에 진입하기 위한 적절한 자원을 취할 수 있으며 시장 기회로부터 잠재적으로 이득을 볼 수 있는 개인의 능력을 말하는 것입니다. 세계은행은 한편에서는 시장 경쟁으로부터 이득을 보기 위해 적절한 재산 소유권이 필요하다고 주장하며, 다른 한편으로는 건전한 제도를 사적재산권을 보호하고 그것을 침해하지 않는 존재로 보고 있습니다. 비록 이러한 사적재산권의 보호가 효과적인 자원의 사용과 자원축적을 위한 적절한 인센티브를 창출한다는 점에서는 중요하다고 동의하더라도, 개인들이 출발 지점부터 시장 참여자가 될 기회를 가로막는 유동자산과 신용 압박이나 다른 제약을 극복하기 위한 조건을 창출하기 위해서는 평등주의적인 분배 정책 또한 여전히 타당성을 가지고 있다고 생각합니다. 이와 같이 모순된 정신분열증적인 모습을 띄는 구체적인 예는 보고서가 중국이 상대적으로 평등하며 따라서 시장지향적인 자유화가 시작되면 대다수 국민들이 시장에 참여할 수 있는 조건을 만들 수 있는 "선결적인 조건"을 가지고 있다며 중국을 칭찬한 것입니다. 반면에 보고서는 이른바 선결적인 조건이 재산권 제도가 부정한 민족혁명의 산물이라는 것을 이해하지 못하고 있습니다. 이러한 혁명이 가져다준 이점을 알지 못하면 여기에 어떤 방법론적인 모순이 존재한다고 느껴질 것입니다.

보고서의 작성자에 의해서 분석된 것과 외부의 관찰자인 제가 분석한 것 사이의 차이를 일일이 드러낼 필요는 없습니다. 그 보고서는 많은 사람들이 읽는 것이 아니며 특별히 영구적인 서류도 아닙니다. 2010년에 2006년의 보고서를 읽을 이유는 없습니다. 따라서 그 보고서가 2006년의 세계 개발 담론의 틀을 잡는 데 있어 중요성을 갖는다 하더라도 세부적인 내용을 지금 말할 필요는 없습니다. 결정적으로 문제가 되는 사안은 세계은행의 자원이, 더 일반적으로는 세계 개발 자원들이 어떻게 사용되느냐 하는 것입니다. 제가 보고서에 대한 비평에서 마지막으로 던진 질문은 보고서가 누구에게 직접적인 소용이 되느냐 하는 것입니다. 제가 보기에 세계은행과 은행의 직원들이 보고서에 관심을 갖는 것은 분명하지만 그것이 세계인의 관심사가 아닌 것도 분명합니다. 세계은행은 개발 기구 중에서 가장 많은 조사 예산을 보유하고 있습니다. 세계은행이 개발 연구에 쓰는 조사 예산은 다른 학술 기관의 예산들을 왜소해 보이게 할 정도이며, 아마도 전체 학술 기관들의 조사 비용보다 규모가 클 것입니다. 하지만 실행되는 모든 조사는 중요 연구주제가 무엇이냐는 것과 세계은행 내의 지배적인 학문적 조류가 무엇이냐에 따라 예산 사용이 결정됩니다. 그 안에는 조사 주제에 영향을 주는 내부의 정치적 요소가 작동하고 있는데, 그에 따라 지지되고 결재를 받는 특정 조사 주제가 존재하게 됩니다. 세계은행의 보수적이며 전통적인 특성을 대표하는 조사자들이 은행 안에서 반복적으로 상을 받아왔다는 사실은 은행이 선호하는 조사가 있다는 것을 보여주는 예입니다. 반면에 브랑코 밀라노빅Branco Milanovic과 같이 은행의 외부에서 광범위한 관심을 일으킨 매우 흥미로운 조사를 해왔던 연구원들은 은행 내의 자료를 거의 얻지 못했으며, 내부적으로는 예의 인물들과 같은 정도의 배려를 받지 못했습니다. 세계은행 조사 부분이 일을 하는 데는 조직적인 편견이 작동하고 있음을 알 수 있습니다.

제가 가장 묻고 싶은 것은, 독립적인 개발 조사를 수행하는 독립된 개발 기구에 은행 자료가 제공되면 더 좋은 결과를 얻을 수 있지 않을까 하는 점입니다. 왜 개발 정책 연구에서의 경쟁이 노동시장이나 신용시장 또는 상품시장에서의 경쟁처럼 좋은 결과물을 낳지 못하는 것입니까? 개발연구 분야에는 경쟁이 너무 적습니다. 그리고 우리가 알고 있는 것처럼 개발도상국의 많은 개발연구 기관들은 몰락했습니다. 다는 아니지만 그 기관들이 실제적으로 세계은행의 보이는 손 때문에 사라지기도 했습니다. 내가 들 수 있는 하나의 예는 비교적 활발히 운영되던 사하라 이남 아프리카의 많은 대학들(예를 들면, 마케레레 대학과 다르-에스-살람 대학)이 사라졌다는 것입니다. 이들은 자국에 맞는 개발 문제를 제기하고, 이에 걸맞은 흥미로운 연구를 생산했으며 자국 내 지식연구 집단으로 자리를 잡는 중이었습니다. 이들이 몰락한 이유는, 1980년대에서 1990년대 초까지의 세계은행의 생각은 대학에 지출하는 것은 퇴행적이라는 것과 빈곤한 사람들보다 자국의 지식 계층만을 지원하고 있다는 것이었습니다. 따라서 대학에서 기초교육과 중등교육으로 교육분야 내에서의 투자의 방향을 재설정하는 것이 최선이라는 것이 그들의 생각이었습니다. 그러한 관점은 표면상으로는 그럴듯해 보였지만 개발도상국 내에서 기능하고 있는 대학들의 존재, 자국에 뿌리를 내린 지식 계급의 존재, 아이디어와 전문 기술의 창출이라는 이 셋의 결합이 가진 근본적 의미를 이해하지 못했습니다. 개발도상국은 결국 그 결합에서 이익을 얻을 수 있는 것입니다. 가장 중요하게는 추상적인 목표와 구체적인 전략의 차원에서 자신들만의 계획을 정확히 설정할 수 있는 국가의 능력은 이런 계급의 존재 여부에 달려 있습니다. 실제로 잘 운영되던 많은 대학들이 자문 역할만 하는 기관으로 축소되었는데, 개발 대행자나 세계은행 쌍방을 위한 자문역을 해주지 않고는 유지할 수 있는 여력이 없었기 때문입니다. 그리고 세계은행은 다양한 측면에서, 국내적 관점을 통해 개발계획을 세울 수 있는 능력과 자신감을 가지고 자생적인 적절한 방식으로 개발계획을 세울 수 있는 능력을 가로막았습니다.

이 문제는 매우 복잡하지만 개발도상국 내에서나 개발도상국의 관점에서의 개발 조사를 위한 지원이 충분하지 않았다는 것만은 매우 분명합니다. 세계은행이 개발도상국의 연구 기관을 위해 할 수 있는 기여는 그들이 구조적인 자율성을 가지도록 자료를 제공해주는 것입니다(세계은행의 세계 개발 네트워크와 같이 현존하는 시범 사업은 완전히 실패했습니다). 결국 필요한 것은 전문화된 연구 프로젝트를 계약하는 것이 아니라 선진국 연구기관의 대안으로 개발도상국의 연구기관이 존재할 수 있도록 보장하는 것입니다. 각 사회의 미래를 위해 스스로 아이디어를 생산할 수 있는 조건을 보장해주는 것이 가장 중요한 일입니다.

●2005년에 세계은행 총재가 추대되었을 때, 선생님은 〈뉴욕타임스The New York Times〉에 기고한 특별 기사에서 "미국의 폴 월포위츠Paul Wolfowitz 세계은행 총재 지명은 세계의 빈민에 대한 모독"이라고 했습니다. 현재 월포위츠는 1년 넘게 총재직을 수행하고 있습니다. 선생님은 아직도 그때의 주장을 고수하고 계십니까? 또한 전체적으로 그의 작업에 대해서 어떤 평가를 내리십니까?

폴 월포위츠의 세계은행의 총재 지명은 세계은행의 표면적인 목적조차 무시한 처사라는 것이 당시 제 생각이었습니다. 월포위츠는 경제 정책이나 개발 정책 분야에 있어 충분한 경험이 없는 인물입니다. 실제로 직전의 미국 정부에서의 그의 역할을 보면, 대다수의 견해이기도 한데요, 증거와 사실에 기초한 정책 생산이 갖는 중요성을 알지 못하는 것으로 보였습니다. 그때 제 생각은 전통적으로 총재를 지명해왔던 국가의 태도가 매우 고압적이라는 것이었고, 은행의 본부에 걸려 있는 허울 좋은 표어 "우리의 꿈은 빈곤으로부터의 해방입니다."처럼 은행에 부여된 사명을 무시하는 것이라고 보았습니다.

제 생각은 바뀌지 않았고, 월포위츠의 지난 1년간의 업무 결과를 볼 때 바뀌지 않을 것 같습니다. 일단 그의 업무 수행은 별개의 문제입니다. 비록 그가 세계은행 총재 중 최고의 총재라 하더라도 그의 지명 과정을 보았을 때 제 입장은 달라지지 않을 것입니다. 세계은행의 총재직과 개발 기구들 내의 모든 유사 중요 직책들이 어떤 개별국가나 어떤 국가들 중 특정 집단의 특권이 되어서는 안 됩니다. 만약에 이 기구들이 더 정통성을 가진 조직이 되려면, 이러한 세계은행 통치체제governance의 모든 면들은, 특수하게는 브레턴우즈 기구의 여러 측면처럼 더 보편적으로는 다른 국제 기구들처럼, 공개적으로 샅샅이 살펴볼 수 있어야 하며 민주적이 되어야 합니다.

월포위츠 총재의 업무 수행과 관련해서 보면, 그가 관심을 갖고 부패문제에 집중하는 것은 다른 사람들에게 비판받고 있으며, 정치 관련 업무만을 경험하고 경제와 사회 개발 영역은 거의 경험하지 못한 인물에 대한 기대에서 완전히 벗어난 것은 아니라는 말을 제외하고는 할 말이 없습니다. 하지만 궁극적으로 저는 그 점에 대해서 논평을 할 자격을 가지고 있지는 않습니다. 왜냐하면 저는 그의 업무를 가까이에서 봐오지 않았기 때문입니다. 무엇보다 근본적으로 요구되는 것은 책임과 투명성이 보장되도록 통치체제의 규범들을 제도화하는 것입니다.

●선생님은 밀레니엄 개발 목표MDG[2]가 많은 국가들, 실제로는 모든 지역에 적용되지 못할 것이라고 말씀하셨습니다. 왜 그런지 설명을 해주시지요.

아시다시피 밀레니엄 개발 목표는 매우 다양하며 여러 관심 사안들을 포괄하고 있습니다. 따라서 모든 사안들을 담아내는 것은 어렵습니다. 그런 점에서 보면 밀레니엄 개발 목표가 어떤 지역에서는 만족스럽지 않을 것이라는 점은 분명합니다. 예를 들어, 첫 번째 목표를 보면 2015년에는 세계 소득 빈곤을 1990년 수준의 절반으로 줄이는 것으로 되어 있고 그 계획에서 세계 소득 빈곤은 개발도상국의 가난한 인구의 비율로 잡혀있습니다. 이 목표가 어떻게 구체적 수치로 표현되어야 하는가에 있어서는 약간의 애매함이 존재합니다. 특히 전지구적인 총합의 단위로 잡혀야 하는지 또는 개별적인 국가의 단위로 잡혀야 하는지가 애매합니다. 미국에서의 지금까지의 관행은 개별국가의 단위에서 설정되어왔고 이는 적당한 방법으로 보입니다.

예를 들어, 중국과 같은 나라에서는 1990년 이래로 소득 빈곤이 눈에 띄게 줄어들었습니다. 세계 빈곤 인구의 다수를 포함하는 다른 주요 국가들, 예를 들어 인도와 같은 국가에서도 주목할 만큼 감소했습니다. 비록 엄청난 논쟁이 있고, 결론은 나지 않았지만 말입니다. 그러나 라틴아메리카나 사하라 이남 아프리카 지역과 같은 세계 전체의 다

---

2) 밀레니엄 개발 목표(MDG : Millenium Development Goals)는 2000년 9월 유엔의 밀레니엄 정상회의에서 채택된 빈곤 퇴치를 위한 목표를 말한다. 여기에는 2015년까지 빈곤 감소, 보건 및 교육의 개선, 환경보호 등을 위해 실행해야 하는 8개의 구체적 목표가 제시되었다. 절반 이하로의 빈민층 감소, 초등교육의 전반적 보급, 2005년까지 초·중등 교육에서의 성차별 폐지와 2015년까지 고등교육에서의 성차별 폐지, 영유아 사망률 3분의 2로 축소, 여성 산모 사망률 4분의 3 축소, AIDS·말라리아 등의 완전퇴치, 안전한 식수 확보를 위한 노력, 개발을 위한 전세계적 파트너십 구축 등이 포함된다.

른 지역에서는 빈곤 감소의 비율이 매우 적게 나타납니다. 이 두 지역에서는 절대적으로 빈곤이 상승해왔다고 말할 수 있습니다. 물론 빈민을 규정하는 데 사용되는 국제 기준이 갖는 근본적인 불확실성이 판단에 있어서 어려움을 발생시키기는 합니다. 이에 대해서는 토마스 포기와 함께 도처에서 주장했고 앞에서도 말씀드렸습니다. 이로 보아 소득 성장과 빈곤 감소의 역학관계는 세계 각지마다 다르며, 라틴아메리카와 사하라 이남 아프리카에서의 소득 빈곤 감소는 상대적으로 예측하기 어려운 것으로 보입니다. 실제로 전반적으로 빈곤이 줄어드는 것으로 보이는 세계(예를 들면, 남아시아 지역)를 각각의 지역들로 나누어 보면, 국가마다 다른 모습을 보이는 것을 알게 됩니다. 파키스탄에서 빈곤 감소 비율은 눈에 띄게 낮고, 스리랑카와 네팔에서는 빈곤이 줄어들지 않았습니다. 이런 식으로 나누어 보게 되면 세계 여러 곳에서 비슷하게 감소한 것으로 보입니다. 전 세계적으로 개발이 이루어졌는가라는 질문은 반드시 혼재된 결론에 도달하게 됩니다.

"세계의 빈곤은 정말 사라졌는가?"라는 제목의 공동 사설에서 우리는 1990~2000년의 세계 전체 빈곤 인구가 줄었는지를 질문했습니다. 이 질문에 답하기 위해, 우리는 라틴아메리카, 사하라 이남 아프리카, 인도, 중국에서 벌어질 가능성 있는 각각 다른 시나리오를 병치시켜 보았습니다. 각각의 지역에서 최근의 빈곤 경향과 관련된 논란에 유의하면서 말입니다. 우리가 발견한 것은 대부분의 주목할 만한 시나리오로 주되게 중국에서의 빈곤 감소로 인하여, 전체적으로 빈곤이 줄어들었음에도 불구하고, 최소한 몇 개 이상의 비관적인 시나리오도 존재한다는 것이었습니다. 우리는 그것을 무시할 수가 없습니다. 왜냐하면 실제로 발생한 것에 대한 근본적인 불확실성 때문이며, 그 시나리오에서는 빈민의 숫자가 절대적으로 증가하거나 세계 인구에서 차지하는 비중이 증가하는 것을 볼 수 있습니다.

한 가지 더 말씀드리면 유엔 체계가 밀레니엄 개발 목표를 달성하는 방향으로 변해왔지만 일관된 방법을 개발하지는 않았습니다. 제프리 삭스Jeffrey Sachs 교수는 유엔 밀레니엄 프로젝트의 책임자로서 각국이 어떻게 밀레니엄 개발 계획에 가장 잘 도달할 수 있을지에 대한 일련의 제안을 했습니다. 그 제안들은 연구되고 축적된 증거에 근거하고, 최상의 계획으로 제출된 것이지만 저와 앤터니 휴티Antoine Heuty가 보기에 그 제안은 밀레니엄 개발 계획 또는 더 확장된 개발 목표를 달성하기 위한 성공적 기초를 놓지 못할 것 같습니다. 이 제안들에 관한 근본적인 우려는 그들의 기술 전문 관료적인 성향과 지향에서 비롯된 것입니다. 우리는 그 제안에는 전반적으로 개발 목표를 달성하는 데 잠재적으로 가능한 다른 수단에 대한 충분한 고려가 없다고 생각하고 있습니다.

밀레니엄 프로젝트에 관한 기술 관료적인 관점은 중요하다고 여기는 몇 가지의 물질적 개입 방식에만 초점을 맞추게 됩니다. 예를 들면, 영유아 사망률을 감소시키기 위해서 채택하는 방식은 말라리아의 전염을 감소시키기 위해 감염된 환자들에게 살충제 처리를 한 침대용 모기장을 제공하는 것입니다. 우리는 그러한 물질적 개입이 잠재적으로 꽤 가치가 있다고 생각합니다. 하지만 국가적이고 세계적인 차원에서 더 결정적인 역할을 하는 제도 정비와 같은 측면에 관심을 기울이기보다는 이런 방식의 사소한 물질적 처방을 중심으로 정책을 펴는 것은 잘못입니다. 왜냐하면 실제적인 상황에서 개발 이득을 결정하는 데는 포괄적인 접근이 더 중요하다는 사실과 삭스 교수와 그의 연구팀이 간과한, 매우 많은 다른 잠재력 있는 개입의 경우도 있을 수 있고, 잠재적으로 성공할 수 있는 개발 정책이 있다는 사실 때문입니다. 이 맥락에서 들 수 있는 예는 학교에 다니는 아동을 위한 급식과 관련된 것입니다. 학교 급식은 아이들의 영양을 향상시키는 것만큼 입학률을 높이는데 효과적이라는 것이 증명되었습니다. 밀레니엄 프로젝트는 그러한 계획을 그들이 "단기 성공 과제"라 명명한 것의 한 예로 규정했습니다. 이는 실시만 된다면 빠른 성과를 낼 수 있을 것 같은 정책을 지칭하는 것입니다. 하지만 우리는 학교 아동을 위한 급식 계획이 개발도상국에서 처음 시행되었을 때(1980년대 인도에서처럼) 그 계획은 비효율적일수도 있는 포퓰리즘 정책으로 비판받았다는 것을 지적했습니다. 인도의 명망 높은 경제학자는 당시 이 주제에 대해 조사를 진행하던 저에게 언성을 높이며 불만을 토로했습니다. 게다가 이 프로그램들은 주로 아이들의 영양을 향상시키기 위한 장치로 보였습니다. 아이들의 학교 입학을 늘리는 것은 그 다음의 결과로만 인식되었습니다. 오늘날 소수의 사람들만이 그 정책에 비판적이고 대부분은 삭스 교수처럼 높게 평가합니다.

우리가 보기에 이것은 국가라는 입장에서 보았을 때 한 분야에 대한 정책적인 실험이 장기적으로 실질적 이득을 얻을 수 있는 방법을 보여주는 예입니다. 실험을 하는 국가나 그들의 실험을 통해서 배우게 되는 다른 국가들 모두에게 말입니다. 옵션들이 총망라된 메뉴를 제시하거나 이것들이 모든 나라에서 일괄적으로 실시되는 것을 지지하는 것보다는 배우는 환경, 그 안에서 국가들이 개발 계획의 수립을 지원받을 수 있고, 그 과정에서 서로 배울 수 있는 환경을 만드는 것이 더 중요한 것입니다. 그렇게 하는 구체적인 대안으로 우리는 "동배同輩와 파트너 비평peer and partner review"3 메커니즘이라고 부르는 것을 제안했습니다. 그것을 통해서 국가들은 자신들의 개발 목표를 달성하는 데 적합한 국가 개발 계획을 창출하는 과정을 정기적으로 경험할 수 있으며 동등한 파트너의 관점에서 즉, 친근하지만 비판적인 관점에서 이 계획들을 조정해 나갈 수 있습니다(즉, 동등한 발전 수준의 다른 나라들뿐 아니라 그것들과 관련 있는 발전 수준이 다른 나라들도, 예를 들면 기증국과 수혜국). 동배와 파트너 비평 메커니즘은 각 나라들의 국가적 발전 프로그램을 위한 재정적인 도움의 기초를 지원할 수도 있습니다.

동배와 파트너 비평 메커니즘은 가난한 나라에만 제한할 필요가 없습니다. 우리는 선진 개발 국가가 자신들의 개발 지원 프로그램을 그들의 동등한 파트너가 제공하는 비판적인 시각에 맞춰 볼 수 있다고 생각합니다. 우리의 관점에서 이런 종류의 과정은 메커니즘의 한 예입니다. 그 메커니즘을 통해 국가들은 더 열린 결말을 가지고 개발에 나서고, 더 나아가 참여적으로 상담을 해가며 민주적인 방식으로 그리고 궁극적으로 학습 지향적인 방법으로 개발에 나서게 할 수 있습니다. 그러한 제안이 밀레니엄 개발 계획을 달성하거나 실제로 다른 경제적 또는 사회적 목표 달성을 보증하는 마법의 탄환은 아닙니다. 하지만 각국의 개발 프로그램을 지원하는 과정, 나아가서 각 나라들이 시험하고 각자의 경험으로부터, 그리고 서로의 경험으로부터 배우기 위한 기회와 요구를 창조하는 제도적 과정은 결국에는 장기간에 걸쳐 그 목표를 촉진할 것입니다.

---

3) 앤터니 휴티와 산자이 레디의 공동 저술은 Journal of Human Development, Volume 6, Number 3에 수록되어 있다.

●선생님은 〈공정한 통화 협정 개발Developing Just Monetary Agreement〉이라는 논문에서 국제적인 분배 정의에 대한 논의를 할 때 국제 통화 협정의 항목은 반드시 재고되어야 한다고 주장합니다. 국제 통화 협정은 어떻게 재고되어야 할까요? 그리고 전 세계적 차원에서 선생님은 어떤 방식의 통화 개혁을 주장하고 있습니까?

그 논문은 가능성 있는 다양한 영역에서 시도될 수 있는 것을 실행해 보려는 노력의 결과였습니다. 저는 다음의 두 가지 질문에 대하여 규범적인 추론뿐 아니라 경험주의적인 추론에 집중해 보려고 했습니다. 먼저 특정한 영역에 존재하고 있는 제도적인 질서는 바탕이 되는 도덕 원리의 근간 위에서 합리적으로 이해할 수 있는 것들인지, 둘째로는 인간에 대해 우리가 아는 것과 제도의 작동들에 관하여 우리가 아는 것을 고려해 보았을 때 바람직한 규범을 제정하기 위해 우리가 꿈꿀 수 있는 가능한 개혁은 있는 것인지에 대해서 말입니다. 곧 그 특수한 경우에 있어서 저의 관심은, 당신도 지적했던 것처럼, 국제적인 금융과 통화의 질서에 관한 것입니다. 물론 이것은 다양한 측면을 포괄하고 있습니다.

국제적인 분배 정의의 관점에서 통화정책 결정이 금리에 실질적인 영향을 끼쳐왔다는 말이 의미하는 바의 예를 들면, 차입(레이건 행정부의 군비 증강과 세금 축소, 기타 요인에 따른)과 재정 운용을 하던 미국에서 정부 비용이 증가하자 미국 연방 준비은행이 채택한 강력한 긴축 통화정책은 많은 개발도상국들의 채무 위기를 초래했습니다. 그 결과는 실제 금리의 가파른 상승이었고, 이로 인해 개발도상국이던 대부분의 채무국가들은 부채 상환을 연기하거나 제때에 상환하기 어렵게 되었습니다. 물론 다른 원인도 있기는 하지만 그 채무 위기의 여파는 아직까지 여러 개발도상국에서 감지되고 있습니다. 여러 가지 측면에서 부채 위기는 최소한 몇몇 개발도상국가에서는 아직 이어지고 있습니다. 이것은 선진 개발 국가 그룹의 편협한 이익만을 위한 결정이 개발도상국에 매우 광범위한 연쇄 효과를 불러온 한 예입니다. 물론 종종 연쇄 효과가 정책 결정의 과정에서 우리 예측의 한도 내에서 고려되기는 합니다. 개발도상국에서의 연쇄 효과는 나아가 그 국가들 내에서 아주 다양한 분배 결과를 가져오고, 단지 부채 상환을 할 수 없는 특수한 국가의 문제가 아니라 그 국가들 내에서 상대적으로 빈곤한 사람들에게 고통을 줄 수 있는 정부 지출의 급격한 삭감을 강요하는 문제이기도 합니다.

분배 정의는 세대 간이나 세대 내 문제의 맥락에서 나타나기도 합니다. 개인들과 달리 돈을 빌리고 장차 돈을 갚기로 약속한 국가의 경우, 실제 상환 부담이 반드시 그들에게 지워지는 것은 아닙니다. 국가의 경우에는 인구의 변동이 있고, 종종 아주 젊은 세대가 그들의 전세대가 그들의 이익을 위해 맺은 부채 의무를 부과받기도 합니다. 결국 문제는 한 나라의 시민이 특정한 정부가 자신들의 이익을 위해 계약한 부채에 대한 책임을 져야 하는가 입니다. 정부가 규범적으로 연동된 의무를 발생시키는 것을 전제로 구성되는가의 문제는 지금 매우 중요한 것입니다. 자이르(지금의 콩고)에서 과거 모부투 세세 세코Mobutu Sese Seko 정권에 의해 발생한 부채는 그 나라의 국민에 대해 연동된 의무를 발생시키지 않는다고 생각될 수 있습니다. 그 채무의 발생이나 빌린 자원으로부터 실질적으로 이익을 얻게 한 결정에 대해 반드시 책임질 필요는 없습니다. 최근에는 학계를 넘어 더 광범위하게 이 문제, 이른바 가증스런 부채odious debts[4] 문제와 이것에 어떻게 접근해야 하는

지에 대한 논의가 전개되고 있습니다.

그리고 이런 세대 간 논의에서 나아가 세대 내의 문제 또한 발생하고 있습니다. 무엇이 다른 나라에서 태어난 아이들보다 자신들의 이익을 위해 과거 자이르 정부가 만든 부채에 대해 오늘날 콩고에서 태어난 아이들이 더 책임을 갖도록 하는가? 무엇이 세대 간뿐만 아니라 세대 내에서 이어지는 개인 간의 의무의 끈인가는 매우 어려운 질문이며 이 문제는 부채에 대한 독립된 문헌에서 한 번도 적절하게 언급된 적이 없습니다.

현재 시행되고 있는 제도는 특정한 결정이 이루어졌을 때 그에 영향받는 사람들의 이익을 고려하는 방향으로 작동하지 못합니다. 국제적인 경제 질서는 불변의 도덕적 기본 원리 위에서도 합리적으로 설명되기 어렵습니다. 이 주제는 집중적으로 비판적인 연구가 이루어져야 합니다.

● 선생님은 《윤리학 저널 *Journal of Ethics*》에서 가난한 국가는 왜 가난한가에 대한 최근의 논쟁에 대해 언급했는데요. 여기서 "그들 스스로 내린 결정 때문에, 혹은 자신의 삶을 스스로 책임져야 하는 세계 질서의 특성 때문에, 또는 다른 요인들이 만들어낸 무언가 때문에 그들은 가난하게 되었는가(또는 계속해서 가난한가)?"라는 질문을 했습니다. 그리고 "이 질문에 대한 답이 빈곤을 줄이기 위해 누가 얼마만큼의 책임을 져야 하는가에 대한 판단에 적절한 영향을 끼치게 될 것"이라고 했습니다. 선생님이 생각하는 이 질문에 대한 적절한 답은 무엇입니까?

---

4) 일반적으로 정당성이 없는 정권에서 발행한 국채를 의미한다.

세계적인 차원에서 이 문제를 보았을 때 엄청난 빈곤은 개인적인 책임인가라는 관점에서 이해될 수 없습니다. 시대를 넘어서 막대한 빈곤이 발생하고 지속되는 데에는 제도적인 요인이 분명히 작용하고 있습니다. 그렇다면 개인적 책임이라는 개별적 역사의 관점에서 개인의 불리한 조건을 포착하려는 것은 충분하지 않습니다. 특정한 경우에 있어서 국가라는 틀 내에서 문제를 규정하는 것이 더 그럴듯하거나 더 타당한지의 문제는 열어 놓으려 합니다. 여기에 개인이 개인적인 이익이나 적절한 인생의 기회를 추구하는 방법에 대해 올바른 접근법이라고 제시되어 온 특정한 맥락이 있습니다. 그러한 맥락에서는 자연스럽게 그런 주장을 할 수 있습니다. 하지만 세계적인 차원에서는 물론이고 선진 개발사회에서의 평등주의에서조차도 그것이 완전히 일반적이라는 증거는 없습니다. 이런 관찰은, 대중적 경험이든 대중적 현상이든 개인의 불리한 조건을 설명할 제도적 요인이 있는가의 문제를 발생시킵니다. 그리고 거기에는 이 제도적인 문제에 대한 책임이 자리를 잡습니다. 이 문제에 대한 답은 복잡합니다. 그리고 몇 가지 예의 경우처럼 완전한 답도 없습니다. 예를 들어, 질문의 범위를 식민지 시대의 역사적 경험이 오늘날 세계의 분배에 있어 유리한 조건과 불리한 조건에 대한 최소한의 책임이 있다는 것으로 넓혀보십시오. 현재 세계에서 지배적으로 나타나고 있는 유리한 조건과 불리한 조건의 패턴에 끼친 식민지 시대의 여파, 특히 유럽의 지배가 가져온 충격이 이어지는 것에 관련해서는 다양한 측면에서 나름의 주장이 가능합니다. 하지만 이 문제와 관련된 명쾌한 결론을 내는 것은 쉽지 않습니다. 왜냐하면 그것은 세계 전체의 역사가 달랐었다면 벌어질 수도 있었을 것을 확정하는 것, 즉 복잡한 반대 사실을 따져보아야 하기 때문입니다. 우리는 하나의 역사를 가진 하나의 세계를 살고 있고, 반대 사실이 확인되는 것을 통해 직접적으로 식별할 수 있는 대안적인 세계나 가능한 세계는 존재할 수 없기 때문에 그 문제에 대한 명확한 판단에는 고유한 추론의 문제가 따를 수밖에 없습니다.

어디에 책임이 있는지가 확정될 수 없다는 사실은 다음의 문제들을 불러옵니다. 특정한 요인에 의해 일어나는 특별한 행위가 현재의 상황에 책임을 가지고 있는 것인지, 또는 특정한 요인에 의한 특정한 행동이 지금이나 훗날에 개연적으로 이득을 가져올 수 있는 것인지의 문제 말입니다. 그 요인들에 과거에 인과적인 책임이 있었더라도 말입니다. 빈곤의 경감에 대한 책임을 판단하는 것은 다음과 같이 다양한 고려들에 따르게 됩니다. 첫째, 특정한 과거의 행위들이 오늘날의 분배의 유리함과 불리함을 결정하는 데 중요한 기준인지 아닌지에 대한 이해, 둘째, 같은 사회에 살고 있든 아니든, 과거에 특수한 인과적 관계에 의해 묶여 있었든 아니든 간에 인간들 사이에서의 의무의 본질과 관련해 결과만으로 판단하지 않으려는 고려, 셋째, 현재의 특정한 요인이 다른 사람보다 불리한 조건을 경감할 수 있는 더 큰 능력을 가지고 있는지, 아닌지에 대한 이해가 필요합니다.

각각 다른 측면에서 다양하게 고려해야 할 요소들이 있음을 이해해야 한다고 말하는 것 외에는 주어진 질문에 대해 유일한 답은 존재하지 않습니다. 또 현재의 상황이 만들어지는 데 개입하지 않았다는 이유로 누구라도 현재 우리 시대의 상황에 대한 책임을 벗어날 수는 없습니다.

●선생님은 매우 많은 개발도상국들이 일정한 기간 동안 미미한 성장을 하거나 마이너스 성장을 하는 경기 침체stagnation를 경험했고, 또 이들이 경기 침체를 영구적으로 벗어나는 것은 매우 어렵다고 보았습니다. 그 이유는 무엇입니까? 그리고 여기서 벗어나 다른 국면으로 바뀌는 데 필요한 정책적 변화는 무엇이라고 보십니까?

카멜리아 미노이우Camelia Minoiu와의 공동 연구에서 찾아낸 것은, 매우 많은 국가들이 당신이 말한대로 미미하거나 마이너스 성장이 유지되는 경험을 오랫동안 했으며, 나아가 1960년대의 경기 침체 경험 여부가 1990년대에 경기 침체가 도래할 것인지를 예보하는 역할을 했다는 사실입니다. 다년간에 걸쳐 굳어져 버린 세계 경제에서의 위치나 국가 내부의 제도적인 특성 또는 다른 어떤 이유 때문에 어떤 특정 국가들은 구조적으로 경기 침체를 경험할 가능성이 높은 것으로 보입니다. 긴 시간 동안의 경기 침체를 한 번 경험하게 되면, 그들은 연속적으로 경기 침체에서 벗어나기 힘든 빈곤의 덫에 빠진 자신들을 발견하게 됩니다. 그 국가들이 경기 침체에 빠지기 쉬운 이전의 특징을 가지고 있는가와는 별개로 말입니다.

한 번 경기 침체에 빠졌던 국가가 그것을 다시 반복하는 이유를 설명할 인과적인 경로를 알아내기는 쉽지 않습니다. 하지만 이것은 분명히 설명을 필요로 합니다. 국가들이 빈곤의 덫을 경험한다는 사고가 개연성이 없는 것은 아닙니다. 〈경제활동에 대한 브루킹 보고서 Brookings Papers on Economic Activity〉 중 사하라 이남 아프리카에 대한 최근의 연구에서 제프리 삭스는 다양한 이유로 한 번 빈곤에 빠져든 국가들이 가난을 벗어날 수 있는 방법을 찾아내는 것이 왜 어려운지에 대해 매우 훌륭한 주장을 내놓았습니다. 그 주장에는 그들이 가난의 덫에서 벗어나는 것이 가능한 수준으로 노동과 자본의 생산성을 높일 만큼의 투자가 봉쇄된 그들의 처지가 포함되어 있습니다. 물론, 주요 상품의 생산과 수출을 특화한 국가들이 세계적인 경제 조건에 따라 부침을 겪는다는 점은 개발 관련 서적들이 오랫동안 주목해온 것입니다. 현재는 많은 개발도상국에게 수익을 올려주는 제품 활황commodity boom이 나타나고 있습니다. 하지만 1970년대 말에서 1990년대 초까지도 많은 국가들이 제품 불황을 경험했고 주요 수출품들의 저가 수출로 어려움을 겪었습니다. 이러한 국가들의 구조적인 특징은 여러 나라들이 1960년대 이래 왜 경기 침체가 발생했으며 지속적인 불황을 겪었는지를 설명하는 데 매우 중요합니다. 이것은 사하라 이남 아프리카의 예에서와 같이 세계의 특정 지역이 왜 오랜 기간 동안 매우 가난한 경제 성적을 보여주었는지에 대해 매우 중요한 설명의 한 부분을 차지합니다.

이러한 문제를 개선하기 위해서 정책에서는 무엇이 바뀌어야 하느냐는 복잡한 질문이며, 이를 위해서는 세계 경제의 다양한 측면에서 접근할 뿐 아니라 국내적인 정치와 경제적 선택의 다양한 측면에서 접근하는 것이 필요하다는 것이 제 생각입니다.

● 선생님은 또한 개발 원조developmental aid와 지정학적 원조geopolitical aid를 구분하고, 전자는 성장에 긍정적인 영향을 끼치는데 반하여 후자는 부정적인 영향을 끼친다고 주장했습니다. 원조의 두 가지 유형이 왜 그러한 내용을 가지는지 설명해주시기 바랍니다. 예를 들어, 미국이 얼만큼의 원조를 하면 지정학적 원조의 부류에 속하게 되는 것인지요? 선생님의 주장은 정책적으로는 어떤 의미가 있습니까?

카멜리아 미노이우와 함께 쓴 글에서 우리는 개발 원조는 필연적으로 경제 성장을 포함한 다양한 방법을 통해 사람들의 선택이 확대되는 개발을 촉진하는 원조라고 규정하였습니다. 지정학적 원조는 이러한 관점에서 개발을 촉진하는 데 기여하지 못하는 원조로 정의하였습니다. 이러한 구별은 둘을 구분하는 개발에 의해 향후 기대되는 효과의 적절한 발단 지점을 특정짓는 것에 달려 있습니다.

이 둘을 구분하는 이유는 투자의 어떤 형태들이(예를 들면, 도시지역 도로, 기본적인 기반 시설, 건강과 보건 같은 인간의 잠재능력에 대한 투자) 본래적으로나 수단으로써 개발에 끼치는 영향이 분명히 다르기 때문입니다. 예를 들면, 더 나은 건강과 교육에 투자하는 것은 직접적으로 가치 있는 목적을 촉진할뿐더러 이른바 인간 자본의 축적을 가능하게 하고, 노동자들의 생산성을 높이며, 장기적으로 보았을 때 한 국가의 경제적 산출량을 늘리는 데 공헌합니다. 반면에 투자비용의 다른 형태(예를 들어, 군사기지 사이의 고속도로를 생각해 봅시다.)는 국가 내 특정 집단의 이익이 될 것이지만 사람들의 선택을 확장시키는 과정으로 이해되는 개발에는 거의 영향을 끼치지 않게 될 것입니다. 지나칠 정도의 대량 지원은 전자보다는 후자인 경우가 많습니다. 예를 들어, 당신이 이야기한 미국과 같은 국가는 자신의 전략적인 동맹국에 막대한 원조를 제공합니다. 그런데 원조의 목적 중 일부는 그 정부를 지탱해주려는 것이며, 외부의 위협보다는 지원 국가 내부에서의 지위를 튼튼히 해줄 목적이 더 큰 것으로 보입니다. 그 국가들에 지원되는 원조의 적은 부분만이 개발 원조라고 판단해도 틀린 것은 아니며, 많은 비율은 지정학적 원조라고 볼 수 있을 것입니다.

이제 이미 존재하고 있는 논의로 들어가 봅시다. 최근에 뉴욕대학의 윌리엄 이스터리William Easterly가 원조는 비효율적이라는 주장을 해 주목을 받았습니다. 그 밖에 세계은행의 데이비드 달러David Dollar와 폴 콜리어Paul Collier, 크레이그 번사이드Craig Burnside 등은 이미 그와 같은 방향에서 논의를 해왔습니다. 원조와 관련해 이들이 논쟁의 타깃으로 삼은 인물은 탁월한 경제학자인 제프리 삭스입니다. 삭스는 개발도상국을 위한 원조의 확대, 특히 최저 개발 국가에 대한 원조의 확대를 주장했지요. 이 논쟁에서 확실히 말할 수 있는 것은 삭스는 소수 그룹이고, 원조 논쟁의 "논적들"은 상당한 영향력을 가지고 있다는 것입니다. 얼마 전 IMF 수석 연구원을 그만둔 라구람 라얀Raghuram Rajan은 최근에 아빈드 수브라마니암Arvind Subramaniam과의 공동 저술에서 원조는 대부분 비효율적이었다고 매우 조심스럽게 적었습니다. 이 문헌 전체에 대한 우리의 생각은 개발 원조와 지정학적 원조를 구별하지 못했다는 것입니다. 이 문헌이 밝힌 원조가 비효율적이라는 이유는 원조의 평균적인 효과를 측정한 결과에 따른 것입니다. 우리의 발견은 좀 더 상식적인 것이고, 이것은 그렇지 않습니다. 필연적으로 경제 성장에 긍정적인 방향으로 개입하는 개발 원조는 실제로 그러했고, 그와 다른 원조는 그러한 영향을 주지 못한다고 생각합니다. 사실상, 국가를 포괄하는 통계적 자료를 통해 우리가 부속 문헌에서 전략적인 관계, 언어적 연관성, 탈식민지 관계 등의 존재에 의해 예고된 원조로써 분류했던 지정학적 원조는 때로는 실제적으로 경제 성장에 부정적인 영향을 미쳤습니다. 왜 그런가는 몇 가지 가능성 있는 설명이 있기는 하지만 아직까지는 확실히 밝혀지지 않았습니다. 예를 들어, 지정학적 원조는 개발 지향적이지 않은 정부를 유지시키는 데 도움을 주지만 구조적으로 자원을 효율적으로 사용하는 데 있어서나 국민에게 이득을 주

고 국가 경제의 생산성을 향상시키는 데 실패했기 때문인 것으로 보입
니다.

●선생님은 〈빈곤을 위한 안전망 : 잃어버린 국제적인 차원Safety Nets for the poor:A
Missing International Dimension〉이라는 글에서 적절한 수준의 재조정이 국제적으로 이뤄
지는 경제적 충격이 있는지, 즉 경제적 충격을 받았을 때 국제적으로 재조정이 이루
어지는지를 질문하셨습니다. 그리고 만약 그렇다면 그런 재조정을 제도적으로 관리
하는 형태는 무엇이 되어야 하는지에 대해서도 질문하셨습니다. 그 점에서 선생님은
국제적인 재보험 기금의 가능성에 대해서 토론했습니다. 여기서 더 자세히 말씀해주
실 수 있습니까?

그 글에서 시도했던 관찰은 세상에는 참 많은 국가가 있고, 특히 국
제적인 원인으로 발생한 경제 쇼크에 의해 심각한 영향을 받는, 예를
들어 언급했던 바와 같이 수출 가격의 변동 같은 변화에 영향 받는 작
은 국가들이 많이 있다는 점입니다. 즉, 한 나라의 경제 성과를 설명하
는 데도 장기간에 걸친 외부 요인이 존재한다는 것입니다. 그 국가들
은 어느 정도의 보장이 제공되는 국제적인 메커니즘을 통해 그들에게
닥친 충격과 변동에 더 잘 맞설 수 있어야 합니다. 그러한 보장을 취할
수 있는 형태는 다양합니다. 금융 전문가 로버트 실러Robert Shiller는 국
가들이 자국의 소득의 변동으로 입을 수 있는 손해에 대비하기 위해
국가 수입에 연결된 미래시장이나 파생 상품들이 만들어져야 한다고
주장합니다. 그것은 참 흥미롭기는 하지만 조금은 적절치 못한 제안이
라는 생각입니다. 저는 국가들이 자신들의 이익을 위협받는 소득의 부
침으로부터 국가 내의 가난한 이들이 보호받기 위한 방법으로 좀 더

현실성 있는 제안을 내놓았습니다. 가난한 이들이 국제 경제의 "완충기shock absorber"로 다뤄지는 것을 피하기 위한 방법의 하나는 제가 글로벌 재보장 펀드Global Reinsurance Fund라고 부르는 것 또는 그와 유사한 메커니즘을 설립하는 것입니다. 그것을 통해 개별 국가들은 경제적인 충격의 결과로 자신들의 사회복지제도에 대한 수요가 상승하는 것에 따라 변화되는 요구를 할 수 있게 됩니다. 그것의 하나의 예는 농촌의 빈민들에까지 이르는 인도에서의 복지 프로그램과 보장 계획의 제정입니다. 마하라스트라 고용보장 계획The Maharastra Employment Guarantee Scheme은 초창기의 선구적이고 중요한 예입니다. 이 계획은 농촌의 건강한 사람들에게 일정한 급료를 주고 일정한 날짜의 일을 보장해주며, 그를 통해 극단적 가난과 기아에 대한 제도적 보호 수단을 제공합니다. 최근 인도에서는 이 아이디어가 국가 농촌 고용보장 계획National Rural Employment Guarantee Programme의 형태로 전국으로 퍼져나가 일반화되고 있습니다. 다른 개발도상국들도 이와 같이 상비적인 사회 안전망을 궤도에 올려놓음으로써 이익을 낼 수 있습니다. 또 이 안전망 설치는 개별적인 또는 잠재적인 가난한 사람들에게 불리한 충격으로부터 보호받을 수 있는 자동적인 메커니즘을 제공합니다. 이런 상비적인 사회 안전망은 신속히 활성화 될 수 있으며, 특히 빈민들이 그 프로그램으로 도움을 받는 경우에는 상대적으로 낮은 한계가격으로 사회 안전망이 가동될 수 있습니다. 물론 많은 작은 나라들은 그런 상비적인 사회 보호 장치를 설치할 여력이 없을 수 있습니다. 왜냐하면 이 프로그램들이 발생시킬 수도 있는 재정적인 문제와 맞닥뜨리는 것을 바라지 않기 때문입니다. 특히나 정부가 재정적으로 가장 압박을 받는 그 순간 엄청난 규모의 사회적 보조 요구가 발생되는 가혹하고 장기적이며 부정적인 쇼크에 따라야만 한다면 더욱 그렇습니다.

　이러한 공포에 맞서는 방법은 그 나라들이 지급을 하든지, 국가의 이익에 대한 기증자가 지급을 하든지 적절한 보험금을 예비해두는 것을 통해서 국제적 재보험 장치를 만드는 것입니다. 이를 통해 작은 나라들은 자신들과 무관하게 발생한 다양한 쇼크들에 관련된 어떤 비용 상승도 재정적으로 감당할 방법을 보장받게 됩니다. 이런 종류의 장치들은 최근에 인도에서 (사회적·정치적 사회 활동가들의 고된 노력으로) 시작된 사례들을 세계적 규모로 일반화시킬 수 있습니다. 물론 각각의 국가들에 알맞는 특정한 장치들은 각 나라의 특수성에 좌우될 것입니다. 하지만 새로운 것을 만들어 낼 필요 없이 가장 취약한 사람들을 도와줄 수 있는 상시적 사회 안전망을 설치하는 데 있어서, 그리고 나아가 그 국가들이 국제적인 위기를 공유(하고 적절하게 보조)하는 방식으로 참가비를 내는 방법을 만들어 내자는 근본 원칙은 매우 중요한 것입니다. 다른 데서와 마찬가지로 여기에서도 제 의도는 정의(더 적게 혜택받는 사람들이 금융 투기에 관련된 집적적인 휘발성과 맞서서는 안 된다는 것)를 위해 봉사하는 세계 질서를 창조하는 가능성 있는 수단이 있다는 것을 보여주는 것입니다. 물론 이 목표를 촉진하는 더 나은 방법이 있을 수도 있을 것입니다.

●선생님은 선생님의 글에서 국가 내부와 국가들 사이 모두에서 상승하는 불평등을 다루는 정책 변화를 촉구했습니다. 최근 60년간 채택되어왔던 개발 패러다임의 성공 정도와 성공 보장을 위임 받은 국제 기구의 성적에 대해서 어떻게 평가하시는지요? 또한 지금과 같은 조건에서 불평등이 축소되기 위한 개혁의 가능성은 어느 정도라고 보십니까? 권력과 자원의 불평등한 배분이 고도로 심화된 상황을 고려할 때, 국제적인 차원에서 구조적 변화가 필요할 수도 있다고 생각하십니까? 그렇다면 그것을 어떻게 이루어야 한다고 생각하십니까?

저는 결과를 위한 최선을 중요시합니다. 현재 대세를 차지하는 개발 패러다임이 성공적인가에 대한 시선은 매우 다양합니다. 개발 패러다임의 기초적인 구성요소들에 비판적인 아마티아 센을 비롯한 다른 이들은 그럼에도 불구하고 개발 패러다임에는 기대수명, 문맹률, 세계 여러 나라의 실질 소득 등의 중요한 성취가 있었다는 점을 지적합니다. 실제로 광범위한 역사적 시야에서 바라보면 이 성취는 전례 없이 빠르고 엄청난 것이라 할 수 있습니다.

이 점으로 보아 깊이 고민할 분명하고 많은 이유가 있습니다. 먼저 이 진보는 국가와 사람들을 가로질러 절대적으로 공평하지 않았습니다. 성취되는 것들은 여전히 너무 느리며 공평하지 않습니다. 둘째로, 성공의 기준은 과도하게 협소합니다. 조건이 더 나빠지고 있다고 주장할 만한 여러 관점들이 존재합니다. 예를 들어, 국가와 국제적인 차원뿐 아니라 지역에서도 공유지가 사라지는 것을 생각할 수 있습니다. 그것은 생계와 삶의 질에 심각한 영향을 줍니다. 사회 내에서 또 그 사회들 사이에서 신뢰와 협력의 기초는 눈에 띄게 줄어들고 있습니다. 국제 경제 질서는 결과에서뿐 아니라 그 지배 구성 체제에서도 심각한 불평등의 상태를 유지하고 있습니다. 우리는 이미 세계 전반의 사람들에게 영향을 끼치는 브레턴우즈 기구들과 다른 중요한 국제 기구들이 특정한 국가들과 그 국가들 내부의 특정한 이해에 의해 틀이 형성되고 있다는 점을 지적했습니다. 우리는 또 세상의 많은 일상적인 부분에서 개인적으로 경험하는 사회적 관계의 붕괴와 증대되는 아노미를 생각해 볼 수 있습니다. 도시화, 탈전통적인 태도의 등장과 대중 사회의 출현은 이러한 특수한 관점에서는 긍정과 부정이 혼재되어 왔습니다. 쇼비니즘Chauvinism적인 정치학의 돌출과 진정성 요구에 대한 편협한 이해가 두드러지게 나타나는 현상은 사회의 대중화와 증대되는 사회적 아노미 현상과 관련이 있습니다. 비록 이 연관성이 복잡하고 그것을 이해하기 위해서는 사회학적인 통찰이 좀 더 요구되기는 하지만 말입니다.

이 모든 이유들과 그 외의 것들로 인해 지난 60년간 채택되어 왔던 개발 패러다임이 성공했는지 실패했는지를 평가하기는 어렵습니다. 이렇게 말하는 것이 사실에 가까울 것 같습니다. 많은 사람들에게 그것은 실망이었습니다. 그들이 실망의 감정을 느끼는 것은 잘못된 것이 아닙니다. 하지만 그렇게 말하면서 증진된 건강, 기본 교육에 대한 향상된 접근권, 그리고 세계의 많은 사회에서의 민주주의와 사회평등의 진전에 관련된 사실을 인식해야 합니다. 예를 든다면 혼재된 인도의 많은 변화들에도 불구하고 사회적 평등이 증가하는 분위기는—비록 이것이 정치적, 사회적으로 많은 도전을 야기하고 있지만—인도의 탈식민지 이후의 역사에서 중요하고 칭찬할 만한 변화입니다. 저는 단호하게 개발 패러다임은 궁극적으로 이 모든 결과들과 관련하여 평가되어야 한다고 생각합니다. 비록 저의 최근의 작업들이 경제적 충격에 초점을 맞추고 있지만, 이전에 그랬던 것처럼 단순히 그것만으로는 충분하지 않습니다.

물론 우리는 "개발 패러다임"이 무엇인지 규명하지 않았고, 그것을 우리가 사용하고 있는 전통적인 개념들의 어떤 집합적인 의미로 사용했습니다. 예를 들면, 경제 성장은 바람직한 것이며 국가적 개발 계획(초기의)과 시장 지향적 자유화(점차 지금)와 같은 적절한 방법을 통해 촉진될 수 있다는 것과 같은 생각들 말입니다. 그런 생각들이 광범위한 영향력을 가지고 이어지고 있습니다. 하지만 개발 패러다임 개념은 엄밀히 점검되어야 하는 개념입니다. 개발이라는 개념 그 자체에 대한 비판은, 특정한 제도와 규범과 같은 적절하지 못한 인위적인 제한을 발생시키는 개발이라는 용어가 가진 그 본질적 성격, 특히 현대 자본주의 그리고 유럽 문명 세계와 관련된 본성에 기인합니다. 그러한 근본적인 비판의 타당성에도 불구하고 당대의 상황 아래에서는 개발이라는 개념(비록 용어 자체는 폐기될 수도 있지만)을 통하지 않을 수는 없다고 생각합니다. 분명히 우리는 진보를 향한 집단적인 염원을 체계적으로 설명해 줄 어떤 용어가 필요합니다. 비록 우리가 아시스 난디Ashis Nandy가 주목했던 기울어진 역사는 필연적으로 진보를 구성하기 위해 어떤 방향(예를 든다면 어떤 제도적, 사회적 규범의 일단의 세트)을 향하거나 향하도록 해야 한다는 생각을 믿지 않는다고 하더라도 말입니다. 우리는 하나의 세계로서, 현실적으로는 국가이자 국가들의 집단으로서, 또는 국가들의 경계를 가로질러 형성된 국가들 내의 공동체(이는 점차 늘어날 것입니다.)로서 살아갈 수 있는 바람직한 세상들이라는 다원적인 개념을 목표로 해야 합니다. 개발 경제학자들에게 다원주의화는 관심 밖의 일이지만 개발 담론에 있어서는 중요한 과업입니다. 저는 개인적으로 개발이라는 말에 어떤 한정어도 붙이지 않습니다. 그것은 역사적인 단계론과 생물학적인 진화론과 같은 부적절한 분위기를 풍깁니다. 하지만 공동의 개선을 위한 공유된 염원을 명료하게 표현하는 어떤 방법을 찾아내는 것은 중요하다고 생각합니다.

저는 지금과 같은 조건에서 개혁의 가능성에 대해서 낙천적이지는 않지만 전적으로 비관적일 필요도 없다고 생각합니다. 비록 적절한 집단적 행동이 뒤따라야 하지만 거기에는 변화할 수 있는 가능성이 있다고 생각합니다. 예를 들어보겠습니다. 지난 10여 년 사이에 부채 탕감을 위한 전 세계적인 운동이 힘차게 일어났습니다. 자기 나라 정부가 가난한 국가에 의미 있는 부채 탕감을 하도록 강제하는 많은 사람들, 특히 부유한 국가의 사람들이 나타났습니다. 종종 그 이슈에 대한 상세한 이해 없이도 수없이 많은, 특히 젊은 사람들이 이 운동에 동참하고 있는데, 그들은 부채 탕감을 주요 정당이 표를 모을 수 있는 하나의 이슈로 만들어 냈습니다. 그 결과 막대한 부채 탕감은 현실화됐습니다. 저는 정부의 모든 행동이 자명하게 지배 계급의 이익을 높인다고 믿는 사람들 중의 하나는 아닙니다. 비록 이런 종류의 예들이 매우 미미하고 불완전하지만 내 심장을 고동치게 합니다.

최근에 크리스천 배리Christian Barry와 함께 한 작업에서, 우리는 국제 무역 시스템이 더욱 친노동자화할 수 있는 방법을 찾아내려 시도했습니다. 우리가 볼 때, 국제 무역 시스템의 규칙은 개선될 수 있는 여지가 있습니다. 이 개선은 무역을 통해 잠재적인 이익을 현실화 할 수 있도록 하는 동시에 사람들이 국제적인 경쟁력을 약화시키지 않고 현재 그들이 할 수 있는 것보다 사람들의 이익을 더욱 촉진하도록 하기 위한 것입니다. 물론 우리들의 계획은 실현이 되든 안 되든 간에 더 나은 결론을 위해 개방되어 있는 질문입니다. 저는 그것들이 반드시 실현될 것이라 기대하지는 않지만, 어떤 개혁이 관련되고 그것이 어떻게 작동하는가를 분명히 구분하는 것은 적어도 실제로 그러한 개혁을 일으키는 데 필요한 조건들은 제공할 것입니다. 궁극적으로 국제적인 제도의 구조적 변환이든, 국가나 지역적 제도의 구조적인 변환이든, 그것은 생각만을 요구하는 것이 아니라 상상력과 집단적인 의지를 요구합니다. 지식인들이 혼자서 그것을 제공할 수 없습니다. 우리의 임무가 단순히 기다리는 것이라고 할 수는 없지만, 우리는 우리가 무엇을 할 수 있으며 무엇을 할 수 없는가를 더 잘 알기 위해 노력해야 한다고는 말할 수 있습니다. 우리가 할 수 없는 것은 우리가 생각하는 것보다 많지 않으며, 우리가 할 수 있는 것은 우리가 생각하는 것보다 많습니다. 우리는 우리가 할 수 없는 경계를 발견할 뿐이며, 더 중요하게는 그것을 통해 할 수 있는 것의 경계를 발견하는 것입니다.

조지프 스티글리츠.Joseph E. Stiglitz

컬럼비아 대학 교수로 2001년에 노벨 경제학상을 수상했다. 1993년에서 1996년까지 클린턴 행정부 경제 자문위원회 위원 및 위원장을 역임했다. 또한 1997년에서 2000년까지 세계은행의 수석 경제학자 및 선임 부총재를 역임했다. 저서로는 『모두에게 공정한 무역 Fair Trade for All』(지식의 숲, 2007), 『The Roaring Nineties』(W.W. Norton&Company, 2004), 『인간의 얼굴을 한 세계화Making Globalization Work』(21세기북스, 2008) 등이 있다.

4

조지프 스티글리츠

●선생님은 『세계화와 그 불만*Globalization and Its Discontents*』에서 "위선의 죄가 없
을지라도, 서양이 추진한 세계화 어젠다는 개발도상국을 희생시키는 대가로 과분한
몫의 이득을 보장받았다."고 했습니다. 이런 상황이 어떻게 일어난 것인지 설명해주
십시오. 서구는 어떻게 무역 자유화에 있어서 차별적이고 위선적인 자세를 유지했습
니까?

첫 번째 질문에 답하겠습니다. 선진 산업국들이 개발도상국의 상품
이 들어올 수 있도록 시장 개방을 거부하는―예를 들어, 섬유에서 설
탕에 이르기까지 다수의 상품들에 대한 쿼터 유지―반면에 그 국가들
이 더 부유한 국가의 상품에 시장을 열어 주어야 한다고 주장하기 때
문만은 아닙니다. 선진 산업국들이 개발도상국이 경쟁하기 힘들게 하
기 위해 농업에 대한 보조금을 지급하는 반면에 개발도상국에게는 공

업 제품에 대한 보조금 삭감을 요구한다는 것도 꼭 맞는 말은 아닙니다. 여덟 번째 무역협정(1995)[1] 이후 "무역 조건"—개발 국가와 덜 개발된 국가가 자신들이 생산한 제품에서 얻는 가격—을 보면, 그물 효과는 세계에서 가장 가난한 몇몇 국가들이 그들의 수입품에 지불하는 것과 관련하여 받는 가격을 낮추도록 했습니다. 그 결과 최빈국들의 형편은 더욱 나빠졌습니다.[2]

어떻게 해서 서구는 이를 유지시키느냐고 물으셨지요? 답은 너무도 간단합니다. 서구 국가들은 세계 경제력의 압도적인 비중을 차지하고 있고 이를 통해 그 힘을 유지합니다. 서구 국가들은 단기적인 이익에 따라 움직입니다. 저는 이런 방식으로 자신의 지위를 유지하려는 것은 서구의 이익에 도움이 되지 않고, 오래갈 수 없다고 주장해왔습니다. 단기적인 태도는 단지 짧은 기간에 특정한 이익만을 내는 것이므로 그것은 너무도 단편이며 좁은 생각입니다.

서구 국가들이 이런 방식으로 힘을 유지할 수 있게 해주는 것 중 하나는 경쟁의 부재입니다. 예를 들어, 1990년 이전 냉전시대에 개발도상국들을 이용하는 것은 적과의 경쟁 때문에 제한되었습니다. 냉전이 끝나고는 아무런 위험이 없었습니다. 저는 기회를 놓친 것이라고 말해왔습니다. 이것은 아주 슬픈 순간입니다. 왜냐하면 서구 국가들에게 경제적 행위의 기본 규칙을 정할 수 있는 선택권이 있었기 때문입니

---

1) *이 협정은 1986년 우루과이의 푼타 델 에스테Punta del Este에서 있었던 우루과이라운드 협상의 결과이다. 협상은 1993년 12월 마라케쉬Marrakech에서 117개국이 이 무역 자유화 협정에 합류하면서 종결되었다. 세계무역기구WTO는 1995년 1월 공식적인 효력이 발생되기 시작했고, 100개가 넘는 국가들이 7월까지 서명을 마쳤다. 협정 중의 한 조항은 GATT가 WTO로 전환하는 것을 함의했다. 스티글리츠, 『세계화와 그 불만』, 세종연구원, 40쪽.
2) *같은 책, 40쪽.

다. 냉전 중에 통용된 유일한 원리는 소비에트 진영과 서구 국가들 사이의 경쟁이 만들어 낸 것뿐이었습니다. 그리고 그것은 피노체트Pinochet와 다른 독재자들을 지원하는 것으로 끝나버렸지만 냉전의 종결은 더 이상 독재자들을 지원하지 않고 원칙에 입각한 세계를 창조하는 데 이용할 수도 있었습니다. 하지만 우리는 그것을 선택하지 않았고 대신에 경제적 이익이 모든 것을 다스리도록 만들었습니다.

그 시기가 특히 불행했던 것은 미국이 불경기로부터 벗어나고 있었기 때문입니다. 불경기는 관대함을 베풀 수 있는 때가 아닙니다. 클린턴 행정부의 관심은 일자리와 성장에 맞춰져 있었습니다. 이것이 미 행정부가 국제적으로 장기적인 의미에 눈을 돌리지 못하고 냉전시대의 단기적 시선에 고착된 이유입니다.

● 경제적 세계화의 경로를 결정하는 세 개의 주요 기구(세계은행, IMF, WTO)들의 역할에 대해 간략히 설명해주시기 바랍니다. 그들은 지금을 어디에서 끌어오고, 그들의 통치구조는 어떻게 구축되어 있습니까?

세 기관의 임무는 다음과 같습니다. 세계은행은 근본적으로 빈곤 경감에 관계된 일을 하고, IMF는 금융 안정과 관계된 일을 하며, WTO는 국제 무역을 확대하고 그것을 조절하는 일을 합니다. WTO는 재원 조달은 거의 하지 않습니다. 기본적으로 논의를 위한 포럼이지요. 또 적은 수의 직원만을 필요로 합니다. 조직으로서 WTO는 아주 작은 힘을 가지고 있고 그나마도 그 회원 국가들이 가지고 있습니다. IMF는 기본적으로 규정에 따라 여러 국가들로부터 자본을 기부받습니다. 하지만 본질적으로는 은행과 같습니다. 돈을 빌리고 다시 갚습니다. 사실 환급하는 만큼 돈을 쓰지는 않습니다. IMF는 단지 빌려주는 기구일 뿐이라는 것입니다. IMF의 역할 중 하나는 개발도상국을 위해 싼 이자로 보조금을 제공해주는 것입니다. 그리고 그것은 선진 산업국들로부터의 할당 과정을 통해 이루어집니다. 이는 세계은행에도 똑같이 적용됩니다. 그리고 재원은 근본적으로 공여된 자본으로 마련됩니다. 하지만 IMF와는 달리 세계은행은 국제 자본시장으로부터 막대한 자금을 빌려오고, 높은 신용 등급과 낮은 신용 등급을 사용해서 이익을 남기고 개발도상국에 빌려줍니다. 세계은행의 역할 중 일부는 협동조합과 같은 협동대부기구로 보일 수도 있습니다. 개발도상국은 공동 대부를 통해서 낮은 금리로 빌릴 수도 있습니다. 세계은행은 정말 가난한 국가들을 위해서 국제개발협회International Development Association, IDA를 운영합니다. IDA는 무이자 대부 제공과 최빈국들의 경제 성장 활성화와 생활 여건 개선을 위한 프로그램 승인을 조건으로 하여 가난을 줄이는 것을 돕습니다. IDA 금융은 아주 높은 수준의 보조금입니다. 이돈은 3년마다 선진국들의 승인을 통해서 다시 지급됩니다.

통치구조에 대해서 말씀드리겠습니다. WTO의 흥미로운 양상은 절차상의 문제와 관련된 것입니다. 과거에는 많은 것들이 막후에서 토론되고 결정되었습니다. 많은 일들이 악명 높은 "그린룸"에서 벌어졌습니다. 그 방에 파벌 국가들이 모이고, 거래를 하고, 그 거래에 따라 나머지 국가들의 팔을 꺾고, 강제했습니다. 지금은 훨씬 공개적으로 바뀌었지만 공개의 정도가 충분한지에 대한 우려는 여전히 있습니다. 그리고 더 많이 공개하는 것에 대한 반발도 있습니다.

IMF는 미국만이 거부권을 가지고 있는 극단적인 상황에 있습니다. 모든 중요한 법안은 85%의 승인을 필요로 하는데 미국이 17%의 의결권을 갖습니다. 따라서 실질적으로 거부권이 행사됩니다. IMF의 통치 구조에는 부가적으로 대표권과 각 나라를 대표하는 인물의 문제가 있습니다. 대표권 문제는 IMF가 창설된 1944년에 분배된 경제력만을 반영한다는 것입니다. 예를 들면, 중국의 역할은 실제 행사해야 할 것보다 훨씬 적습니다. IMF에서 똑같이 문제가 되는 것은 중앙은행장과 재무장관만이 표를 행사하고 각국을 대표한다는 사실입니다. 이로 인해 IMF의 행위가 교육과 보건에 관련된 것이라 할지라도 해당 장관들의 의견은 들을 수 없습니다. 예를 들어, 태국에서의 IMF 프로그램 적용은 에이즈 의료비를 적게 책정하는 결과를 가져왔고, 파키스탄에서는 교육비가 삭감돼 학생들이 대체 교육—엄청난 결과가 따르는—을 받아야만 했습니다. 재무장관은 재정적 중요성에 초점을 맞춥니다. 그들은 폭넓은 사회적 중요성을 염두에 두지 않습니다. 결국 이런 중요성은 결정에 반영되지 않으며, 예를 들어 그 자리에서 당신이 민주적인 정부에서 했던 것처럼 누군가의 팔을 들어올리며 "그래선 안 됩니다! 당신은 에이즈에 대한 이 결정이 가져올 효과를 무시해서는 안 됩니다."라고 말하게 할 수 없습니다. 어떤 정부도 재무장관에게만 중요한 결정을 내리도록 허용하지 않습니다. 하지만 IMF는 실제로 다른 장관의 동석 없이 결정을 내립니다. 제 생각엔 그것이 통치에 있어 정말로 중요한 문제라고 생각합니다.

● 국제 경제기구의 문제는 그들이 단지 부유한 산업 국가들에 의해서만 지배되는 것이 아니라, 그 국가들 내의 상업적이고 금융적인 이해에 의해 지배되는 것이라 말씀하셨습니다. 이것이 의미하는 바는 무엇입니까?

그 질문의 좋은 예는 WTO의 우루과이라운드에서의 지적 재산권 조항Trade Related Intellectual Property Rights, TRIPS입니다. 지적 재산권은 매우 중요하지만 또한 매우 복잡합니다. 이 특수한 조항이 논의될 때 저는 백악관 경제자문위원회에 있었고, 위원회와 과학기술정책위원회는 TRIPS의 견해에 반대했습니다. 하지만 미국 무역대표부는 제약산업과 영화산업의 이해를 반영했습니다. 그들은 대단히 강력한 법안을 요구했고, 과학계와 빈민들을 걱정하는 이들의 이해관계를 반영하지 않았습니다. 이곳 미국에서는 클린턴 행정부가 건강을 주요 공약의 하나로 내세움으로써 당선되었습니다. 그럼에도 우리는 세계 수백만의 사람들이 건강권에 접근하는 것을 제한할 수도 있는 행동을 취하고 있었습니다. 만약에 전문 이해 집단들이 그런 역할을 하지 않았었다면 우리도 그렇게 하지 않았을 것입니다.

다른 예는 북미자유무역협정NAFTA의 두 번째 장에 나오는 규제적 수용Regulatory takings[3]이라 불리는 조항입니다. 거기에는 만약 규제가 회사에 영향을 끼치면, 회사는 보상을 받을 수 있다고 나와 있습니다. 클린턴 행정부는 그 내용이 미국에 제출되자 강력하게 반대했습니다. 하지만 그것은 국제무역협정에 들어 있었습니다.[4] 특수한 이해 세력이 항상 그것을 요구했지만, 환경주의자들과 클린턴 행정부는 단호하게 반대했습니다. 하지만 당시 우리는 그 조항이 협정에 묻혀 있다는 것을 알지 못했고 결국 그대로 발효되고 말았습니다. 만약 우리가 그런 상황을 알았더라면, 어떤 종류든 보류 조항을 삽입했을 것입니다. 여기

---

3) 국가나 지방 정부가 공익적 목적을 위해 개인의 소유물을 수용할 때, 수용이 재산권 규제 형식으로 이루어지는 것을 의미한다. 즉, 전적인 수용과 규제로 인한 재산권 침해의 중간 단계로, 보상에는 적절한 기준이 만들어지기가 어렵다.
4) NAFTA는 클린턴이 취임하기 직전인 1992년 12월에 체결되었다.

서 주목할 것은 우리가 미국 내의 보수적인 공화주의자들이 옹호하는 것과 같은 종류의 조항들과 얼마나 열심히 싸웠나하는 것입니다. 당시 우리는 그 의미에 대해 알지 못하고 NAFTA에 들어있던 조항을 승인했던 것입니다.

● 선생님은 종종 정치적 어젠다 때문에 IMF를 비판합니다. IMF의 정치적인 어젠다는 무엇이며 지금까지 어떤 영향을 끼쳐왔는지요? 또 IMF는 얼마나 많은 국가에 프로그램을 진행하고 있으며, 얼마나 많은 사람들이 그 영향을 받고 있는지 말씀해주시겠습니까?

전반적인 문제는 정치에서 경제를 분리해내기 어렵다는 것입니다. 예를 들어, 미국에서 세금 문제, 사회보장 등에 관해 뜨거운 논쟁을 벌이는 것이 그렇습니다. 클린턴 행정부는 소득세의 누진율을 올리는 것이 중요하다고 매우 강하게 믿었고, 사회보장제에 의한 재분배 효과가 다양한 인센티브 효과보다 더 중요한 의미를 가지고 있다고 생각했습니다. 그럼에도 불구하고 IMF는 세계 전역에 부가가치세의 채택을 주장하고 있습니다. 부가가치세는 일률 과세와 같은 것입니다. 우리는 미국에서 그것에 반대했지요. 그 점이 미국의 보수주의자들이 지지하는 정책이 좋은 경제학이라고 말하는 IMF의 분명한 정치적 입장인 것입니다. 그것이 정치입니다. 경제학은 그것을 옹호하지 않습니다. 실제로는 개발도상국의 경제학이 IMF의 입장에 대해 훨씬 더 강하게 반대합니다. IMF의 입장은 통합세도 아니기 때문입니다(즉, 그런 세금은 균일하게 징수되지 않는다는 것입니다).

다른 효과적인 예는 IMF와 세계은행이 세계적인 차원에서 사회보장의 민영화를 요구한다는 것입니다. 부시는 미국에서 사회보장의 민영화를 밀어붙였고 민주당은 만장일치로 그것에 반대했으며 결국 민주당이 이겼습니다. 우리는 미국에서 정치적인 논쟁을 전개했고, 그 논쟁의 결과 사회보장을 민영화해서는 (비록 부분적일지라도) 안 된다는 거대한 사회적 합의를 형성했습니다. 아르헨티나와 볼리비아 같은 나라에서도 사회보장의 민영화를 채택하도록 강요했으며, 사실상 이것이 "좋은 경제학good economics"이라고 생각했습니다. 그러나 이것은 정치학입니다. 지금 그 결과는 엄청납니다. 황폐화입니다. 아르헨티나에 경제 위기가 닥쳤을 때, 모든 손실액은 사회보장의 민영화 때문이었습니다. 논쟁의 여지는 있지만, 만약 사회보장을 민영화시키지 않았다면 아르헨티나는 경제 위기에 직면하지 않았을 것입니다. 분명히 그것은 아르헨티나의 경제 위기에 매우 중요한 역할을 했을 것입니다. 유사하게 동아시아에서의 긴축적인 통화와 재정은 경제 위기를 악화시켰습니다. 다시 말하지만 그것은 좋은 경제학이 아닙니다. 정치학입니다. 그들은 채권자를 구하려 했고 아마도 미국의 채권자들은 구제받았을 것입니다. 물론 궁극적으로는 실패했지만 그것이 목적이었습니다. 동아시아 국가 사람들은 피폐해졌습니다. 정말 문자 그대로 수백만의 사람들이 IMF 정책에 의해서 다양한 영향을 받았습니다. 몇 사람은 이익을 보았지만 엄청난 사람들이 상처를 받았습니다.

●"트리클다운trickle-down" 경제학에 대해 비판하시는 내용을 설명해주십시오.

트리클다운 경제학은 당신이 가져야 할 것은 경제는 성장한다는 확신이고, 만약 성장한다면 모든 이들에게 이득을 줄 것이라는 개념입니다. 트리클다운 경제학은 부자가 더 부자가 되도록 놓아두지만 이를 통해 모든 이들이 이득을 얻을 것이라 가정하는 것입니다(그 논리는 어쨌든 밀물이 들면 모든 배가 떠오른다는 것입니다). 하지만 미국의 현실은, 지난 5년간 우리는 성장해왔지만 실상 중산층은 가난해졌다는 것입니다. 실제 소득은 줄어들었고, 수많은 빈곤층이 늘어났습니다. 명확한 것은 부자들의 삶의 질을 높이는 것이 필연적으로 빈곤층이나 중산층의 삶의 질을 높인다는 논리적 관계는 성립하지 않는다는 것입니다. 명백히 그 반대입니다. 특히 경제학과 정치학을 통합적으로 보아 불평등함을 깨닫게 된다면, 부자들은 돈으로 정치 시스템을 사서 자신들의 경제력을 유지할 수 있는 시스템을 구축할 것입니다. 그것이 트리클다운의 경제원리가 작동하지 않는 이유입니다.

● 선생님은 종종 "워싱턴 합의Washington Consensus"5를 인용합니다. 그것은 무엇이며, 세계 경제에 관한 결정을 내리는 방법에 있어 그것이 가지고 있는 중요성은 무엇입니까? 관련 기록들을 보면 "IMF의 최대주주이자 유일하게 거부권을 가지고 있는 미국 재무부는 IMF 정책에 막대한 역할을 하고 있다"고 적으셨습니다. 이 말이 함축하는 바는 무엇입니까?

워싱턴 합의는 1980년대 대처Thatcher – 레이건Reagan 시대에 전개된

---

5) 1989년 IMF와 세계은행의 주요 직책을 수행한 경제학자 존 윌리엄슨John Williamson 이 기초하고 IMF와 세계은행, 미 재무부가 워싱턴에서 합의한 개발도상국의 위기 타개를 위한 일괄적이고 표준적인 개혁안이다. 대표적인 정책으로는 민영화, 개방화, 긴축재정 등을 들 수 있으며, 결과적으로 시장의 확대를 통해 문제를 해결하려는 일련의 계획이다. 제3세계와 개발도상국의 경제 위기마다 IMF가 요구하는 경제 개혁 내용이기도 하다. 조지 소로스George Soros나 조지프 스티글리츠로부터 시장 만능주의라는 비판을 받고 있다.

IMF와 세계은행 그리고 미국 재무부 사이의 합의를 표현하는 용어입니다. 워싱턴 합의는 변화 중인 경제학들뿐 아니라 모든 영역으로 개념을 확장할 수 있으며 특히 남미와 관련해 이해되는, 개발을 위한 보수적 경제 전략이라 부를 수 있습니다. 워싱턴 합의는 세 개의 주요한 원칙으로 이루어져 있습니다. 먼저 거시적 안정성입니다. 이는 주로 인플레이션에 초점을 둔 가격 안정을 의미합니다. 그리고 민영화와 세계화입니다. 세계화는 자유화된 무역과 자본 시장을 단기적이며 투기적인 자본의 이동에 개방하는 것을 포함합니다. 이는 때로 "정부 치우기getting government out of the way"로 표현되거나 정부의 역할을 최소화하는 것으로 묘사됩니다. 이는 자유 시장 경제를 내용으로 하는 독트린과 민간시장 경제가 모든 것을 해결해 줄 것이라는 가정에 근거하고 있습니다.

재미있는 것은 경제학자들이 그 개념들에 대해 의문을 제기할 순간에 세계은행과 IMF, 미국 재무부가 이 생각들을 공표하고 장려했다는 것입니다. 다시 말해, 이 시기에 대한 제 연구는 정보가 불완전하면 자본 시장은 완전할 수 없다는 것을 보여주고 있습니다. 불완전하고 위험한 시장이 있는 모든 곳에서 시장은 일반적으로 효율적이지 않습니다. 좋은 경제 정책의 방법론은 정부와 시장 사이의 바른 균형을 이루도록 하는 것입니다. 역사적으로 성공한 사례를 미국이나 동아시아에서 찾아보면 모두 정부가 광범위한 역할에 관련되어 있을 때였습니다. 따라서 워싱턴 합의를 따르는 국가들, 예를 들어 남미 국가들은 대부분 경제운용을 잘 해내지 못하고 있습니다. 워싱턴 합의를 따르지 않았던, 예를 들어 동아시아의 국가들은 잘 해냈지요. 사실상 세계은행이 〈동아시아의 기적 The East Asia Miracle〉이라는 보고서에서 "동아시아 국가들은 어떻게 엄청난 성공을 거두었는가?"라는 질문을 던졌을 때 결과는 명백했습니다. 저는 그 답이 워싱턴 합의의 반대였다고 말하고 싶지는 않습니다만, 워싱턴 합의와는 다른 것이었지요.

IMF와 미국 재무부의 관계에 대한 마지막 질문의 내용에 답하자면, 워싱턴 합의는 IMF가 미국 정치의 변화에 잘 따르도록 한다는 것입니다. IMF의 정책들은 전반적으로 미국 정부에 의해 결정되는 것이 아니라 미 재무부에 의해 결정되고, 또한 미 재무부는 금융시장과 묶여 있습니다. 이것은 민주당 행정부일 때도 마찬가지였으며, 매우 보수적인 경향이 있습니다. 그들의 입장은 다른 사람들이 생각하는 것보다 훨씬 완고합니다. 그래서 클린턴 행정부 시절에도 IMF가 지속적으로 사회보장의 민영화를 압박할 수 있었던 것입니다. 비록 클린턴은 사회보장의 민영화를 흔들림 없이 반대했지만 말입니다. 그들은 이 점에 대해서 클린턴과 논의하지 않았습니다. 만약 논의했다면 클린턴은 문제를 제기했을 것입니다. 하지만 미국 정부와 같은 방대한 조직에서는 매 사안마다 대통령의 의견이 무엇인지를 물을 수 없습니다. 더 특수하게 재무부는 대통령이 어떤 주제에 대해 대통령 자신의 견해를 밝히지 않을 것을 확실히 해두는 것을 원할 것입니다. 예를 들어, 이런 경우였다면 대통령은 재무부가 하는 일에 매우 강하게 반대했을 것이기 때문입니다.

● 1997년 아시아의 금융 위기에 나타난 음모 이론 중 하나는 IMF의 정책이 "동아시아—지난 40년간 엄청난 성장을 해낸 지역—를 약화시키거나 최소한 월스트리트와 다른 자금줄의 이익을 제고하기 위한" 의도적인 해결책이었다는 주장이었습니다. 선생님은 이 이론에 반대하면서 대신에 "IMF는 어떤 음모에 개입한 것이 아니었고, 그 위기는 서구 금융 집단의 이해와 이데올로기를 반영한 것"이라고 주장하셨습니다. 왜 이 두 견해는 서로의 주장을 강화시키지 않고 서로 배타적인가요?

그 두 견해는 서로의 입장을 더 보강해 줄 수도 있습니다. 제가 말한 이데올로기와 이해가 음모를 분명하게 강화해주는 것으로 이용될 수도 있습니다. 하지만 제가 그 음모론을 부정한 이유는 미국과 같은 다양한 시장 경제에서는 이해관계에 있는 모두를 음모의 배에 승선시킬 수 있다고 생각하지 않았기 때문입니다. 미국 금융시장의 많은 사람들은 강한 동아시아가 세계 경제와 미국에 긍정적이라 믿고 있습니다. 그들은 동아시아의 약화를 원하는 사람들의 편에서 유사한 정책을 적용하는 것을 중단할 수도 있지만, 많은 사람들은 동아시아를 강화시키기 위해 열심히 일하고 있습니다.

● 선생님은 『세계화와 그 불만』에서 IMF에 비판적인 인물들은 IMF의 폐지를 요구하면서 그 개혁의 가능성에 대해서는 회의적이라고 지적하셨습니다. 당시에 선생님은 이것이 무의미하다고 생각하셨는데요. IMF는 "자신의 지적인 파산"조차 인식할 수 없고 신뢰는 개혁이 불가능할 정도로 손상되었으며 "아마도 우리는 백지에서부터 다시 시작해야만 한다."고 말씀하신 것에서 바뀌셨습니다. 이 변화를 어떻게 설명해야 하는지 말씀해주시겠습니까?

제 글들을 너무 열심히 읽으셨군요! 요컨대 제가 어느 정도의 모순은 가지고 있다고 생각합니다. 다소간, 어려운 질문은 IMF가 차지하고 있는 정치적 입장과 경제적 입장의 자연적 결과는 어디까지인가입니다. 그렇다면 그 다음은 기구 자체의 문제가 아니라 그 구조의 문제입니다. 만약 금융에 중심을 두려고 하는 기구를 운영하고 있다면, 금융을 잘 알거나 어떻게 해서라도 금융시장과 관련을 맺고 있는 직원을 충원하려 할 것입니다. 그들은 금융시장이 하는 것처럼 생각하려 하고 따라서 그들의 몇 가지 입장은 정리될 것입니다.

때때로 저는 낙관적인 기분이 듭니다. IMF가 자본시장 자유화는 성장과 안정성에 좋지 않았다는 보고서를 발간했다는 사실은 긍정적인 조짐입니다. 그 보고서는 IMF가 전진하고 있다는 것과 조건부 융자는 생산적 가치가 아니며 따라서 회계 방식의 문제를 깨달았다는 것을 실제로 보여주었습니다. 그와 같은 순간에 저는 낙관론에 빠졌습니다. 그러고 나서 그렇게 낙관하는 것이 불가능하다는 것을 느끼는 순간이 있었지요. 최근에 아르헨티나가 채권국들과 부채 구조를 재조정하는 협상을 하고 난 후에도, 그 협상에 사인하지 않는 채권자 그룹이 바로 그 예입니다. IMF는 지금도 그 협상을 훼방하려고 합니다. 바로 그 점에서 IMF는 극단적으로 친채권자적이라 생각합니다. 이는 자신을 국제적 기관이라 여기지 않는 것입니다. 제도상의 문제들은 더 있습니다. 통치구조입니다. 유럽에서 총재를 지명한다는 사실은, 백지 상태에서 출발한다면 미국 정부나 월스트리트의 요구에 또는 그 둘을 합한 것에 취약하지 않은 기구 구조, 즉 글로벌 금융의 관점에서 금융시장을 바라보는 기구가 만들어질 수 있다는 생각을 하도록 합니다. 이 점이 당신이 인용한 것에 대한 내 머릿속의 동요입니다.

●선생님의 책은 대부분 IMF의 잘못이나 구조적 문제에 대해 집중적으로 할애하고 있습니다. 선생님은 세계은행은 제임스 울펀슨이 총재로 있을 때 시행했던 개혁 덕에 문제가 줄어들었다고 지적하셨습니다. 어떤 실제적인 개혁이 진행되었는지 개략적인 설명과 그 개혁이 IMF나 WTO에서도 실현될 수 있는 것입니까?

기구 운영 방식과 그 결과에 영향을 미친 개혁을 정리해보겠습니다. 한 가지는 많은 직원이 관련 국가로 전출되었고 그로 인해 더 이상 세계은행 간부들이 며칠 모였다가 보고서만 제출하는 그런 분주한 일에 매달리지 않아도 되도록 한 것입니다. 각국으로 돌아간 직원들은 더욱 깊숙이 그 나라에 뿌리를 내렸습니다. 둘째로 현실은 수사법을 완전히 따라가지는 못하지만 그 수사법만큼은 무엇이 중요한지를 반영한다고 생각하는데요, 그것은 "당사국을 운전석에 앉히는 것"에 관한 것입니다. 국가가 관건이고 은행은 조언자 역할일 뿐이라고 말은 했지만 결정은 은행에서 했습니다. 조건부에서 선택성으로의 이동—언제나는 아니지만 그래도 이동입니다.—이 있었습니다. 우리는 조건부가 제대로 기능하지 못한다는 것을 연구했습니다. 세계은행은 제공받은 자금과 프로그램을 잘 수행해나갈 국가를 선택하고, 그들이 자금을 얼마나 잘 운영하는지 보여주며 이 국가들이 은행으로부터 더 많은 돈을 받도록 했습니다. 그리고 가장 중요한 것은 충격 요법, 즉 유일한 마술 같은 비결에서 이해가능한 개발 체제로 이전해야겠다는 생각입니다. 정부의 다양한 측면을 포함해 사회의 다양한 측면이 있음을—반면에 IMF와 지난 날 세계은행의 시선은 최소화된 정부의 역할을 강조하는 것이었습니다. 이 점에 대해서는 워싱턴 합의의 맥락에서 언급했습니다.—이해하기 시작하면서, 세계은행에서 말하고 있는 주된 이슈는 정부의 강화입니다. 세계은행은 어떻게 정부를 더 효율적이게 할 것인 가에 강조점을 두기 시작했습니다. 이같은 변화는 통치체제에 대한 논의가 중요해졌을 때와 부패가 가장 중요한 어젠다가 되었을 때 궤를 같이 합니다. 그전에 사람들은 그런 주도권 행사는 세계은행의 임무를 뛰어넘는 것이라 말했고, 그것은 경제의 영역이 아닌 정치의 영역에 속한 일이라 생각했습니다. 이것이 세계은행에 의해 추진된 가장 큰 변화의 예입니다.

그것이 IMF에서도 똑같이 생겨날 수 있느냐고요? 네, 가능합니다. 하지만 IMF의 사고방식은 지금 당장 그러한 변화의 시도를 허용하지 않습니다. IMF는 자신들의 사고방식을 외부의 조언자 역할을 하는 것으로 변화시켜야 합니다. IMF는 그저 확실한 것과 그렇지 않은 것, 확실한 것이라 하더라도 각각 확실함이 다른 정도, 쟁점이 되고 있는 것을 잘 배열해서 결정은 당사국들이 하도록 해야 합니다. 이것은 민주적인 절차입니다. 지금까지 IMF의 관행적 사고방식은 자신들이 진실을 알고 있고, 거룩한 설파를 할 수 있다고 믿어온 것입니다. IMF가 가진 생각은, 만약에 내부에 의견 차가 있다는 것이 외부에 알려지면 자신들이 불명확한 조언을 하게 된다는 것이었습니다. 자, 제 요점은 만약에 의견 불일치가 있다면 이 불일치는 과학이 명료하지 않다는 사실의 한 반영이라는 겁니다. 그렇다면 결정을 내리는 개인이나 국가에 이 이슈에 대한 증거를 알려주는 것이 중요한 것 아닐까요? IMF는 가지고 있는 모든 증거자료들을 해당 국가에 말해주어야 하고, 왜 A라는 사람이 이렇게 생각하고 B라는 사람은 다르게 생각하는지를 듣게 해주어야 합니다. 또 IMF는 모든 정보를 제공해줌과 동시에 개별 국가들에게 주어진 정보를 기반으로 선택한 결정이 무엇이든지 그 결과를 감수해야 한다는 점을 일러줘야 합니다. 이는 단순히 각국에 무엇이 좋은지를 알려주는 것과는 완전히 다른 사고방식입니다.

●WTO에서 개발도상국에 관한 가장 주요한 이슈는 불공정 무역 관행과 관계되지만, 지적 재산권을 둘러싼 중대한 문제들도 있습니다. 개발도상국에 있어 이 이슈들이 왜 중요한지 설명해주시기 바랍니다.

우루과이라운드는 지적 재산의 권리를 강화했지요. 지금은 미국과 다른 서구 약품회사들이 인도와 브라질의 제약회사들로부터 자신들의 지적 재산권 "도난"을 막을 수 있습니다. 하지만 개발도상국의 제약회사들은 자기 나라 국민들에게 서구 제약회사가 제조해 파는 가격보다 낮은 가격으로 생명을 살리는 약을 이용하도록 할 수 있었습니다. 우루과이라운드에서 내려진 결정에는 두 가지 측면이 있습니다. 먼저 서구 제약회사의 수익은 올라간다는 것이고, 다음으로는 개발도상국 정부나 국민은 더 이상 높은 가격을 지불할 수 없었기 때문에 결과적으로 수천 명이 사형 선고를 받았다는 것입니다. 에이즈의 경우 국제적인 분노가 워낙 엄청나서 서구 제약회사들은 물러서야만 했습니다. 결국 가격을 내리는 데 동의했고 2001년 말의 가격으로 판매하고 있습니다. 하지만 근본적인 문제는 여전히 남아 있습니다.[6] 우루과이라운드에서 제정된 지적 재산권 제도의 근본 틀은 균형적이지 않고, 사용자에 반하는 선진국이던 개발도상국이던 간에 생산자의 이해와 견해만을 압도적으로 반영하고 있다는 것입니다.

---

6) *앞의 책, 41쪽.

따라서 가장 중요한 이슈는 생명의 문제이며 지적 재산권 조항이 방해하고 있는 의약품 접근과 관계가 있습니다. 더불어 다른 많은 이유들도 마찬가지로 중요합니다. 지적 재산권 때문에 발생하는 막대한 잠재적 비용은 개발도상국에서 선진국으로 이동하는 이전지출transfer payment입니다. 그리고 이 점은 명백히 개발도상국이 성장하는 것을 어렵게 만들고 있습니다. 모든 사람들이 19세기 미국이 발전해 나가던 초창기에 철강생산 분야에서 지적 재산권을 도용했다는 수많은 설이 있었음을 지적합니다. 그런데 진정한 질문은 지적 재산권의 범위는 어디까지인가? 하는 것입니다. WTO는 지적 재산권의 역할을 이해하지 못합니다. 제가 1994년 우루과이라운드에서 이 사실을 분명히 깨달을 수 있던 것은 미국 대표가 지적 재산권을 둘러싼 논의를 알지 못했기 때문입니다. 저는 그 의제에 대해 수많은 연구를 했습니다만 그는 너무나 모르고 있었습니다. WTO에서는 아무도 지적 재산권에 대해 확실히 이해하고 있지 않았습니다. 분명한 사실은 가장 중요한 아이디어와 혁신은 지적 재산권에 의해 지켜지지 않는다는 것입니다. 수학의 정리, 근원적 연구 그리고 기타의 것들이 그렇습니다. 우리는 각고의 노력을 통해 우리의 생각을 전파하려고 했고, 예를 든다면 지금 말하고 있는 내용들을 인터뷰를 통해 알리는 것이었습니다. 모델이란 폐쇄적인 것이 아니라 다른 것에도 적용 가능한 열려 있는 건축물입니다. 우리는 지금 더 최근의 모델인 리눅스 시스템을 봐야 합니다. 그것은 열린 소프트웨어 구성물에 기반하고 있습니다.

●폴 월포위츠가 세계은행의 총재로 지명되었을 때 선생님은 무척 비판적이었고 "이제 세계은행이 미국 대외정책의 노골적인 수단이 될 수 있다."고 우려하였습니다. 월포위츠가 총재직을 맡은 이후에도 여전히 그 판단을 고수하고 계신가요? 《파이낸셜 타임즈 Financial Times》 기사[7]에는 월포위츠 총재가 선생님이 말씀하신 국제무역에서 동일한 변화의 상당수를 옹호하는 것으로 나옵니다. 이 점에 대해서 설명해주시겠습니까?

당시에는 월포위츠가 무엇을 하려는 것인지 알 수 없었지요. 앉은 자리가 서 있는 자리를 정하는 것처럼, 그가 세계은행 총재를 맡았을 때, 그가 세계의 빈곤과 개발 이슈에 대해 걱정하게 되기를 바랐습니다. 비록 그가 여전히 특정한 시선으로 그 이슈들을 볼지라도 그 자체로 미국 대외정책의 도구가 되지 않기를 바랐지만, 그는 여전히 충격요법과 이라크를 예단했던 것과 동일한 방식으로 세상을 보고 있습니다. 따라서 현실적으로 두 가지 걱정이 있었습니다. 하나는 그가 미국 정책의 도구가 되지 않을까 하는 것이었고, 다른 하나는 그가 세계를 바라보는 시선과 내가 생각하는 발전에 대한 관점이 얼마나 대립할 것인가 하는 점이었습니다.

저는 그가 업무를 시작한 이후에 세계은행의 가장 큰 관심 부분에서, 그의 역할과 세계적인 빈곤과의 투쟁에 부합되는 두 가지 매우 중요한 결정을 했다고 생각합니다. 하나는 세계무역에서 개발도상국을 지원하려는 그의 강력한 입장입니다.[8] 둘째는 세계은행의 자금으로

---

7) "도하의 성공을 위해 모두가 더 많은 것을 해야 한다Everyone Must Do More Do ha to Succeed."《파이낸셜 타임즈》, 2005년 10월 24일.
8) *《파이낸셜 타임즈》의 같은 기사를 보면, 월포위츠는 "일자리를 만들고, 소득을 향상시

금융 채무를 구제하기 위해 노력하기보다는 미국과 다른 선진 산업국들이 부채 구제 금융 지원에 책임을 져야 한다는 그의 주장입니다. 세계은행 재정에서 융자를 받는 것은 가난한 사람이 더 가난한 사람을 위해 쓰는 것입니다. 그는 두 가지 이슈 모두에서 바른 결정을 내렸습니다. 저는 그런 점에서 그가 칭찬받을 만하다고 생각합니다. 그가 올바른 결정을 내렸던 다른 예들도 있습니다. 하지만 이라크에서 세계은행이 무엇을 해야 할지, 정책은 무엇이 되어야 할지, 이라크가 안전해지기 전에 그가 가야 할지, 직원들을 위험 속에 보내야 할지 등에 대한 그의 결정에 대한 우려는 여전히 있습니다. 이라크에는 풀리지 않은 많은 문제들이 있습니다. 그리고 또 다른 많은 이슈들—예를 들면, 앞에서 말했듯이 지난 10년간 워싱턴 합의가 그와 다른 관점으로 이전해 오는 가운데 발생한 워싱턴 합의 대 개혁과 관련된 포괄적 논쟁—도 있습니다. 어쨌든 여전히 문제들이 있지만 월포위츠는 이 몇 가지 핵심적인 이슈들에 대한 올바른 결정을 해왔습니다.

키는 열쇠는 교역이 아니라 원조가 쥐고 있다. 가난한 국가들이 성장하도록 하는 것은 교역이다. 부채를 탕감하는 것만으로는 이루어질 수가 없다."며 계속해서 발전하는 세계를 더 좋은 무역 조건으로 지원하기 위한 "도덕적 주장"이 있다고 말한다. 즉, "어떻게 개발된 국가에서 농업 생산을 지원하기 위해 2,800억 달러를 사용하는 것을 정당화할 수 있는가—그것은 아프리카 전체의 생산액과 맞먹고, 해외 원조 금액의 4배에 이르는 수치이다.—그리고 어떻게 20억 명의 최빈국 국민들에 대해 다른 사람들의 2배나 마찬가지인 무역장벽을 부과할 수 있는가? 그리고 지난 30년간 3.5%에서 2%로 낮아지는 아프리카의 세계무역 비중을 받아들일 수 있는가?" 그는 미국은 자신들의 보조금을 실질적으로 삭감해야 하며, 선진국들은 보조금을 포기하고 자유 무역을 막는 장애를 철폐해야 한다는 주장으로 끝맺는다.

●조지 몬비오ᴳᵉᵒʳᵍᵉ Mᵒⁿᵇⁱᵒᵗ[9]는 《가디언》에 월포위츠의 지명을 두고 "미국은 자신에 대한 거부권 시도를 거부할 수 있다는 점을 경시한 조지 소로스와 조지프 스티글리츠 같은 인물들의 비현실적 개혁주의 노선을 허물어 버렸다. 그들은 애초에 미국의 힘을 투사하기 위해 만들어진 몸이 가난한 사람을 위해 일하는 몸으로 신비롭게 바뀔 수 있다는 기대를 가지고 여전히 마술 지팡이를 휘두르고 있다. 만약에 세계은행의 총재 지위를 어떻게든 활용해 보려는 스티글리츠의 시도가 성공했었다면, 세계은행은 쉽게 신용을 자격이 없는 기관에 빌려주었을 것이고 이를 통해 힘을 키웠을 것이다. 월포위츠가 책임을 맡으면서 세계은행의 신용은 추락했다."고 기고했습니다. 이 점에 대해서 한 말씀해주시기 바랍니다.

저는 그런 지적이 세계은행에 부과된 제약을 저평가하는 것이라 생각합니다. 제 희망은 세계은행이 진실로 다원적인 기구로 진화하는 것입니다. 여기에는 전 지구적인, 단일한 공동 행동이 필요하고, 전 세계 국가들의 긴밀한 통합은 세계적 차원에서의 공동 행동을 더욱 중요하게 만들 것이라는 신념에 입각한 것입니다. 제3세계의 빈곤을 위해 무슨 일이든 하는 데에는 집단적인 행동이 요구됩니다. 우리는 국제 기구들이 이 일을 돕도록 해야 합니다. 어떤 기구에서든, 어떤 민주적인 기구에서든 미국은 자신의 정치적, 경제적 힘이 있기에 막대한 역할을 수행해야 합니다. 모든 민주주의에는 부자든 빈자든 역할이 있습니다. 그리고 단지 그 역할만을 있는 것이 아니고 그 역할이 일률적인 것도 아닙니다. 따라서 질문은 우리가 정치를 변화시킬 수 있다는 것을 믿어야 하는지, 아닌지가 아니라 집단적으로 전 지구적 행동을 수행해

---

9) 영국의 저널리스트이자 환경, 정치운동가. 《가디언》에 고정적으로 기고를 하고 있다.

나갈 수 있는 기구를 조직할 수 있는가, 아닌가가 되어야 합니다. 이 맥락에서는 세계은행이 개발도상국의 이해를 광범위하게 반영하는 형태로 기구의 일이 이루어질 수 있는가 없는가가 질문되어야 하는 것입니다. 그 증거가 큰 변화가 있어 왔다는 점입니다. 사람들이 꿈꾸었던 것만큼의 큰 변화는 아니지만 어쨌든 큰 변화였습니다. 부채 탕감은 큰일입니다. 여기에는 수십억 달러가 걸려 있습니다. 원조도 큰일입니다. 우리가 원하는 만큼은 아니지만 그럼에도 수십억 달러의 규모입니다. 무역에 관한 논쟁은 몇 년 전과는 완전히 달라졌습니다. 몇 년 전, 즉 1999년 3월에 제가 WTO에서 개발라운드에 관해 연설을 했을 때 누구도 그에 대해 생각조차 하지 않았습니다. 그게 처음으로 개발라운드의 필요를 요청한 연설이었습니다. 저는 우루과이라운드가 왜 잘못되었는지를 지적했습니다. 지금은 모두가 그 불평등을 깨닫고 있습니다. 아직 그 정도는 아니지만 앞으로 해야 할 많은 양보가, 양보하지 않는 경우에 해야만 하는 양보보다 훨씬 많다고 생각합니다.

중요한 것은 세계은행과 IMF의 행위 하나하나를 철저히 점검하는 것을 통해 오늘날 설립되어 있는 그 기구들이 완벽하게 민주적인 것은 아니며 금융상의 이해를 정말로 불평등하게 반영해 왔다는 인식입니다. 따라서 기구들에는 정당성이 없습니다. 어떤 점에서 우리는 이 기구들이 내세웠던 정당성을 훼손하는 데 성공했습니다. 과거에는 급진적인 좌파들만이 IMF와 세계은행의 정당성을 의심했었습니다만, 현재는 이 기구들이 민주적인 정통성을 가지고 있는 것은 아니라는 인식이 넓게 존재한다고 생각합니다. 그 인식이 그 기구들의 힘을 약화시켰습니다.

●몬비오는 또 "논란을 일으켰던 세계은행 총재의 국적은 단지 상징적인 중요성만을 가지고 있다. 맞다. 세계은행의 총재는 언제나 미국에서, IMF의 총재는 언제나 유럽에서 맡는 것은 전체적으로 보아 공평하지 않은 것으로 보인다. 하지만 미국 재무부의 결정을 이행하는 기술 관료가 어디 출신인지는 문제가 되지 않는다. 문제가 되는 것은 그가 미 재무부의 결정을 따르는 기술 관료라는 것이다."라고 밝혔습니다. 이 문제에 대해 견해를 밝혔던 사람으로서 뭐라고 답하시겠습니까?

울펀슨 총재가 세계은행을 어느 정도 변화시킨 것은 분명합니다. 그가 완벽하게 변화시켰다고 말하고 싶지는 않습니다만, 어쨌든 그는 변화시켰습니다. 기술 관료 제도와 국제금융기구의 최고책임자 사이에는 공생적인 관계가 있습니다. 최고책임자는 자신이 원하는 기술 관료를 선발하고 공동으로 사업을 추진합니다. 저는 사람들이 세계은행과 IMF의 장을 기술 관료에 의해 마음대로 좌우되는 인물로 보는 것에 동의하지 않습니다. 예를 들어, 아시아에 금융 위기가 닥쳤을 때 채권자들에게 막대한 구제금융을 지원해주는 것이 불가피한 것은 아니었습니다. 국제 기구들이 정치적 판단을 하기 때문에 대표는 권한을 갖지 못합니다만, 어떤 경우나 조건에서 그는 막대한 결정을 할 수 있습니다.

●미국이 제3세계 국가들에 적절한 부족분이 따를 수 있는 결과들을 관리하지 않고도 무역을 운영하고 해마다 수천억 달러에 이르는 적자를 지불하는 마술에 대해서 설명해주시겠습니까? 게다가 다른 국가들로부터 들을 수 있는 항의 없이 그렇게 할 수 있는 이유는 무엇입니까? 이는 미국 중간계급 수준에서 반복되지 않는 상황인가요?

말씀하신 바의 요점은 이것입니다. 미국과 다른 국가들의 차이는 미국이 막대한 양의 부를 가지고 있다는 것입니다. 그 부는 세계의 많은 사람들에게 미국이 부채를 상환할 수 있다는 신임을 줍니다. 하지만 그것의 일부는 신용 사기confidence game입니다. 다시 말하자면, 모두가 신용을 잃기 시작하고 자신의 돈을 국가 밖으로 빼가기 시작하면 국가는 약해지고 매우 심각한 문제가 발생하게 됩니다. 따라서 문제는 사람들이 이 문제가 조짐을 보이기 전에, 또 이것이 심각한 위기가 되기 전에 사태가 얼마나 나빠지느냐 하는 것입니다. 그리고 많은 사람들은 실제로 그 일이 발생하는 지점에 가까이 와 있다고 생각합니다.

● 선생님의 생각은 어떠십니까?

걱정할 만한 수준까지 도달했다는 것이 제 생각입니다. 분명히 유로보다 달러로 화폐자산을 가지고 있던 사람들이 2003년 이래 우려할 만큼의 자산을 잃었습니다. 만약에 사람들이 가까운 미래에도 이런 현상이 유지될 것이라 추정하고, 그에 따른 행동을 한다면 달러에서 이탈하려는 움직임이 계속될 것입니다.

PART 2

포스트식민주의와
신제국주의

■

파르타 차테르지|Partha Chatterjee

인도 캘커타에 있는 사회과학 연구소의 소장이자 컬럼비아 대학 인류학과 교수이다.
저서로 『The Politics of the Governed』(Columbia University Press, 2004), 『Partha
Chatterjee Omnibus』(Oxford University Press, 1999), 『The Nation and Its
Fragments』(Princeton University Press, 1993) 등이 있다.

5

파르타 차테르지

지적 궤도

●선생님의 지금까지의 지적 · 학술적인 관심사에 대한 말씀과 독립 직후 인도가 성장하면서 무엇이 선생님께 가장 큰 영향을 주었는지 알려 주시겠습니까? 그리고 민족주의에 초점이 맞춰진 선생님의 많은 작업들은 이와 어떤 관련이 있습니까?

사실 민족주의 연구로 저의 학문적 이력을 시작한 것은 아니었습니다. 저는 로체스터 대학에서 정치학으로 철학박사 학위를 받았고, 그곳에서 국제 관계와 핵전쟁 전략을 연구했습니다. 로체스터 대학의 정치학과는 일찍이 합리적 선택 이론Vational choice theory에 관심을 가진 대학 중의 하나로, 저는 군비 경쟁 등과 같은 연구에 게임이론 모델game thearetic models을 적용했습니다. 어쨌거나 그것이 제 연구의 출발점입니다. 제가 그러한 학문을 했던 것은 당시 미국의 대학에서 정치학을 했기 때문이었다고 생각해 봅니다. 비록 제가 그와 같은 학문을 하기는 했지만 학위를 딴 후에 꼭 인도로 돌아가겠다고 생각하고 있었습니다.

대학에서 논문을 마치고 곧장 제가 태어나고 자랐던 캘커타로 돌아왔습니다. 인도에서는 제가 했던 작업들을 계속 추구해나갈 길이 없는 것은 분명했습니다. 왜냐하면 아무도 그것을 하지 않았기 때문입니다. 인도의 학문적 분위기에서 그 연구는 어떤 의미도 가질 수 없었습니다. 저는 1972년 초에 돌아왔는데 당시는 1969~1971년에 발생했던 마오주의자Maoist들의 봉기[1]의 직접적인 여파가 남아 있을 때였습니다. 그때는 제가 없을 때였지요. 대학의 많은 친구들은 그 운동에 연루되었고, 제가 돌아왔을 때 몇몇은 감옥에 있었고 몇몇은 살해된 상황이었습니다. 따라서 제가 했던 일은 교육받은 것을 제쳐놓고 다른 이들이 하고 있던 작업의 영역 안에서 스스로를 재훈련시키는 일이었습니다.

1970년대 초는 연구의 대부분이 농업구조와 농민 운동에 관련이 있었습니다. 모든 학문적 분위기는 인도 상황의 본질이 무엇인가에 관한 것이 대부분이었습니다. 심지어는 인도의 비상사태(1975~1977)[2] 이전에도 캘커타나 서벵골에서 만큼은 마오주의자들의 봉기와 그 직후에 권위주의적인 국가의 양상들이 분명히 나타났습니다. 따라서 사

---

1) 1969년 서벵골의 주도인 캘커타에서 창건된 마르크스 - 레닌주의 인도공산당(CPI-ML)이 선거와 의사일정을 거부하고, 무장 폭동을 옹호하면서 수년에 걸쳐 사회적 정치적 소요가 발생한다. 마오주의자였던 차루 마줌다르와 마르크스 - 레닌주의자인 카누 산얄 등이 이 봉기를 지도했고 대규모 농민투쟁으로 이어졌지만, 내부의 노선투쟁으로 인한 분열과 정부의 진압 등으로 봉기는 하강 국면에 접어든다. 주요한 지도자인 차루 마줌다르는 경찰 구금 중 사망하고 봉기는 일단락되지만 마오주의의 전통은 이 지역에 계속 이어져서 낙살라이트Naxalite라고 불리는 마오주의자들이 활발히 활동하고 있다.

람들은 국가의 폭력과 농민에 기반한 정치운동의 가능성에 관한 문제들에 몰두해 있었지요. 그것이 바로 마오주의 운동이 제기한 주요 문제입니다.

그것이 제가 생각하기 시작한 문제입니다. 당시 널리 퍼졌던 방법론을 수렴해서 그 의문의 대답을 찾는 길은 역사적인 맥락을 점검하는 것이었습니다. 다른 말로 하자면 어떻게 인도라는 국가가 독립되었는가? 식민주의colonialism에 대항했던 운동들의 전체 이야기와 인도의 농민들은 어떻게 그 운동에 관계되었고 국가의 생성에 관계되었는가가 중점적인 질문이 되었습니다. 그것이 제가 논의 영역 안으로 들어오게 된 과정입니다. 저의 직접적인 관심사는 민족주의가 아니었고 오히려 국민공회의 등장과 민족주의 운동 내에서 국민공회가 농민들을 포괄했던 방법과 같은 특정한 역사에 더 관심이 있었습니다. 그것이 바로 제가 궁극적으로 취했던 주제였지요. 포괄적으로는 민족주의 운동의 등장이지만 명확하게 말씀드리면, 농민들을 반식민지 투쟁으로 조직하기 위해 농촌 지역에서 그 근거를 발견했던 국민공회가 채택한 민족주의였던 것입니다.

그 당시 3~4년간은 캘커타에 거주했지만 한 달에 보름 이상은 사람들과 이야기를 나누기 위해 여러 지역을 다녔습니다. 지금은 꽤 잘 정리된 주제와 관련된 자료들이 있지만(문서보관소가 꼼꼼하게 정리된 것은 바로 그 시대, 1970년대였습니다.) 저는 보관소가 전혀 만들어지지 않았던 때에 연구를 시작했습니다. 인도의 모든 언어로 되어 있는 여

2) 1975년 7월에서 1977년 3월까지 이어진 인도의 비상사태. 선거 부정에 항의해 비폭력적인 저항이 발생하고, 지방 선거 등에서 인디라 간디Indira Gandhi의 인도국민회의당이 패배하는 등 수세에 몰려 있던 상황에서 법원에서 인디라 간디가 승리한 선거를 무효화시키자, 의회의 요구와 대통령 아메드F. A. Ahmed의 승인으로 비상사태가 선포된다.

러 분야의 지방 문헌들을 잘 수집해 놓은 델리의 네루 기념관 같은 장소는 당시에는 한 곳도 없었습니다. 작업을 할 수 있는 유일한 길은 농촌 지역으로 들어가서 사람들과 이야기를 나누는 것뿐이었습니다. 당시엔 1920~1930년대 운동의 중요한 지도자들과 중간 지도자들이 살아있었습니다. 저는 단지 그들에게 말을 걸었습니다. 그것이 제가 한 일이었습니다. 이것이 민족주의적 주제에 관해 더 폭 넓은 관심이 생겨나게 되고 학문적으로 발전되던 때의 이야기입니다. 그리고 당신이 이후에 얘기가 나올 수도 있겠지만, 어떻게 본다면 당시 저의 초창기 작업 역시도 민족주의 운동과 농업 문제 사이의 관계에 관련된 것이었습니다.

●선생님은 미국의 정치학을 공부하셨고, 말씀하셨듯이 그것은 그리 넓은 영역의 전공은 아니었습니다. 그리고 인도로 돌아오게 된 것과 지적인 궤적과 관련해서 설명해 주셨습니다. 그렇지만 선생님은 대단히 평범하지 않은 확장된 범위의 관심사를 연구해 오셨습니다. 선생님은 종종 연극이나 음악, 문화연구, 역사, 정치학, 국제 관계 등에 관한 저작들로 르네상스인으로 묘사되곤 합니다. 무엇이 그렇게 한 걸까요?

저는 의식적으로 이러한 일들을 하지는 않았습니다. 그것은 단지 캘커타에서의 도시적인 삶이 그러한 활동에 관심을 가지고 참여하도록 했기 때문에 벌어진 일입니다. 예를 들어, 연극의 경우 단지 학술적이거나 정치적인 영역만이 아니라 당시 캘커타의 도시적인 삶의 커다란 부분이기도 했습니다. 학문을 하시는 많은 분들이 생소하게 여기는 스포츠는 제 관심사 중의 하나입니다. 저는 축구의 열렬한 팬이며 그 점은 제가 지금 기술하고 있는 도시 생활의 부분이기도 합니다.

언젠가는 인도 도시의 주요한 부분이라고 믿고 있는 스포츠, 그중에서도 캘커타에서의 축구에 대한 글을 쓸 작정입니다.

1970년대에는 영화 공동체 운동이 있었고, 사람들이 도시에서 했던 매우 큰 영역이었습니다. 일반 극장에서는 결코 볼 수 없던 유럽 고전 영화 보기 말이지요. 캘커타에는 15~20개 정도의 주요 영화 클럽이 있고 그 영화들은 여러 외국의 대사관과 영사관에서 구했습니다. 연극은 몇 가지 방식에 있어 영화와 비슷하게 추구되었습니다. 현대 유럽 문화를 알아가기 위해서였지요. 실제로 볼 수 있었던 영화와 달리—원한다면 이탈리아의 네오리얼리즘 영화나, 프랑스 영화의 프린트는 구할 수 있었지만—연극은 브레히트나Brecht나 입센Ibsen, 피란델로 Pirandello 등 유럽의 어떤 작품도 실제로 볼 방법은 없었습니다. 20세기의 유럽 연극 고전들은 때때로 각색되거나 직역된 상태로 도시의 열성적인 관객들을 위해 상연되었습니다. 브레히트의 작품들은 열렬하게 환호를 받았습니다. 1970년대 캘커타에는 300~400개의 연극 극단이 있었지만(아마도 이 숫자는 지금까지도 이어질 것 같은데요), 극장은 딱 10군데밖에 없었습니다. 어떤 작품도 2~3주를 연속해서 공연할 수는 없었습니다. 관람은 당일 예약이 되었습니다. 어느 밤이든 이 극장들 안으로 들어가 보면 한 개 또는 그 이상의 다른 연극 극단이 유럽의 고전들을 공연하고 있었을 겁니다. 지금까지가 도시 생활의 주요한 부분이었습니다.

지금 돌이켜 생각하니 정치적 문제를 고민하던 바로 그 사람들이 서구의 정치 형태의 단순 모방이 아니라 정치와 국가의 어떤 형태를 좇으려는 것처럼 보인다는 점에서 좀 기묘한 생각이 듭니다. 거의 대부분 농업과 농민에 기반한 국가였던 인도와 당시의 현대적 서구가 보여주었던 차이는 꽤 충격적이었습니다. 반면 당시에는 현대의 서양에 관해 알아야 하고 현대적인 것에서 좋은 것들은 흡수해야 한다는 주장이 있었습니다. 그 둘은 같이 가야 한다고 저는 완전히 믿었습니다. 이것을 의식적으로 르네상스 정신 또는 그와 같은 것을 배양하는 것으로 생각하지는 않았습니다.

하위주체 연구

● 하위주체 연구회Subaltern Studies collective[3]와 관련해서 선생님의 작업을 설명해주시겠습니까? 이 학파에 의해 시작된 역사기술의 중요성은 무엇이라 생각하십니까?

어떤 점에서는 그 역시도 제가 이야기했던 학문적 분위기 안에 근거가 있다고 생각합니다. 하위주체 연구회에 의해 제기된 중심적 질문은 다음과 같습니다. 주요한 인구통계학적 분포형식Demographic formation으로써 인도에서의 농민과 현대 국가의 등장 사이에는 무슨 관계가 있는가?

이것이 등장하게 된 배경의 일정 부분은 당연히 그 문제에 대해 내놓았던 정치적 실패에 답이 있습니다. 1975~1977년에 인디라 간디 Indira Gandhi 여사가 발령했던 비상사태는 사실상 인도를 괴롭히는 불치병 증상으로 보였습니다. 그 순간 국가의 모든 자유주의적 제도의 기초가 완전히 고통스러운 나락으로 떨어지는 것 같았습니다. 사람들

---

3) 하위주체 연구회는 일반적으로 남아시아 지역이나 개발도상국의 탈식민주의 연구에 관심을 갖고 모인 남아시아 학자들의 모임이다. 대표적인 인물로는 라나지트 구하Ranajit Guha와 가야트리 스피박 Gayatri Spivak 등을 들 수 있다. 차테르지 역시 하위주체 연구회의 주요한 멤버다.

이 1977년 비상사태 이후에 인도의 민주주의가 그런 특수한 형태로 오랫동안 유지될 것이라고 믿었다고 생각하지는 않습니다. 본질적으로 권위적인 국가의 본성을 알리는 표지는 그때, 매우 강하게 나타났습니다.

그것은 하나의 실패였고, 또 하나의 실패는 마오주의를 비롯한 공산주의 운동의 지도를 통해 시도했으나 패퇴한 농민봉기와 관련이 있습니다. 그러한 맥락에서 역사적 질문이 다시 한 번 하위주체 연구에 의해 제기된 것입니다. 인도 농민과 국가 사이의 관계는 무엇인가라는 질문에 대한 사실상의 답으로, 민족주의자들은 농민들은 정치적 성향을 가지기 이전의 상태로 엘리트가 이끄는 민족운동에 결합하며, 참가이전에는 이런 종류의 정치적 문제에 대해 어떤 관념도 가지지 않았고, 민족주의자들의 지도에 의해 정치적 의식으로 고양되는 것이라고 답했습니다. 그것은 답이 아닙니다. 하위주체 연구의 답은 농민은 항상 이런 종류의 정치학에 참가하거나 참가하지 않는 이유를 가지고 있다는 것입니다. 그들은 운동과 관련을 맺을 때 운동을 일으키는 민족주의자들과 같은 이유로 결합을 맺는 것은 아닙니다. 아주 가끔씩 그들은 그들 자신들이 바라는 조건으로 운동과 관계를 맺고 대개의 경우에 그들은 운동을 방기합니다. 다른 많은 경우에 그들은 운동에 동참하는 것을 거부하기도 합니다. 바로 그 지점이 하위주체 연구가 탐구를 시작하게 된 계기입니다.

방법론의 측면에서 하위주체 연구는 혁신적이라 생각합니다. 말씀드렸듯이 이런 종류의 작업을 할 수 있는 문서 수집 관리는 전혀 준비되어 있지 않았습니다. 우리가 시도하려 했던 것은 사람들이 실제로 농민들의 의식을 읽을 수 있도록 공식적인 문서보관소를 활용하는 것이었습니다. 말하자면 하위주체의 목소리를 찾으려는 것과는 맞지 않게 공식적인 보고서와 자료를 읽는 것이었습니다.

물론 우리는 다른 종류의 기록들도 찾았습니다. 그 기록들은 작업의 과정 중에 우연한 조우를 통해 가능했습니다. 그것은 관습적인 역사학은 결코 자료로 인식하지 못할 종류의 것들이었습니다. 우리는 소문 같은 것들, 예를 들어 당시 지방신문에 수록된 소문 모음을 찾았습니다. 관습적인 역사는 이것을 '이것은 소문이며 진짜 자료로 읽힐 수 없어.'라며 사료에서 각하시키지요. 우리는 이런 자료를 의식의 다른 형태를 드러내는 기록으로 사용하려 했습니다. 그리고 농민들이 운동에 참여하거나 운동에 무언가를 요구할 때, 무엇을 했었는지를 이해하려고 하는 데 있어서 대중문화나 특히 종교와 같은 것들의 진가를 인정하려 했으며, 대중문화 등에 대한 관념과 실천 양태들이 얼마나 중요한지 인정하기 위한 움직임이 있었습니다. 이것들이 하위주체 연구가 만들어낸 방법론적인 혁신입니다.

●이른바 하위주체 연구의 창시자인 라나지트 구하Ranajit Guha의 현대 식민지 국가의 특수성에 관한 가장 생산적인 공식 가운데 하나는 "헤게모니 없는 지배"로 그 특징을 정리할 수 있을 것입니다. 그 말의 뜻과 전달하는 의미는 무엇인지 설명해주시기 바랍니다. 또 선생님은 이 개념을 "식민차이의 원리"라고 명명하며 『국가와 그 파편들The Nation and Its Fragments』에 사용하셨습니다. 식민국가의 본질에 대해서 선생님이 이해하시는 바와 식민지에서 현대를 경험하는 것의 본질 때문에 나타난 결과는 무엇인지에 대해서 설명해주시기 바랍니다.

우리가 증명하려고 했던 것들 중의 하나는 식민국가와 탈식민국가 사이의 근본적인 유사성이었습니다. 이 두 가지 형태의 국가를 지지하는 각각의 실제 토대에는 유사성이 많지 않습니다. 왜냐하면 식민국가를 지탱하는 인도 인구의 계층이 반드시 새로운 민족국가를 부양하는 인도 인구의 계층과 같지 않기 때문입니다. 하지만 이 두 정체政體가 기반하고 있는 통치의 실제와 통치의 여러 기법은 매우 유사합니다. 이 점은 우리가 증명하려고 하는 아주 격렬한 정치적 쟁점입니다. 특히 국가기관(사법기구, 행정 집행부서 등)이 대중들, 특히 농민을 다루어 왔던 방법을 조사하려고 했습니다. 그 결과 우리가 발견한 것은 통치 방법이 근본적으로는 바뀌지 않았다는 것입니다. 인도 군대는 그대로 영국령 인도군에 근원을 두고 있습니다. 민법과 형사법의 몸통뿐 아니라 사법구조들도 주요 변화 없이 이어지고 있습니다. 관료제의 구조 역시 마찬가지이며, 특히 영국령 인도의 지역 행정단위는 독립 이후 몇 차례 확장된 것 이외에는 통째로 채택되었습니다.

우리가 헤게모니 없는 지배로 본질적으로 특징지으려 하는 것이 이러한 상황들입니다. 우리는 헤게모니를 통치의 형식으로 규정했는데, 그 안에는 통치 받는 자 편에서의 적극적인 동의가 존재합니다. 이 능동적인 동의는 사회 모든 종류의 기구와 관행들을 통해 만들어져야 하는 것입니다. 둘 사이의 대비는 계급 지배가 있는 충분히 발전되고, 자유로운 자본주의 사회에서 나타나며—이 사회에는 몇몇 계급이 권력을 가지고 있다는 것에 대한 의문의 여지가 없습니다.—더욱이 거기에는 직접 권력을 잡지 않은 계급조차도 사회가 통치되는 방식에 동의하는 전반적인 통치 구조가 있습니다. 거기에는 재생산된 적극적인 동의가 있습니다. 그 동의는 노골적으로 드러나는 얄팍한 강압에 기반한 것이 아닙니다. 반면에 우리가 항상 관심을 기울였던 현상은 탈식민국가가 보여주는 근본적으로 권위주의적인 특징이었습니다. 만약 민족운동이 주장하는 것처럼 민족운동이 독재 식민국가에 대항한 인민들의 운동이라면 왜 탈식민국가는 권위주의 체제가 되어야만 했을까요?

우리들의 논의는 탈식민 민족국가는 실제로는 이런 종류의 동의 구조에 기반하지 않는다는 것이었으며, 이는 다시 농민과 새로운 국가 사이의 관계 문제로 되돌아가게 됩니다. 분명히 새롭게 만들어진 국가가 있고 이 새 국가들은 국민의 이익을 온전히 선포했으며 국경 안의 국민들에게 기본적인 시민권formal citizenship을 약속했습니다. 하지만 이 기본적인 시민권은 진정한 시민권을 의미하지는 않았습니다. 그래서 전통적인 인도 농민의 경우를 예로 들면, 과거에 비록 그들이 민족운동과 궤를 함께해 왔고 암묵적으로 새로운 민족 공동체의 성원이 되었다 하더라도 실질적으로 진정한 시민권을 가지고 있는 것은 아니었습니다. 지방행정 지역은 농촌 주민들을 여전히 구舊식민 행정의 선상에서 관리하고 있었습니다. 농촌의 지주들이 지역 행정관서와 경찰에 특혜를 당연하게 요구하는 이유는 그들이 농촌사회에서 힘있는 진짜 실력자이기 때문입니다. 의회에서 만들어진 모든 종류의 진보적인 법령들이 지역에서 채택되지 못하는 이유는 그 지방의 오랜 세력 집단이 정부에서 파견한 대리인을 인정하지 않았기 때문입니다. 농민들은 형식적인 투표 권리를 가지고 있기는 하지만 지주가 그들이 투표를 하고 못하고를 결정함으로써 투표가 강제될 수 있습니다. 농민들에 대한 통제를 유지하려는 힘과 강제는 언제나 중점적인 문제이며 새로운 국가에서도 마찬가지입니다.

1980년대를 거쳐 시작된 많은 변화—인도에서 국가에 대한 근본적인' 이해의 측면에서—에 대해서 덧붙이겠습니다. 1980년대는 인도 농민이 선거민주주의를 통해 눈을 뜨게 된 여러 전술을 다른 부문들에 어떻게 사용해야 할지를 배웠던 중요한 시기였습니다. 오늘날 인도 민주주의의 과정과 관계된 모든 것이 1970년대에는 전혀 알 수 없는 것이었습니다. 예를 들면, 엘리트 대표자들에게 압력을 가할 수 있는 것 등을 들 수 있습니다. 사실상 그 점이 가장 극적인 변화이고 많은 사람들이 초기 하위주체 연구와 후기 하위주체 연구 사이의 변화로 여기는 지점입니다. 이것의 배경은 본질적으로 1970년대 인도의 국가의 본성에서 얻은 생생한 감각—그리고 우리가 근본적 권위주의의 범주로 분류했던—이 1980년대를 통해 완전히 바뀌어버린 데서 찾을 수 있습니다.

같은 시기에 여러 갈래의 새로운 사회운동이 등장했으며, 이 사회운동은 모든 영역에서 현대화된 새로운 형태의 결집 방법들을 이용했습니다. 투표의 힘을 이용하였고 전반적인 자유주의적인 권리의 테두리 안에서 가능한 모든 종류의 새로운 기회를 이용했습니다. 이것은 인도에서 국가란 어떤 것인가에 대한 우리들의 인식을 근본적으로 바꾸는 것이었습니다. 우리는 정치의 과정이 처음에 생각했던 것보다 훨씬 복잡하다는 것을 인정해야만 했습니다. 하지만 그것은 단지 1990년대를 통해 드러나는 변화의 시작이었습니다. 이 새로운 변화가 드러난 것은 불과 15년 안의 일이었고, 인도의 정치에서 새로운 민족학을 창조해 냈습니다. 카스트 제도 운동의 등장은 좋은 예이며 상대적으로 주변화된 집단들의 전 영역에서 등장한 운동들은 조직화가 꽤 잘 되었고, 합법적이고 조직적인 방법뿐 아니라 범법적인 방법들—예를 들면 약간은 폭력적인 방법—모두를 적절히 배합해서 사용하고 있습니다. 이 모든 운동들은 각기 다른 모든 종류의 민주적인 권리를 여러 주장 형태로 드러내고 있습니다. 따라서 인도의 정치적인 측면의 삶에 대한 모든 것을 이해하려는 과정에서 포착된 모습은 계속 바뀌고 있습니다. 제 생각에 1990년대가 1970년대와 전반적으로 다른 이유는 통치 행위의 공정들이 근본적으로 바뀌었기 때문입니다.

반식민 민족주의

● 선생님은 『민족주의 사상과 식민 세계 *Nationalist Thought and Colonial World*』에서 민족주의적인 사고는 "재현적 구조가 민족주의가 거부하는 권력 구조에 상응하는 지식의 틀 내에서" 작동하고 있다고 말씀하셨습니다. 다른 말로 하자면, 민족주의는 식민주의로부터 국가를 해방시키는 데 성공한 것이지 탈계몽적인 서구의 지식 구조로부터 해방된 것은 아니며, 이는 더욱더 강력하게 지배를 유지해 나갈 것이라는 것입니다. 그 주장에 대해서 자세히 설명해주시기 바랍니다.

현재 광범하게 인식되고 있는 것 중의 하나가 1940~1950년대에 식민지에서 해방된 후 나타난 탈식민주의 국가들이 서구의 현대 국가 형태를 얼마나 많이 의식적으로 모방하고 있는가 하는 것입니다. 이는 다음과 같은 의문을 촉발합니다. 그렇다면 식민지 통치에 전적으로 반대되는 것은 무엇인가? 반식민주의 운동에는, 반식민지 운동의 과업은 단지 유럽의 지배자를 자국의 지배자로 대체하는 것이 아니라 지배의 형식을 완전히 다르게 생각하는 것이라는 매우 강력한 생각이 있습니다. 예를 들어, 간디M. Gandhi는 종종 운동의 본질이 영국인 없는 영국 통치를 벗어나는 것이 아니라고 말했습니다. 하지만 이 일은 현실화되지 않았습니다. 대부분의 경우에 민족주의 운동은 유럽식 또는 서구식의 현대 국가 건설을 목표로 합니다. 이 국가들은 매우 유사한 구성 원리와 행정 방법론에 기반해 있으며 단순히 그 인물만 바뀐 것입니다.

그렇다면 다음 질문은 왜 이렇게 되었는가입니다. 제 저술에서 제안하기도 한 이 질문에 대한 가장 일반적인 답은 사고의 틀이 전적으로 현대의 본체, 서구적인 정치 사상과 사회 이론에서 연유한 것이라는 점입니다. 비서구적인 민족주의자들은 그 사고의 틀 안에서 다음 질문들의 답을 찾아내려고 했습니다. 왜 이 국가들은 유럽과 같은 규칙에 따르려고 하는가? 왜 이 규칙들은 정당성이 있는 것으로 생각되는가? 무엇이 더 정당한 지배의 형식인가? 그 사고의 틀에서 요체가 되는 질문은 통치 받고 있는 사람은 누구인가라는 것입니다. 이 사고틀에서 실질적으로 던져야 할 질문은 누가 지배를 받는 것인가? 사람들이 지배되도록 하는 구조는 무엇인가? 국가의 가장 바람직한 형태는 무엇인가입니다. 저는 이 모든 질문에 대한 답은 이미 현대의 본체인 서구 정치 사상에 들어있다고 생각합니다. 민족주의 내에서의 탈식민주의 논쟁에는 자유주의자, 마르크스주의자, 사회주의자들이 있지만 이 모든 논쟁은 실상 서양에서 발생했던 논쟁과 동일합니다. 그렇다면 흥미로운 질문은 다음과 같습니다. 이러한 운동의 과정에서 짓눌렸더라도 과연 가능성은 있었는가? 그것이 바로 많은 새로운 가능성에 눈을 뜨는 지점입니다. 현대의 국가에 대한 대안적인 사고의 방식은 있는 것인가?

인도의 경우를 보면 모든 간디적 사고방식은 분명 아주 흥미롭습니다. 간디주의적인 사고와 실천의 실체가 의미하는 바를 점검하고 나서 떠올랐던 답은, 맞다. 이것은 분명히 매우 다른 방식으로 국가와 지배의 형식을 생각하려는 시도라는 것입니다. 하지만 그것은 실질적으로 실패했습니다. 사람들이 반식민주의 운동으로 결집될 수 있는 질문을 제기하고 완전히 새로운 조건을 생산해냈음에도 간디주의적인 참여는 현실적으로 국가 이전에 위치한 목표들에 도달하는데 완전히 실패했습니다. 왜냐고 물으신다면 사회에서 폭력의 근본적인 문제를 다루는 방식 때문이라고 말하겠습니다. 간디주의 정치학의 독창적이며 특유한 기여는 국가 폭력 제도에 대항한 무장하지 않은 사람들의 비폭력 저항 방법을 통해 놀랍게도 효과적인 비폭력 저항의 기술로 발전해 나갔다는 것입니다. 하지만 간디적 사고방식은 그를 통해 국가가 합법적으로 범법자들에 대해 폭력을 행사할 수 있는 이론을 제공하지 못했고 일관된 방법론도 만들어내지 못했습니다. 그러한 이론의 부재 때문에 간디주의 사상은 자기 스스로를 단지 비현대적인 저항의 형식으로 드러내며 현대 국가에 있어서의 대안적인 저항의 형식은 드러내지 못합니다.

저는 현대 사회에서 종교의 지위에 관해 유사한 고민을 하고 있습니다. 현대의 조건에 비춰 종교의 의미를 다시 공식화하려는 것입니다. 분명히 이슬람은 이곳 인도 대륙과 비서구의 다른 지역에서는 중요한 영역이며 그에 대한 많은 것이 이야기되어 왔습니다. 이 논의와 논쟁은 오늘에도 계속되고 있습니다. 이제 눈을 뜨게 된 질문은 본질적으로 다른 현대성은 가능한가입니다.

『민족주의 사상과 식민 세계』에서 제가 내린 답은 전반적으로 비관적입니다. 당시에 저는 다른 많은 가능성이 제기되고 있다고 말하려 했습니다. 그것들이 제기되기 때문에 많은 새로운 형식으로 사람들을 결집시키는 것이 가능했다고 생각했습니다. 그것은 민족주의 운동이나 서구에서의 민주주의 운동에서 볼 수 있었던 것은 아닙니다. 이것은 사람을 결집시키는 아주 새로운 방식입니다. 하지만 마지막 결과를 생각하면 그것들은 대체적으로 서구 현대 국가의 모방이며 어떤 점에서는 왜 식민지를 벗어난 많은 국가들이 부족해 보이고, 빈곤한 복사물이나 이류 현대 국가처럼 보이는가를 설명해 줄 수 있습니다.

저는 『국가와 그 파편들』에서 좀 더 나가 큰 틀보다는 실제적인 관행들을 살피는 데 더 관심을 가지고 있었습니다. 다른 말로 하자면 큰 질문을 할 때보다 그것을 더 잘 알게 되기 시작했고—현대 정치와 현대 국가의 전반적인 틀을 살피는 것—만약 누군가가 지역의 구체적인 실행과 세부적인 개선에 의해 민감하게 반응한다면, 그는 차이가 존재하는 지점을 더 잘 알게 될 것이라 생각합니다. 전반적인 시야(구성, 기본 제도적 구조)의 측면에서 사람들은 자유주의 원리에 의해 조직된 국가들을 잘 따랐다고 생각할 것입니다(인도는 참 좋은 예입니다). 많은 개선이 있었던 것은 실제로 작동하는 관행이었습니다. 만약 이 개선의 원천과 개선들이 실제로 달성하려고 하는 것을 지역의 시선에서 조사해보면, 이른바 원래의 모습에서 변질된 것이 제도적이고 민주적인 정부의 형식이 서구에서는 한 번도 달성한 적이 없는 것들을 어떻게 실제적으로 처리해 나가는지 알게 됩니다. 이것은 아주 흥미롭고 중요한 질문이 되었습니다.

예를 들어, 형식적 평등의 규칙이 있다고 칩시다. 법은 모두에게 동등하게 적용됩니다. 모든 사람은 이것이 서양에서 현대 국가의 주요한 원리라는 것을 압니다. 이것을 인도의 맥락으로 옮겨오면 사법 제도와 의회가 이 원리를 지지해 줍니다. 하지만, 당신이 지역적 맥락으로 본다면 국가의 권한마저도 그 규칙에 예외를 만들 수 있음을 보게 됩니다. 법은 모두에게 동등하게 적용되지 않고, 그 예외들이 매우 흥미롭습니다. 그 예외는 왜 만들어지고 어떻게 정당화되며 무엇을 성취하는 것일까요? 종종 발견하게 되는 것은 만약 예외가 없다면 많은 사람들이 이 현대 통치 제도의 시스템에 포함될 수 없었을 것이라는 사실입니다. 그 예외들이 없었다면 전반적인 구조 자체가 완전히 위험에 빠졌을 것입니다.

몇 가지 예들은 공통적이며, 현실을 명백하게 보여줍니다. 대부분의 제3세계 도시에는 법을 어기지 않고는 살 수 없는 많은 사람들이 존재합니다. 그들은 그들의 땅이 아닌 곳에 살고, 공공재산 위에 쪼그려 앉아 있으며, 대중교통에 무임승차하고, 종종 요금을 내지 않고 전기와 상수도를 사용합니다. 만약 모두에게 법이 공평하게 적용된다면 기차 여행을 위해 차표를 사는 사람들은 같은 여행을 위해 차표를 사지 않는 사람들이 용인되는 것을 거부해야만 할 것입니다.

하지만 실제 행정적인 시행에서 그런 일은 거의 일어나지 않습니다. 공무원들도 그들이 땅을 점유하고 쪼그려 앉아 있는 것이 불법인 것을 알고 있지만 그렇게 놔두는 것이 최선이라는 것도 알고 있습니다. 이는 많은 이유로 인해 똑같은 인구가 도시 경제에서 매우 중요한 역할을 하고 있기 때문입니다. 간단히 말해 이들이 없는 경우 도시 경제는 무너집니다. 이는 다른 측면에서도 발견할 수 있는 것입니다. 만약에 이들이 전혀 생계를 꾸려 나갈 수 없다면 그들은 재산과 법과 질서를 위협할 수도 있습니다. 이것이 그들을 예외적인 경우로 만듦으로써 실제적으로 통제하고 통치하는 방법입니다.

따라서 만약 현대 통치 체제의 원리가 지역에 적용되는 것을 살피면 아주 극단적으로 흥미로운 개선책을 발견하게 될 것이라 생각합니다.

그들 대부분은 바람직해 보이지 않고 다수는 어느 정도 일상적인 폭력에 연루되어 있습니다. 그곳이 새롭고 혁신적인 방식으로 정착된 현대 국가가 보여주는 서구의 모델을 차용하거나 모방한 것을 발견할 수 있는 훨씬 흥미로운 장소입니다. 그들은 실제로 다른 결과를 낳고, 다른 효과를 얻고 있으며 이는 서구적 맥락에는 없는 것들입니다.

●선생님은 같은 책 『민족주의 사상과 식민 세계』에서 "그것은 민족주의가 식민지 통치를 반대하는 범위까지 초현대적인 자본주의 지배의 특수한 정치적 형태를 관리했다. 그 과정에서 그것은 백인 남성의 의무를 운운하는 등의 서양이 가지고 있는 문명화에 대한 숭고한 책무와 같은 지배적이고 뻔뻔한 인종적 슬로건에 일격을 가했다(또는 최소한 사람들은 그것을 바란다). 그것은 식민지 국가에서의 세계 민족주의 운동사에서 중대한 성취 중 하나로 간주된다."고 하셨습니다. 여기에 인용된 선생님의 삽입구("사람들은 그것을 바란다.")는 탈식민주의가 서구 인종주의에 승리를 거둘 것이라는 역사적 궁극성에 대해 의심을 드러내고 있습니다. 이런 우려 뒤에 숨겨진 것은 무엇인가요?

네, 바로 보셨습니다. 오늘 다시 쓴다해도 그것을 모순적으로 기술할 것입니다. 저는 전체적으로는 탈식민화가 가지고 온 교훈과 그것이 세계 역사에 있어서 가지는 의미는 되돌릴 수 없는 것이라 생각합니다. 이것이 새로운, 즉 세계 어느 곳에서도 실질적인 희생을 발생시키지 않는 새로운 제국을 요청한다고 보지 않습니다. 비록 최근에 제국이 모든 사람들에게 도움이 된다는 주장에도 불구하고 말입니다. 하지만 여러 가지 방식으로 문명화에 대한 사명을 요구하는 슬로건이 다시 나타난 것은 사실입니다. 비록 그 표현이 바뀌기는 했지만 말입니다.

거기에는 이러한 사고방식이 귀환하려는 숨겨진 용의점이 있는 것이 아닌가 추정합니다. 식민지 제국의 사고틀로 되돌아가는 것은 불가능하다고 생각하는데, 문명화되지 못한 지역에 현대성과 문명을 전파하는 것에 대해 일종의 도덕적 논쟁을 벌일 수 있었던 18~19세기와는 달리, 오늘날 같은 논쟁을 제기하는 것은 불가능하기 때문입니다. 왜냐하면 유럽이나 서구식 현대성에 대한 요구는 실제로 완전히 보편적인 것이 되었기 때문입니다. 민주주의가 서구의 배타적인 영역이라고 주장할 수는 없습니다. 비록 서구에서의 대중적인 정치담론에서는 가끔씩 어느 정도 서구 문화의 부분으로 민주주의가 존재하는 것이라는 주장이 제기되기는 하지만 말입니다. 간단히 말해서 그것은 진실이 아닙니다. 민주주의가 존재하든지 아니든지 민주주의 이념은 세계 모든 곳에 실현될 수 있는 것입니다. 저는 과학 기술과 현대 의학 그리고 다른 모든 것을 포함해 현대성이 가지고 온 이익에 대한 수많은 반론들도 같은 경우라 생각합니다. 현대 의학은 서구의 "선물"과 같은 것이라는 주장은 더 이상 믿지 않습니다. 전 세계 사람들은 이것들을 사용할 수 있는 것이라 알고 있습니다. 사람들은 얼마에 그리고 어떤 조건 등에서 이것을 얻을 수 있는지에 대한 논쟁을 할 뿐이지 그것은 모두 이용이 가능한 것입니다. 논쟁들 중 많은 것들이 진정한 질문이 될 수는 있지만 다른 지역을 위한 서구의 선물인가라는 점은 더 이상 질문이 되지 못합니다.

그런 점에서 2차 대전 이후 일반적으로 탈식민의 시대라고 기술된 것은 전통적인 전 세계 모든 식민지 구조에 재기할 수 없는 일격을 가했습니다. 저는 그런 형식은 되돌아오지 않을 것이라 생각합니다.

●선생님은 지금 동일한 수사법이 부활하는 것을 어떻게 설명하시겠습니까?

　많은 사람들이 세상의 지배구조를 알려고 노력합니다. 그것이 무엇을 의미하는지 어떤 식으로 세상에 나타나고 있는지 말입니다. 그리고 당연히 우리는 지금 미국의 지배를 이야기합니다. 사람들은 과거의 개념과 언어들로 지배구조를 알려고 하지요. 그 점은 왜 갑자기 19세기 영국에 대한 책들이 봇물을 이루고, 어떻게 그 역사적 교훈이 오늘날 미국 통치에 상응될 수 있는가 등으로 나타나고 있습니다. 이 수사법은 아주 유행을 잘 타는 것입니다. 역사적 순간은 하나의 힘에 의한 전 세계적인 지배에 대한 정당화를 제공하기 때문입니다. 그것은 그 힘이 정당화될 수 있는 일련의 수사적 언어들을 제공합니다.

　저는 오늘날 미국의 실제적인 지배구조가 19세기 영국에 의한 세계 지배와 조금도 닮지 않았다고 생각합니다. 미국의 지배는 이른바 세계의 저개발 지역에 대한 지배가 아닙니다. 미국의 지배는 유럽, 일본, 중국을 포괄합니다. 미국이 추구하고 있는 이 형태는 완전히 전지구적인 현대성의 구조 내부에서, "현대성"에 부수된 전형적인 개념에서 벌어지는 것입니다. 이것은 새로운 종류의 지배입니다. 그것을 설명할 좋은 말이 없군요. 이런 이유로 나머지 세계들에 대해 이 지배의 형태가 의미하는 바에 대한 많은 걱정이 있습니다. 진짜 걱정은 이 힘을 휘두르는 것이 실제로 무엇에 관한 모든 것인지 그리고 이것을 어떻게 사용해야 하는지를 이해하지 못하고 있다는 것입니다. 결국 이 힘은 폭력을 사용하는 거의 전적인 힘입니다. 그 근저는 군사력입니다. 하나의 국가에 폭력의 수단이 집중되는 반면 그 절대적 군사력을 사용하는 데는 윤리적 정당성이 전혀 없습니다. 오늘날 우리는 매우 위험한 시기를 살아가고 있습니다. 제가 제기한 이유들 때문에, 저는 이 힘이 19세기 대영제국과 같은 것이라는 생각을 하지 않습니다.

●다시 『민족주의 사상과 식민 세계』를 보면, 선생님은 제3세계와 탈식민지 국가에서 분리주의 운동과 근본주의의 문화적 부활 모두의 부각은, 식민지였던 국가들의 민족주의 사상이 가지고 있던 역사에서 구조적인 긴장의 개념으로 이해될 수 있다고 말씀하셨습니다. 이를 통해 선생님이 의미하는 바는 무엇입니까?

우리가 앞에서 이야기하던 것들로 다시 돌아가야 할 것 같습니다. 탈식민국가에서 벌어졌던 민족주의가 새로운 혁신의 모습을 띄고 민족주의자들이 결집되던 것은 꽤 표준화된 형태의 정부가 등장함으로써 위축되는 경향을 보였습니다. 이러한 혁신이 실질적으로 위축된 이유는 그 혁신이라는 것이 현대 국가의 알려진 형태와는 공존할 수 없는 것으로 보였기 때문입니다. 예를 들면, 대부분 종교에 기반을 둔 운동에 참여하거나 정당에 가입했을 때 이것이 현대적인 제도의 국가와는 양립할 수 없는 것처럼 말입니다. 따라서 그 운동을 통해서 무엇을 할 것인가라는 문제가 상존하게 됩니다. 하지만 이 운동들은 식민 지배에 반하여 대중을 결집한다는 점에서는 매우 영향력 있고 강력합니다.

따라서 탈식민화의 목표와 새로운 민족주의 지도 세력으로 이전되는 힘이 결합되면 민족주의적 운동의 과정에서 뿜어져 나오는 이 힘들을 어떻게 조절하거나 관리할 것인가가 문제가 됩니다. 예를 들어, 독립 이후의 인도를 보면 세속 국가가 해야 하는 것과 그것이 의미하는 바에 대한 모든 논쟁이 이 풀리지 않은 긴장을 반영하고 있습니다. 이러한 국가들이 등장하는 과정에서 근대 세계로의 새로운 도전으로 보이는 것에 따르기 위해 막대한 대중을 동원하는 데 종교가 이용되었으며 매우 강력한 종교개혁 운동에 의존했습니다. 이 운동은 종교적 신념과 실천을 만들어 냈고, 그것을 바꾸고 재정비했습니다.

따라서 이 종교개혁 운동은 민족주의를 야기하고, 새로운 국가를 불러오며, 새로운 정치 지형을 만든 일련의 광범한 사회 변화의 한 부분이었습니다. 세속 국가는 많은 운동들과 결합됨에도 공식 석상과 공적 생활에서 종교를 금하고 종교에 기반한 정당을 금하는 것이 필요했습니다. 왜냐하면 이것들은 현대 민족 국가와 모순되기 때문입니다. 그러한 현실을 감추는 특별한 방법이나 억제하는 방법은 존재합니다. 예를 들어, 1980년대 인도의 힌두교 우익을 보면, 세속주의와 그 이후에도 이어진 세속주의에 대한 도전을 둘러싼 많은 긴장들이 민족운동 내부에서부터 풀리지 않는 커다란 과제였습니다. 당시에 힌두교 우익들이 호소했던 것은 민족주의는 모두 잘못되었다는 것이 아니었습니다. 그들은 사실상 자신들이 "진정한" 민족주의자라고 말했습니다. 그 말은 설득력이 있었는데 종교에 기반한 수사학과 강력한 종교개혁 운동이라는 존재 때문입니다. 그리고 그것은 언제나 항상 민족주의의 한 부분입니다.

그리하여 이것은 풀리지 않은 문제들을 남겼습니다. 전반적인 틀은 파생적이고 부차적인 것이며 대부분 서양에서 발생하여 성장한 국가 형태의 모방인데 반해 실제적 실천에서 이루어져야 했던 것은 지역적인 수준에서 완전히 개선된 실천들을 찾아내는 것이었습니다. 진짜 문제는 이러한 수많은 지역 차원의 적용과 개선이 더 큰 틀로 새롭게 해석되는 것을 요구할 때 발생합니다. 만약 나중에 터져 나올 여러 종류의 갈등, 예를 들어 갖가지 특혜를 받는 소수에 대한 불만—세속 국가에서 볼 수 있는 대표적 불만입니다.—과 같은 갈등을 돌아본다면 이른바 이런 특혜나 특권은 철저히 정당화되는 반면에 완전히 지역화된 질서라는 것을 알게 됩니다. 예를 들면, 지역적으로 받아들여지는 형식의 공적 행사가 있는데 그것은 어떤 다수 대중의 인식, 즉 공식행사가 의미하는 것을 반영하고 있습니다. 하지만 이것은 어느 정도 지역적인 조정을 요구합니다. 공식적인 종교 의식들은 독립 후 다수의 군중이 참석하는 지역 축제로 인식되었기 때문에 국가 공무원들이 여기에 참가해 왔습니다. 이런 많은 형식들은 지역의 차원에서 자리를 차지하고 있는 소수집단들이 축하하는 것을 의미했습니다. 따라서 사람들은 특별한 날 특별한 행사 중에는 길에 음악이 흐른다는 것을 알고 있습니다. 왜냐하면 지역의 소수집단이 무언가를 축하하고 있기 때문입니다. 하지만 그렇지 않다면 음악은 없을 것입니다. 그것이 지역적으로 공통적인 인식이며 교감된 질서입니다. 이러한 경우들을 통해 지역적인 공통 인식이 발전해 나가고, 그 질서는 지역마다 달라지기도 합니다. 하지만 이 지역의 질서들을 비교하고 국가의 특성에 따른 전체적인 틀로 옮기려면 문제가 발생합니다. 그것이 진정한 세속 국가입니까? 만약에 그것이 세속 국가라고 한다면 왜 소수집단은 이곳에서는 이렇게 다뤄지고, 다른 곳에서는 다르게 다루어집니까? 지역 질서의 자율성이 문제가 되는 것은 그래서입니다. 따라서 다음과 같은 비판은 항상 제기될 것입니다. '만약에 인도가 세속, 민주 국가라면, 이 지역적인 질서는 유지될 수 없다. 왜냐하면 모든 시민들이 동등하게 다루어진다고 가정하면 소수집단을 만드는 특별한 혜택은 존재할 수 없기 때문이다.' 이것이 새로운 질문이 되는 이유는 해결된 것으로 나타난 많은 이슈들이 순전히 지역적 맥락에서 해결되었기 때문입니다. 하지만 지역의 자율성이 문제로 제기되면서 나타나는 것은 전체 질서의 부적절함입니다. 이때가 모든 것이 드러나고 풀리기 시작하는 때입니다.

탈식민주의 현대성

● 선생님은 탈식민주의 맥락에서 현대성은 어떻게 이해되어야 하는가에 대해 많은 글을 쓰셨습니다. 예를 들어, "우리의 것은 이미 식민화된 현대성이다. 우리에게 현대성의 가치를 일깨운 동일한 역사적 과정이 동시에 우리를 현대성의 희생물로 만들었다." 이러한 관점에서 현대성 개념이 포괄하는 바에 대해 설명해주시겠습니까? 그리고 탈식민주의 국가의 맥락에서 현대성이 의미하는 바를 설명해주시기 바랍니다.

어떤 면에서 그것은 전체적 틀에 존재하는 각기 다른 요구를 실질적으로 해결하는 데서 부딪치는 분류의 어려움을 의미합니다. 저는 그것을 『민족주의 사상과 식민 세계』에서 "주제thematic"와 "문제problematic"로 구분해서 분류했습니다. 주제라는 것은 전반적인 틀인데, 현대성에 대한 우리들의 주제를 찾는 데 실패했다고 생각합니다. 다른 말로 하면, 우리는 상이한 주제를 정식화하는 데 성공하지 못했습니다. 현대성에 대한 주제적인 기술은 정확히 서구에서와 동일한 것입니다. 즉, 우리는 언제나 정확히 동일한 종류의 현대가 되기를 원합니다. 더 특수화된 관점에서 말하면, 특히 실제적인 실천에 있어서 저는 항상 이른바 현대적 사고modern ideas를 개선하고 정교하게 다듬는 관점에서의 실천은 단지 지역적으로만 적용된다는 것을 강조해왔습니다. 지역적인 차원에서의 현대를 정교하게 하는 작업은 현대성의—또한 대단히 많은 개선이 있었습니다.—거대한 주제들이 지역에 토착되는 것이 가능하도록 했습니다. 하지만 이 특수한 상황은 서구 현대성의 상황과는 다른 것으로 남아 있습니다.

비서구적 현대성이 지역의 상황에 따라 실제적인 실천의 관점에서 만들어 낸 많은 상이한 요소들은 어떻게 해도 더 포괄적인 언어, 즉 그들에게 다른 현대성의 정체성과 특성을 부여하는 언어를 절대로 찾아낼 수 없습니다. 그것이 우리 모두는 현대성의 희생물이 되었다고 말할 때의 의미입니다. 주어진 틀의 전반적인 억압은 항상 우리가 단순히 지역의 수준에서만 개선하는 것으로 제한했습니다. 하지만 그것이 실제적으로 모두가 보편적으로 사용할 수 있는 더 일반적인 현대성의 틀이라고 주장할 수는 없습니다.

따라서 학술적인 개념으로 말할 때, 중국과 같은 지역이 21세기에는 현대성의 진정한 강대국이 될 수 있음에도 우리는 여전히 서구 현대성의 희생자로 남아 있게 됩니다. 사실 중국은 완벽한 예입니다. 이 놀라운 변모에도 불구하고 그들이 세계의 어느 지역보다 빠르게 변화하고 있다는 주장은 학술적으로는 나타나지 않고 있습니다. 이 변화가 기술되는 언어는 현대화, 성장, 기술 등의 낡은 언어입니다. 정확히 같은 언어입니다. 그렇기 때문에 중국과 같은 지역도 이러한 관점에서 보면 그들도 현대성의 희생물입니다.

●서구에서는 탈식민주의 연구가 제3세계가 가지고 있는 고유한 문제들에 대한 책임을 거부하는 것으로 생각되기도 합니다. 식민지 시대가 50년 전에 끝났음에도 불구하고 식민주의에 대해서 지속적으로 이야기하고 있는 이유는 무엇입니까?

책임을 거부하는 것은 결코 아니고, 부정되어 왔던 분명한 책임을 요구하는 것입니다. 어떤 점에서 현대성의 새로운 많은 문제를 해결하는 데 탈식민국가들이 무능한 것처럼 보이는 것은 사람들이 개선적인 해결책을 찾아내지 못하기 때문이 아닙니다. 문제는 서구에서 창안된 거대한 사고의 지형 위에 놓여 있습니다. 식민지 유산이 놓여 있는 사고의 지형은 매우 강고합니다. 중국이 그러한 속도로 성장하는 것, 그리고 오직 "현대"라고 쓸 수밖에 없는 그러한 형태의 성장, 이 경험이 오직 서양에서 일어났던 것의 모방, 그것도 조야한 모방이라고 밖에는 기술할 수 없는, 정치 담론의 포괄적 시야를 가지고 있지 못하다는 것이 문제를 요약해 줍니다. 아직은 이것을 기술할 언어를 가지고 있지 않습니다. 그것이 식민지 유산입니다. 자신이 하고 있는 일에 대해 권위와 책임을 가질 수 있는 유일한 길은 결국 식민지 유산을 버리는 것입니다.

이것은 사실상 서구의 현대성이 불철저하고 불완전한 현대성이라는 점을 선언하는 것입니다. 거기에 문제를 해결할 더 좋은 방법이 있습니다. 그것은 지금 현대화되어 가는 세계의 다른 지역에서 나타날 수 있습니다. 이것은 이루어져야만 하는 주장입니다. 제가 계속 이야기하는 것처럼 이러한 종류의 혁신된 사고와 작동이 실제로 일어나는 곳에는 실질적으로 지역화된 실천의 엄청난 예들이 있습니다. 이는 넓은 시야를 발견하는 것에 대한 물음이고, 다르고 새로우며 혁신적인 질문입니다. 그곳이 제가 식민지 유산이 제약이라고 생각하는 지점입니다. 식민지 유산은 그 광범한 재현이 이루어지는 것을 지금까지 허용하지 않았습니다.

제 답은 탈식민주의 연구의 영역이 어떻든지 간에 넓은 시야를 제공하지 못했다는 것입니다. 그것이 책임을 거부하려 했다는 것은 아니고 탈식민 세계의 모든 진통이 식민주의가 그 지역에 했던 것 때문이라는 것을 말하는 것도 아닙니다. 그것은 전혀 사실이 아닙니다. 특수한 탈식민주의 기획으로써의 하위주체 연구의 기원은 실상 인도의 민족주의 지도 집단이 실패한 이유를 알아내려고 하는 것입니다. 예를 들어, 인디라 간디가 행한 것이 영국 식민주의 때문이었다는 논의가 이루어진 적은 전혀 없습니다. 문제는 탈식민주의의 성과에 대해 불편함을 느끼는 사람들이 너무도 자주 잘못 말하고 있다는 것입니다. 그들은 "식민주의는 과거거니까 잊고 우리 현실과 함께 합시다."라고 말합니다. 자, 탈식민 세계의 사람들은 모두 그들의 현실과 함께하려 애씁니다. 지금 벌어지고 있는 일은 전 세계의 모든 사람들이 애타게 식민주의 유산을 잊으려 애쓰고, 작금의 기획과 더불어 앞으로만 나가려 한다는 것입니다. 실질적인 실천의 관점에서 보면 성공적이었든지 아니었든지 간에 실질적으로 그것이 사람들이 하려고 해왔던 것들입니다. 하지만 진정한 제약은 그 노력들이 이해되고 기술될 수 있는 폭넓고 보편적인 언어를 만들어내려는 시도였습니다. 서구의 현대성이 철저하고 완수된 기획이라는 주장이 부과하는 하중은 세계의 다른 지역에서의 시도에 족쇄를 채우고 있습니다.

●선생님의 논문 〈국가를 넘어 또는 그 안*Beyond the Nation or Within*〉은 세계의 현대성은 "불가피하게 저변에서부터 식민지 패턴에 따라 세계를 구성할 것이다."라는 말로 종결되고 있습니다. 이 말의 의미는 무엇입니까?

제가 말한 바는 어쨌든 같은 것이었습니다. 전 세계적인 근대성을 통해서 저는 이 전체적이고 광범한 관점이 보편적이고 완전하게 존재한다는 것을 의미하려 했습니다. 하지만 그것은 보편적이지도 완전하지도 않습니다. 최근의 세계화라고 기술되어 왔던 모든 것은 새롭게 등장한 것이라 주장되었습니다. 하지만 세계화와 함께 벌어진 일들은 지난 100~150년간 벌어진 일입니다.

이것이 보편성을 주장할 수 있는 언어의 힘입니다. 그 보편성이란 세계 모든 곳에서 벌어지는 모든 일에 적용 가능하다는 의미입니다. 이것이 진정한 서구 현대성의 힘이며 그것은 세계 도처에서 벌어지는 모든 것을 포괄하고 자신의 영향력 안에 넣을 수 있습니다. 따라서 지역 차원에서의 수많은 개선들이 자신들이 드러내는 특수한 차이 때문에 쉽게 인정되어서는 안 됩니다. 그 차이는 간단히 지워지는 것입니다. 그 차이가 인식되는 유일한 순간은 그것들이 더 넓은 형태와 일치하지 않는 것으로 보이거나 그렇게 주장될 때입니다. 그것이 이론적인 담론 구조의 근원적인 식민주의적 형태입니다. 제가 앞에서 말씀드렸던 식민주의적인 차이의 지배가 바로 그것입니다.

정치적인 사회

●시민사회Civil Society가 거의 보편적으로 제3세계와 그들이 안고 있는 문제에 대한 만병통치약으로 생각되는 시점에 선생님은 그 개념을 비판하고 대신에 "정치적인 사회Political Society"라는 개념을 탐구하셨습니다. 선생님이 보시는 시민사회 개념의 문제는 무엇이며, 『통치 받는 자의 정치학 The Politics of the Governed』에서 발전시켰던 "정치적인 사회"가 가지고 있는 의미는 무엇입니까?

"시민사회"의 개념이 18세기에 파생된 것임에도 불구하고 그 사실이 완전히 잊혀졌다는 사실은 매우 흥미롭습니다. 그 개념은 불과 20년쯤 전에 동구에서 사회주의 체제가 붕괴하면서 광범하게 소생한 것입니다. 그것은 전반적으로 현대성, 특히나 정치적인 현대성이 실천되도록 했고, 이렇게 지역화된 일상에서 정확히 납득될 수 있고 또 유효했습니다.

지난 20년간 사용되어 왔던 시민사회의 개념과 그 방식은 단지 한 국가의 전반적이고 광범위한 제도적인 조직만을 기술한 것은 아니었습니다. 그 개념은 공동체와 지역의 수준에서 정치가 어떻게 작동하는지 시도하고 또 이해하기 위해 사용되었습니다. 대부분의 개선이 이루어지고 있는 지역화된 차원이었던 거지요. 만약 시민사회의 개념을 제가 앞에서 당신의 질문에 답한 것처럼 의미 있게 사용하려 한다면 말입니다. 사실상 국가의 전반적인 구조와 통치의 원리가 지속적으로 같다고 하더라도 차이는 지역화된 실천의 차원에서 나타납니다. 동일한 시민사회 개념이 일상과 서구 민주주의적인 통치 형태의 지역화된 실천 형태와 오늘날 비서구의 상황에서 벌어지는 것들을 기술할 수 있다는 주장은 근본적으로 잘못된 것입니다. 지역화된 실천은 차이 속에 존재하며, 이것이 제가 지역공동체들이 어떻게 탈법적이고 폭력적이며 균등하게 대우받지 못하는 다른 사람들의 문제에 맞서 싸우는가 하는 여러 예를 보이려고 했던 이유입니다. 이것이 현대적 통치의 거대 조직들이 적용될 수 없음을 보여주는 맥락입니다. 이 거대 조직들이 실패한 이유는 그것들이 정확히 시민사회라는 동일한 이념에 따른 효과가 발생되지 않았기 때문입니다.

시민사회는 전형적으로 자유롭게 결합되는 현대 부르주아의 삶에 관련되어 있는 것입니다. 그것은 본질적으로 부르주아 정치학입니다. 현대 국가가 대부분의 비서구 지역에서 직면하는 도전은 대부분의 사람들이 부르주아가 아니라는 사실입니다. 만약 단지 사적재산 보호, 법의 공평함, 계약의 자유와 같은 것들만을 옹호한다면 생존할 수 없는 주민에게 현대적 법과 행정 절차를 적용하는 것이 이해될 수 있습니까? 이들 대부분은 그냥 죽거나 봉기해서 전체 구조를 와해시킬 것입니다.

현대 통치체제의 많은 형태가 실제 가까스로 문제를 처리해 나가는 이유는 그것들이 상반된 형태들을 조절하고 조정하기 때문입니다. 그들은 스스로가 예외적 경우라는 것을 인정함으로써 지역적인 수준에서 작동합니다. 하지만 당연히 예외는 예외를 쌓아나가고 거대 원리의 독재에 반하는 지역적인 규범들이 분명히 나타나게 됩니다. 지역적 수준에서 사람들은 자주 그 규범이 아주 다르다는 것을 알게 됩니다. 더 큰 구조가 살아남는 것은 지역적인 차원에서의 규범을 인정하는 것을 통해서입니다.

저는 시민사회가 필연적으로 용이하게 정치적 영역으로 변형되는 것은 아니라는 것을 주장하기 위해 '정치적인 사회'를 조심스럽게 불러냈습니다. 사실 거기에는 간극이 있습니다. 네. 많은 나라에는 시민사회의 영역이 존재합니다. 거기에는 사람들이 현대의 계약 시스템에 의지하는 영역이 존재하고, 자유롭게 결합하는 영역이 존재하며, 제 생각에는 많은 생각—자유로운 결합, 현대적, 부르주아의 삶이라는—들이 실질적으로 아주 강력한 힘을 발휘하는 영역이 존재하며 때로는 그것들이 교육적인 효과를 발휘하는 영역이 존재합니다. 분명히 많은 사람들이 이 생각들을 중요하게 생각하고, 그것들은 사회가 어떠해야 하는가를 생각하는 한 방식으로써 지속적인 의미를 가지고 있습니다. 하지만 모든 사회가 이와 같지 않으며 하룻밤 사이에 바뀌는 것도 아니라는 인식도 있습니다.

반면에 모든 사람들이 법을 비롯한 여러 가지 것으로부터 적절히 존중받아야 한다고 완전성의 차원에서 주장하는 현대성의 기획이 있습니다. 하지만 그 사이에 사회는 어떻게 돌아가고 있습니까? 거기에는 예외를 만들어야 하고 매우 다른 주장들을 조정해야 한다는 분명한 인식이 있습니다. 그리고 이러한 조정은 제 생각에는 근본적으로 정치적인 것입니다.

통치성GOVERNMENTALITIES

●선생님은 『통치 받는 자의 정치학』에서 선생님이 "통치의 기술governmental technolo-gies"이라고 명명한 것들의 급증이 자유주의를 맥락 없는 엉뚱한 것으로 만들고 있다고 지적하셨습니다. 그 기술들에 대해 조금만 말씀해주실 수 있겠습니까? 또 그것들은 자유주의에 있어 무엇을 나타내나요?

이 기술들은 20세기를 통해 광범하게 등장하였고 지금은 전 세계적으로 사용이 가능합니다. 서구에서조차 지난 세기에 대중 민주주의가 등장했습니다. 그전에는 모든 사람이 투표를 할 수도 없었습니다. 예를 들자면, 미국에서 보편적인 성인의 참정권은 1960년대의 시민권 운동 이후에야 인정된 것입니다.

이러한 대중 민주주의는 새로운 도전, 통치체제의 새로운 문제를 낳았습니다. 20세기를 통한 결정적인 발전은 모든 시민들에게 똑같이 적용될 수 있는 한두 개의 아주 단순하고 직접적인 정책을 가질 수 없다는 것을 알고 이해하는 통치체제의 개념이 등장한 것입니다. 이 배경에는 전체 인구의 여러 부문들 사이의 차이점의 증가가 있습니다. 전체 주민의 각각 다른 부문들은 다른 것들을 요구하며, 고유한 주민 집단들은 각각 다른 정책들을 요구합니다. 쉬운 예로 남성과 여성은 다른 종류의 이익을 정부에 요구합니다. 또 여성 중에서도 다른 나이의 집단은 다른 요구를 가지고 있습니다. 이런 세분화는 서구에서는 "복지국가"라는 개념으로 이루어졌습니다. 복지국가 내에서도 각각 다른 인구 집단의 요구를 적절히 받아들이기 위해서는 국가가 정책에 있어 유연해야 한다고 여겨졌습니다. 즉, 전체에 해당하는 단순한 총괄적인 정책이란 존재하지 않습니다.

이 기술들은 이 정책들이 효과적인—예를 들면, 보건과 교육처럼 필수적인 분야—유사하고 유연한 정책이 필요한 탈식민지 국가로 이전되어 채택되었습니다. 식량 배급 같은 경우에도 도시의 주민과 농촌의 주민은 각각 다르게 다루어집니다. 농촌의 주민들도 아이들은 성인들과 다르게 다루어지고 다른 부분도 그렇습니다. 사회의 아주 세분화된 각각의 집단을 위한 특수한 정책이 공식화되는 데는 대단히 많은 방법이 있습니다.

이러한 것들이 현재 정책으로 개발되고 있으며 사용 가능한 새로운 통치 기술들입니다. 이것의 다음 개념은 어떤 형태의 정부일지라도 모든 정부는 어떤 기본적인 서비스를 완수하고 기본적 물품을 공급하는 것이 요구된다는 것입니다. 세계적인 차원에서는 유엔이 실패한 지역 정부를 대신해 서비스를 제공해주는 국제 기구입니다. 에티오피아에 기근이 발생했을 때, 에티오피아 정부가 기근을 해결하는 데 실패했다고 해서 쉽게 말할 수는 없습니다. 이 개념은 어떤 기본적인 서비스가 에티오피아 사람들에게 제공되어야 한다는 것이며, 만약 지역 정부가 할 수 없다면 다른 사람이 반드시 해야 한다는 것입니다. 그런데 어떻게 이 서비스를 제공합니까? 그것이 제가 어떤 기술이 특정한 서비스와 자원을 특정한 집단에게 할당하는 것을 분명히 보장하게 하기 위해 개발되어 왔다고 제안하는 지점입니다. 그 인구 집단이 어디에 존재하든 상관없이 말입니다.

이것이 의미하는 바는 현재는 보편의 수준이 높든 낮든 간에 어쨌든 보편적인 기대가 있다는 것입니다. 세계 어느 곳의 누구든 정부가 최소한의 수준에서 어떤 종류의 서비스를 제공해줄 것을 기대합니다. 지금에 있어서 흥미로운 질문은 이 통치의 기술과 서비스가 제공되는 형식이 어떻게 정치적인 동원이나 이데올로기와 결합되고 관계될 수 있는가라는 사실입니다. 이것이 약간은 흥미롭고 아마도 꽤 기본적인 변화가 실제적으로 등장한 지점이며, 정치적 동원의 다른 형태와 함께 시작된 지점입니다. 저는 그중에서 사회의 인구 집단이 이 통치 서비스의 맥락에서 분류되고 나누어지는 방법을 말하려고 합니다. 통치적 분류에는 많은 형태가 있을 수 있습니다. 예를 들면, 농촌·도시 또는 문화적·종교적·인종적 범주를 택하거나 이것들의 조합을 택할 수 있을 것입니다. 핵심은 서비스를 제공하려는 목적에 따라 전체 인구 집단이 분류될 수 있는 전체적인 범위의 방법이 있다는 것입니다.

종종 사회 집단의 결집은 이러한 통치적 분류에 따라 발생합니다. 다른 말로 하자면 무엇인가 속하는 한 범주에 기반해서 정부가 지원을 위해 결집을 발생시키는 것입니다. 대략적으로 말해서 정부는 이러한 방식으로 사람들을 범주화하고 이 분류 범주에 속한 사람들에게 서비스를 지급하는 것을 보장하는 것입니다. 다음으로 살펴봐야 할 것은 정부에 의해 결정된 분류에 따라 나타나는 정치 집단의 조직 형태입니다. 이는 대중이 자신들의 정체성을 찾았던 전통적인 방식과는 관계없는 결집의 형식으로 나타나게 됩니다. 최근 20년 사이에 터져 나온 수많은 정체성의 정치학은 대중들이 다양한 종류의 복지, 교육이나 고용과 같은 특수한 요구들과 같이 어떤 종류의 기본적 서비스를 정부에서 제공해 줄 것이라는 기대가 있었기에 가능한 것이었습니다.

흥미로운 것은 이 많은 범주들—도덕적 기반이나 어떠한 윤리적인 주장도 없고, 오히려 특정한 사회 집단의 경험적 기술에 근거하는—

이 어떻게 이러한 정치적인 결집을 통하여 어떤 도덕적 논리를 획득해 내느냐는 것입니다. 그 주장은 정부의 분류에 의해 형성된 집단은 실질적인 공동체이며, 거기에는 일종의 연대감이 존재하고, 사람들의 도덕적 정체감이 있다는 주장으로 이루어져 있습니다. 이는 정치적 세력화의 측면에서 아주 흥미롭습니다. 즉, 어떻게 이들은 사실상 필연적으로 공동체를 이루는 근본적인 또는 다른 기반이 없을 때 스스로 공동체의 형태를 제시해 나가는가 하는 것입니다.

여기에는 아주 흥미로운 예들이 있습니다. 인도에서는 예를 들어 "빈곤선상 이하below the Poverty Line"의 이름을 따서 BPL이라고 부르는 범주가 있습니다. 이것은 분명히 행정적인 구분이지만 당신이 여기에 소속되면 당신은 어떤 권한을 부여받고 실제적으로 BPL 카드를 지녀야 한다는 정부의 정책이 있습니다. 많은 곳에 BPL의 조직 또는 연합이 있습니다. 빈곤선에 속한 사람들은 다른 많은 공동체로부터 나올 수도 있고 여러 카스트 계급에서 나올 수도 있습니다. 그런데 이렇게 분류된 집단, 즉 특정 종류의 정책의 타깃이 된 사람들이라는 그 사실이 이 사람들을 하나의 공동체로 세력화할 수 있는 기반을 만들어 냅니다. 제 생각에 이것은 다음과 같은 흥미로운 의문을 이끌어 냅니다. 무엇이 이 집단의 도덕적 특성인가? 어떻게 이 지역적인 맥락에 의거한 공동체가 만들어졌는가?

이것이 정부의 통치적 기술에 대한 의문이 어떻게 새로운 형태의 정치적 결집과 관계되는가 하는 것입니다. 이것들은 일반적으로 정체성의 정치나 소수인종 정치학이라고 기술되는 것들입니다. 이 소수인종 또는 정체성의 정치학은 근원적인 충성심에 기반을 두고 있다고 생각했던 고전적이고 인류학적인 이해와는 달리 그것의 많은 것들은 정부의 새로운 통치적 기술이 실질적으로 국민들을 관리 정책의 목적으로 범주화하는 방법의 단순한 산물이 되는 것입니다.

마흐무드 맘다니|Mahmood Mamdani

우간다 캄팔라 출신으로 현재 컬럼비아 대학의 인류학, 정치학, 국제 공공 어페어즈 학과의 허버트 레만 교수직에 있다. 1999년부터 2004년까지 컬럼비아 대학 아프리카 연구소의 책임자로 일했다. 저서로 『Good Muslim, Bad Muslim : America, the Cold War and the Origin of Terror』(Pantheon, 2004), 『When Victims Become Killers : Colonialism, Nativism and Genocide in Rwanda』(Princeton University Press, 2001) 등이 있다.

6

마흐무드 맘다니

●선생님은 『시민과 백성Citizen and Subject』과 『킬러가 된 희생양When Victim Become Killer』에서 탈식민국가의 형태에 대한 이해가 필요하다는 점을 강조하셨습니다. 수십 년 전에 식민지에서 벗어난 아시아와 아프리카의 수많은 국가들 중에서 어떤 국가가 식민국가의 유산에 대해 이야기할 때 가장 중요하다고 생각하시나요? 그리고 그러한 이해가 제3세계 국가들이 보여주는 현재의 정치적 지형에 관해 시사하는 바는 무엇인지요?

당신의 질문 맥락처럼 이 이슈는 아프리카에 대한 연구에서 매우 큰 논쟁이 되었습니다. 그 논쟁에는 나이지리아의 역사학자 아자이Ajayi와 콩고의 철학자 무딤베V. Y. Mudinbe가 제기한 두 개의 다른 측면이 있습니다. 아자이는 식민지 시대 말에 집필을 시작한 원로 역사학자이며, 식민지에서 벗어난 초기 시대에 대해서도 잘 알고 있는 분입니다. 그는 식민지 시대를 아프리카 수천 년의 긴 역사에 낀 짧은 시기에 불과한 것으로 보게 될 것이라고 자신의 책에 썼습니다. 사실상 우리가 식민주의에 대한 생각으로부터 빠르게 멀어지면 멀어질수록 우리는 식민주의의 장악력으로부터 자유로워질 것이라 주장했습니다.

무딤베의 책, 『아프리카의 발명*The Invention of Africa*』은 아자이에 대한 직접적인 반응도 아니고 그에 대해 언급한 것도 아닙니다만 입장은 완전히 상반된 것입니다. 무딤베의 주장은 식민지의 영향이 지속되는 것은 아니지만 그 깊이와 구조는 지속되는 것이라는 것입니다. 무딤베는 이데올로기적인 구조에 대해서 말하지만, 저는 제도의 구조를 추가해야 한다고 생각합니다. 우리가 식민지 시대에 만들어진 제도를 통해 제도적인 삶을 유지해 간다면 우리의 삶은 지금부터 수천 년이 흐른 뒤에도 식민지 유산에 의해 계속해서 만들어져 갈 것입니다.

이에 대한 좋은 예는 1959년 르완다에서 일어난 후투족Hutu의 혁명과 같은 식민지 시대의 급격한 정치적 혁명입니다. 혁명은 식민지 시대 불만의 원인을 아주 급진적인 방식으로 일소하는 것으로 끝났습니다. 식민지 시대에 투치족Tutsi은 특권층이었고 후투족은 노예였다라는 역사를 일소해 버림으로써, 그들은 후투족은 원주민이고 투치족은 외부에서 온 문명 종족인 함족Hamite의 자손이라는 식민지 시대에 만들어진 정체성을 확인시켰습니다. 비록 투치족은 벨기에 식민지 시대부터의 아주 오래된 특권층이었지만, 이 특권이 외부에서 유입된 문명 종족의 특권으로써 정당화될 수 있다는 생각은 투치족의 지도자들이 자신들의 특권을 감추기 위해 식민지 시대에 만들어낸 것입니다. 역설적으로 1959년 르완다 혁명에서 후투족 지도자들은 후투족을 "원주민", 투치족을 "외부인"이라고 규정지었습니다. 그것은 정의의 추구를 피의 보복으로 바꾸어 버렸습니다. 그리하여 후투족과 투치족의 세상은 (긍정적인 방향으로) 바뀐 것이 아니라 전도되었습니다. 이를 통해 나타난 역설적인 결과는 식민지 통치에 의해 만들어진 정치적인 정체성을 더욱 확고하게 하는 것이었으며, 이는 그 정체성을 탈식민 혁명의 정치적 유산에 더욱 깊이 뿌리내리는 것을 통해 일어난 일이 었던 것입니다.

● 선생님은 "탈식민주의 연구는, 지적인 탈식민화가 이 목표를 달성하기 위한 지적인 운동 이상을 필요로 한다는 사실로 돌아올 것"이라고 여러 곳에서 말씀하셨습니다. "지적인 탈식민화"가 의미하는 것은 무엇입니까? 일반적 의미의 정치적 탈식민화와 어떻게 다른 것이며, 그 중요성은 무엇입니까?

우리는 경험을 통해 정치적 탈식민화는 지적인 패러다임의 이동 없이는 완수될 수 없음을 배웠고, 이 점이 지적인 탈식민화를 통해 의미하려는 것입니다. 다른 말로 하자면, 제가 생각하는 "정치적 탈식민화"는 과거의 맥락을 통해 현재를 생각하는 것입니다. 급진적인 정치 경제와는 달리 그 과거는 단지 식민시대만이 아닌 그보다 더 깊이 들어가 고찰해야만 합니다. 급진적인 정치 경제 경향은 아쉽게도 유용한 과거를 식민시대로 축소합니다. 탈식민화된 국가에서 나타나는 다양한 형태의 토착민주의nativism―급진적인 흑인 민족주의로부터 근자에 근본주의라고 불리는 종교적인 무슬림과 힌두 민족주의에 나타나는 인종주의화된 민족주의까지―는 가장 먼저 이러한 질문을 했습니다. 그들은 당시 스스로 근대적인 지식인이라고 자임했던 사람들을 단지 식민지 지배자의 창백한 반영에 불과한 존재라고 비판했습니다. 그들은 각자가 속한 사회의 역사성과 관련되어야 한다는 것을 강조했습니다. 유일한 문제는 식민시대를 인공적 부과물이자 본연의 역사로부터의 이탈이라며 배제시켜 버린 것입니다. 기원을 탐색하고 돌아가는 데 몰두함으로써 그들은 과거를 식민지 이전 시대에 고정시켜 버렸습니다. 나아가 이 탐구가 식민지 시대에 대한 그들의 생각을 결정합니다. 예를 들어, 후투족 민족주의자들은 식민시대를 투치족이 이주해 오기 이전 시대로 생각합니다. 그리고 힌두 민족주의자들은 터키족의 침략과 이슬람으로의 개종이 있기 전 시대로 생각하는 경향이 있습니다. 결과적으로 그들은 식민지 시대의 제도적이며 지적인 유산이 현재에 있어서 어떻게 재생산되고 있는가를 무시함으로써 현재를 평가절하하고 때로는 현재를 이해하는 데 완전히 실패하지요.

저는 역사성을 완전히 파악할 것을 요구하는 원주민주의 비판nativist critique의 중요성을 잘 알고 있습니다. 하지만 동시에 그들은 자신들의 약점을 잘 알아야 하는데 왜냐하면 역사성이라는 의미가 자신들이 추구하는 본연성에 의해 손상되기 때문입니다. 제가 말씀드리려고 하는 바는 원주민주의 비판을 회피하려는 것이 아니라 그것을 지양하려는 것입니다. 엥겔스F. Engles가 포이어바흐L. A. Feuerbach에 대한 비판에서 헤겔G. W. Hegel을 지양한 것과 같은 방식으로 말입니다. 이는 비평에서 적절하고, 적실성이 있으며 또 강력한 사고는 취하고 동시에 기원과 본연성에 대한 선입견으로부터는 단절하는 것을 의미합니다.

●선생님의 책『좋은 무슬림, 나쁜 무슬림: 미국, 냉전, 그리고 테러의 근원Good Muslim, Bad Muslim: America, the Cold War, and the Roots Terror』에서 원주민이 가진 인간애의 증거는 식민지의 맥락에서 식민지 개척민을 죽이려는 의지에 있는 것이 아니라 자신들

의 삶을 극복하려는 의지에 있다는 파농F. Fanon의 주장으로 시작하고 있습니다. 현대의 테러리즘Terrorism 상황을 식민지적인 틀을 통해 읽어야 한다는 말씀이십니까? 그것이 아니더라도 최소한 지난날의 희생자들의 폭력으로, 이제는 살인자가 된 과거의 희생자의 폭력으로 읽어야 한다는 말씀이신가요?

테러리즘을 이해하기 위해서는 자기 방어를 넘어서야 하고 해방운동의 폭력을 넘어서야 하며, 반식민주의 투쟁과 해방운동의 폭력을 넘어서야 합니다. 오늘날의 비국가적인 테러리즘을 이해하기 위해서는 국가 테러리즘과 비국가 테러리즘의 역사적 연관성을 이해해야 합니다. 여기에는 분명히 그리고 인식할 수 있는 역사적인 동력이 있습니다. 냉전 시기 동안 국가 테러는 비국가 테러의 모체였고 비국가 테러가 발생되어 오면서 그것은 모방을 발생시켰습니다. 예를 들자면, "테러와의 전쟁"이 그렇습니다.

파농이 딱히 테러에 대해 말한 적은 없습니다. 파농은 주로 정치적인 폭력과 현대성의 관계, 폭력과 자유의 관계에 대해 언급했고, 그것은 자유란 자유를 위해 삶을 기꺼이 희생하는 삶보다 더 고상한 가치라는 의미로 받아들여졌습니다. 파농은 헤겔을 넘어섭니다. 현대인들은 헤겔이 말한 것처럼 삶보다 더 고상한 이유를 위해 죽음을 택하지는 않습니다. 파농이 보기에 그들은 그 이유 때문에 죽음을 택하는 것입니다.

정치적 현대성의 두 측면은 자살폭탄 테러범에서 하나가 됩니다. 하지만 자살폭탄 테러범은 서구 대중 매체에서는 전근대성으로의 후퇴이자 성숙한 비합리성 또는 가부장적 권위에 강제된 미성숙한 젊은이들의 반응으로 이해됩니다. 하지만 이러한 설명은 지나치게 안이하고 자기만족적인 설명으로 보입니다. 진실은 그 반대에 더 가깝습니다.

자살폭탄 테러범은 가부장적인 권위보다는 젊은이의 반항에 더 가깝습니다. 자살폭탄 테러범은 인티파다Intifada에서 유래되었습니다. 팔레스타인 최초의 인티파다는 남아프리카 공화국에서 일어난 소웨토 봉기Soweto uprising[1]와 같은 선상에 있습니다. 이 둘은 각각의 전선에 있는 젊은이들의 저항의 증거입니다. 젊은이들은 외부적 권위와 내부에 있는 그들 부모 세대의 권위—아파르트헤이트Apartheid 또는 시오니즘Zionism 질서와 같은—모두에 맞섰고, 젊은이들은 부모들을 아파르트헤이트와 팔레스타인 점령 상황에 의해 만들어진 외부의 권위에의 복종을 규범으로 삼았던 세대로 보았습니다. 이것은 1960년대 미국 젊은이들의 시민권 쟁취 운동과 반전 운동과는 확연히 다릅니다. 저는 1960년대 밥 딜런Bob Dylan이 불렀던 젊은이에 대한 송가를 그렇게 기억합니다.

> 오 대지의 어머니와 아버지여 오라
> 손길을 빌 수 없다면 던져 버리고
> 당신의 아들들과 딸들은 당신의 명령을 거스를 것이다
> 그들이 변하는 시간을 위하여

베트남전은 종결되었고, 냉전의 종식에 따라 아파르트헤이트도 끝났습니다. 유일하게 팔레스타인 점령만 끝나지 않고 있습니다. 오히려 팔레스타인은 부시 대통령이 말한 "땅에 대한 근거facts on the ground"를

---

1) 1976년 영어 대신 네덜란드어를 공용어로 고등학교 수업을 진행하라는 명령에 항의해 흑인 거주 구역인 소웨토에서 발생한 반란. 이 폭동은 나라 전체로 퍼져나갔고 600명의 사상자를 낸 후 진압되었다.

확보하기 위한, 즉 피로 물든 끔찍한 현실로 바뀌었습니다. 팔레스타인에서 인도적인 해결책을 모색하려는 세대들의 실패는 정치에서 폭력에 의지하는 젊은 세대들의 절망감을 어느 정도는 설명해 줍니다. 그럼에도 우리는 자살폭탄 테러범이라는 말은 잘못 쓰인 것이라는 점을 깨달아야 합니다. 자살폭탄 테러범은 살인을 목표로 하는 군인에 속하는 범주입니다. 비록 그가 죽이기 위해 죽더라도.

●선생님은 문화적인(또는 종교적인) 정체성—선생님이 문화 담론Culture Talk 이라고 부르는—과 정치적 정체성의 구분이 중요하다는 것을 반복해서 강조합니다. 테러리즘과 관련된 최근의 논쟁을 이해하는 데 이 구분이 왜 중요한 것입니까? 문화 담화는 특정 사람들에 대한 폭력을 얼마나 가능하게 합니까?

민족주의와 민족국가 시대에 이러한 구분은 중요한 의미를 가집니다. 다른 말로 문화공동체는 자기 결정적—하나의 문화공동체는 자신만의 국가를 가져야 하는 것을 의미—이어야 한다는 주장은 더 설명해야 할 필요가 없는 분명하고 당연한 생각입니다. 정치적 정체성을 결정하는 근거들은 문화적인 영역에서 취해질 수 있지만—공통 언어, 공통 종교 등—일단 이 정체성이 정치적 정체성으로 다듬어지게 되면 영토 국가 내에서 강제되고, 법적인 기제들을 통해 재생산됩니다. 그것은 다음에는 그 담지자를 특별한 주체로 인식하고, 정체성은 더욱 복잡하게 됩니다. 정치적 정체성과 문화적 정체성의 차이를 구분하는 것이 극단적으로 중요해지는 이유는 문화적인 정체성과 달리 정치적 정체성은 법에 의해 통치되는 국가를 통하여 강제됨으로써 단일한 것이 되고, 그것은 1차원적이 되기 때문입니다. "당신은 이것이지 다른 것이 아니다."라는 것입니다. 반면 문화적 정체성은 다중적일 뿐 아니라 점증적이며 아시는 대로 지역에 구애받지 않습니다. 지역적인 반향이 있을 수는 있지만 지역적 차원으로 축소될 수 없고 권력으로 환원되지도 않습니다. 반면에 정치적 정체성은 법을 통해 강제되며 권력의 효과입니다. 저항을 하는 경우일지라도 그 출발점은 다른 것이 아니라 정통성을 지닌 정치체제를 통해 재생산되는 정치적인 정체성입니다. 그럼에도 불구하고 정치적인 정체성을 재생산하는 저항과 그것이 개혁이라는 이름으로, 혹은 복수라는 이름으로 이우러지는 것과 상관없이, 새로운 정치적 정체성을 벼리어 내는 것을 통해 정치 질서를 지양하는 저항 사이에는 전혀 다른 세계가 있다는 사실입니다.

●책 제목 『좋은 무슬림, 나쁜 무슬림』이 나오게 된 배경에 대해서 설명해주시겠습니까? 미국이나 서구 일반이 극단주의적이며 근본주의적인 경향에 대항하기 위해 온건한 세속주의 권력을 지원한다는 것이 일반적인 경우라고 볼 수는 없지 않습니까?

부시가 "좋은" 무슬림과 "나쁜" 무슬림이라 할 때, 좋은 무슬림은 친미 무슬림이고, 나쁜 무슬림은 반미 무슬림입니다. 그것을 이해한다면 좋은 무슬림에서 나쁜 무슬림으로 어떻게 그렇게 빠르게 변할 수 있는 것인지는 그다지 헷갈리는 문제가 아닙니다. 당신이 그 변화를 보면 실제로 어떻게 변하는지 느낄 수 있습니다. 하지만 당신이 좋은 무슬림과 나쁜 무슬림을 문화적인 관점으로 이해한다면 일주일 내내 속을 끓인 후에야 나쁜 무슬림들을 찾아낼 수 있습니다. 문화적인 범주에서의 변화는 보통 그렇게 빠른 속도로 발생하지 않습니다. 하지만 당신이 팔루자를 공중 폭격하고 "나쁜" 무슬림을 감싸 준 죄로 기소된 주민들을 공략한다면 당신은 결국 아주 많은 나쁜 무슬림들을 찾아낼 수 있습니다. 그리고 모든 현상이 조금 덜 헷갈리게 됩니다.

이것은 앞에서 말한 정치적인 정체성은 문화적인 정체성으로 환원되지 않는다는 주장과 관계가 있습니다. 정치적인 이슬람, 특히 급진적인 정치적 이슬람, 다시 말해 급진적인 이슬람에서의 테러리스트 진영은 보수적이고 종교적인 흐름에서 발생한 것이 아니라 반대로 세속적[2]인 지식인 계급으로부터 생겨납니다. 다른 말로 하자면 그 관심사는 지극히 현실적이며, 그것은 이 세계의 권력에 관한 것입니다. 예를 들어, 저는 오사마 빈 라덴Osama bin Laden을 신학자로 생각하는 사람을 보지 못했습니다. 그는 정치적 전략가이며 정확히 그런 개념으로 대표되는 인물입니다. 당연히 그의 전략 중 하나는 특정 대중에게 다가가는 특정 언어를 사용하는 것입니다.

●선생님은 왜 일반적으로 쓰이는 "이슬람 근본주의Islamic fundamentalism"라는 용어 대신에 "정치적 이슬람political Islam"이라는 용어를 강조해서 사용하시는지요? 그 둘은 동일한 현상을 뜻하는 것이 아닌가요?

저는 그 용어가 발생한 기독교적 맥락에서 벗어나 "근본주의"라는 개념을 사용하는 것에 의심을 품어 왔습니다. 이 용어들을 교차해 쓰는 것에 대해 느끼는 진짜 불편함은 "근본주의"는 문화적 현상이라는 것이

---

2) 이 책에 등장하는 세속, 세속주의는 국가와 사회의 제도와 기구, 관습들이 종교나 종교의 믿음과 분리되어야 한다는 의미의 세속주의를 말한다. 이런 국가를 세속 국가secular state라고 한다. 대부분의 서구 국가와 터키, 혁명 전의 이란 등이 여기에 포함된다.

고, 제가 원하는 것은 정치적 현상에 초점을 맞추는 것이라는 겁니다.

미국 기독교의 역사에서도 기독교 근본주의는 전환기의 운동이었고, 그것은 학교와 사법제도를 포함한 모든 종류의 제도영역에서 끝까지 싸운 결과였습니다. 하지만 기독교 근본주의 지식인 그룹이 종교와 세속 사이를 넘어서 정치영역으로 진입하기 위한 결사를 결정한 것은 2차 대전 이후의 일이었습니다. 저는 19세기 말의 반문화운동으로 일어난 기독교 근본주의와 2차 대전 이후에 일어난 정치운동으로서의 기독교 근본주의를 구분해야 한다고 생각합니다.

또한 종교와 정치를 공존시키는 것이 퇴행적이라는 사실도 인정할 수 없습니다. 시민권 쟁취 운동 당시 흑인 교회의 개입에서부터 제리 폴웰Jerry Falwell[3]의 기독교 권리 운동에 이르기까지 2차 대전 이후에 나타난 다양한 형태의 정치적 기독교 운동을 간단하게나마 이해할 필요가 있습니다. 종교적으로 박식한 정치에 대해 세밀하게 이해하기 위해서 말입니다.

또 기독교의 역사는 제도적으로 조직된 교회를 가지지 않았던 이슬람 주류의 역사와 다르다는 것을 인정해야 합니다. 가톨릭교회는 황제국가의 전형으로써, 제도화된 위계질서로 조직되었고 개신교회 위계질서는 민족국가의 전형으로 조직된 것입니다. 아야톨라 호메이니 Ayatollah Khomeini가 이란에서 국가 전체에 걸친 성직자 권력을 건설할 때까지, 이슬람에는 그러한 제도화된 종교적 위계질서는 없었으며 지금까지 어디에도 없습니다. 국가의 위계질서와 병립하는 제도화된 종교적 위계의 존재 없이, 조직된 교회와 국가 두 권력의 영역 사이에 적

---

3) 미국 침례교 목사이자 1980년대 레이건 행정부에 막강한 영향을 끼쳤던 우익 보수주의의 목소리를 대변하는 인물.

절한 관계란 무엇인가라는 서구 세속주의의 중심적인 질문은 이슬람에서는 제기된 적이 없었습니다. 적어도 호메이니가 율법학자들에 의한 국가 지도vilayat-i-faqih라는 형태로 이란에서 제도적으로 조직화된 신정神政을 수립하기까지는 말입니다.

심각한 저항의 진통을 겪고 있는 이라크의 경우를 보면 시스타니Ali-al Sistani[4]에 의해 지도되는 시아파는 그 개념이 완전히 다릅니다. 그는 호메이니의 비판자입니다. 시스타니는 세속적인 종교관을 가지고 있습니다. 그의 생각에 시아의 성직자는 학자입니다. 그들은 사회의 양심이 되어야 하지, 국가 권력을 행사하는 사람이 아닙니다.

따라서 정치적인 이슬람이 나타난 것은—정치적인 기독교와는 달리—종교 지도자들이 세속의 영역으로 진입한 결과가 아니라 세속의 지도자들이 종교의 영역으로 들어온, 반대 방향으로 이동한 결과였던 것입니다. 정치적인 이슬람에서의 극단주의자들은—이들은 제가 정치적 폭력을 정치 행위의 중심에 위치시킨 이슬람 사상가로 생각하는 사람들입니다.—마우두디Abul ala Maududi[5]와 사이드 쿠트브Syed Qutb[6] 등과 함께 스스로 종교 내부로 들어왔습니다. 둘 다 이슬람학자alim나 율법학자mullah는 아니었습니다. 그 둘은 세속적인 것을 추구했던 인물들입니다. 마우두디는 "설교만으로는 되지 않는다. 충분치 않다."고 말했습니다. 단지 지금의 설교만으로는 충분하지 않다고 말하는 것은 어떤 종교의 사람입니까?

---

4) 이라크 시아파의 정신적인 지도자.
5) 파키스탄의 원리주의 종교 지도자.
6) 이집트의 이슬람 원리주의자.

●선생님은 "정치적인 이슬람 내에서 벌어지는 급진적인 의제로의 이동은 식민주의에서 탈식민주의로 이전하는 맥락에서만 이해될 수 있다."고 하셨습니다. 이를 통해 말씀하시려는 것은 무엇입니까?

저는 그 운동을 자말루딘 알 아프가니Jamaludin al-Afghani[7], 진나Jinnah[8], 모하마드 이크발Mohammad Iqbal[9]에서 벗어나 정치적 이슬람이 대중 동원을 통해 정치 참여를 높이려고 한, 즉 사람들을 점점 더 정치의 투기장으로 끌어넣으려고 했던 시대부터 이해하려 했습니다. 나아가 대중 동원의 정치에서 정반대 형태로의 이전을 이해해보려고 했습니다. 그 이전을 통해 대중 동원에 거부감을 가진 정치적 이슬람의 형태가 등장했던 것이고 그것은 "보다 적게 그러나 더욱 훌륭하게better fewer but better"[10]라는 레닌주의자들의 이념을 연상시키는 소수의 음모 집단들이 모델이 된 것입니다. 담배 연기 가득찬 방의 소집단, 늦은 밤에 모의하는 사람들, 타인에게는 발설하지 않는 등의 그림이 연상되는 그런 집단 말입니다. 결국 부시든 빈 라덴이든 정치에서 종교적인 관용어를 사용하는 것은 하늘을 결정자로 만들어서 이 세계에서는 책임이 없도록 한 것은 아닐까요? 부시 대통령은 최근 자유는 하느님의 선물이며 그것을 전파하는 것은 미국의 사명이라고 말했습니다.

무슬림 사회에서 국가 수립이 이슬람을 이데올로기로 하는 국가 수립으로 이동해간 것은 시아파가 주도하고 있는 파키스탄에서였습니

---

7) 이란 출신의 종교 지도자로 범이슬람주의를 제창한 인물.
8) 파키스탄 건국의 아버지로 초대 대통령을 역임했다.
9) 인도·파키스탄의 시인이자 사상가. 이슬람을 현대의 정치, 사회 이데올로기로 구상했다.
10) 1923년에 레닌이 의회에 보낸 〈How we Should Reorganize the Workers' and Peasants' Inspection〉의 두 번째 문서 제목이다.

다. 유사하게 이스라엘에서는 유대교를 이데올로기로 하는 국가 건설이 베긴M. Begin의 주도로 시작되었습니다. 두 개의 기획은 거대하고 세계적인 미국의 냉전 프로젝트의 일부로써 동시에 전개되었습니다. 무슬림들이 살고 있는 국가라는 의미에서의 이슬람 국가가 주민들에게 어떤 의제를 강요하고, 그리하여 그들을 실제 신봉자로 만드는 것을 사명으로 하는 이슬람주의Islamist 국가로 바뀌는 것이 가지고 있는 중요성을 과소평가해서는 안 됩니다.

인구의 대다수가 무슬림인 사회에서 이슬람 국가 수립이 모색된 것이 식민지 시대였다면, 이슬람주의 국가의 가능성이 이데올로기적으로 모색되는 것은 탈식민주의적인 현상입니다. 이슬람주의 국가는 다른 것이 아니라 무슬림이 주류인 사회에서 진부한 민족국가를 발생시키는 사회적 프로젝트로써의 정치적 이슬람에 대한 비판으로부터 생겨난 것입니다. 마우두디는 진나의 파키스탄으로 돌아갈 수 있었고 이를 "Na-Pakistan"(말 그대로 파키스탄이 아니거나 순수하지 않은 땅)이라 불렀는데 이는 마치 "이게 뭐야? 우리는 진부한 민족국가를 건설하려 했던 것이 아니라 다른 뭔가를 의미했었어."라고 말하는 듯합니다.

●"부수적 피해collateral damage"는 미국의 군사 행동 결과 발생하는 의도되지 않은 희생을 가리키는 완곡어법으로, 미국의 언론에서는 일반적으로 사용하고 있습니다. 선생님은 『좋은 무슬림, 나쁜 무슬림』에서 부수적 피해와 테러의 확산을 관계 짓고 있습니다. 그 논의의 윤곽을 그려주시겠습니까?

부수적 피해는 희생자와 목표를 구분지어 줍니다. 희생자는 목표가 아니지요. 물고기를 목표로 꽉 찬 수조의 물을 빼 버리면 부수적 피해가 일어나는 것입니다. 그 손실은 안타깝기는 하지만 어쩔 수 없이 함께 따라오는 것입니다. 그것은 힘의 언어이며, 오로지 힘에만 집중하는 언어, 사전에 오직 힘에만 관심을 갖기로 모의된 언어입니다. 하지만 이 언어들이 냉전 시대에 등장한 것이라는 점에서는 전혀 놀라운 일이 아닙니다. 테러는 베트남에서 패한 이후 냉전에서 패배에 직면한 미국의 전략으로 등장한 것입니다. 이 전략은 레이건 행정부 시절 정책의 우선순위에 놓였고, "평화로운 공존"의 언어는 버려졌으며, 지금은 소련을 추억하게 만드는 어젠다를 요구하고 있습니다.

● 선생님은 저서에서 레이건 시절의 미국 정책은 모잠비크, 앙골라, 니카라과, 아프가니스탄 등 제3세계 전반에 걸쳐 테러 집단의 활동을 지원해주는 것이었다고 주장하셨습니다. 자국민들의 피를 흘리지 않으며 소련의 확장과 동일했던 군사적 민족주의를 진압하기 위해서 말입니다. 선생님은 특히 미국의 전쟁 전략의 방향을 재설정하는 중요성을 가지고 있는 두 가지 변화, 즉 1980년대에 있었던 대반란 활동counterinsurgency에서 저강도 분쟁low-intensity conflict으로의 전환과 냉전의 무대가 유럽에서 제3세계로 이전되는 것을 지적하셨습니다. 테러리즘이 세계적으로 확산하는 데 있어 이 변화들이 보여주는 중요성은 무엇입니까?

저는 후기 냉전이라고 명명한 시기에 초점을 맞추었는데 그 시기는 베트남에서의 패배로부터 최근의 이라크 침략까지를 말하는 것입니다. 미국은 베트남에서 패배한 후 해외 군사 개입에 있어 국내외의 반대에 직면했습니다. 키신저Henry Kissinger의 행보는 변화된 국제적 맥락에 대한 첫 번째 응답이었습니다. 베트남 전쟁이 종결된 1975년은 포르투갈 제국이 무너진 해입니다. 냉전의 중심이 동남아시아에서 남아프리카로 이동해갔고, 그곳에 위치한 포르투갈 제국의 식민지였던 모잠비크와 앙골라가 독립했습니다. 키신저는 현실적인 해결책을 모색했습니다. 직접 개입할 수 없게 되자 미국은 대리인을 찾았습니다. 미국은 스스로 개입할 수 없게 되자 자신의 이익을 위해 개입할 다른 이를 찾으려 했고, 키신저는 이것을 앙골라 개입에서 먼저 시도해보았지만 잘되지 않았습니다. 앙골라 개입 실패가 밝혀진 날은 망신을 당한 날이었습니다.

로널드 레이건Ronald Reagan은 대리전proxy war을 종교적인 관용어구로 이데올로기화 했습니다. 레이건은 냉전을 "악마", "악의 제국"과의 전쟁으로 표현했습니다. 미국의 복음주의 교인들의 모임에서 악의 제국을 언급한 그의 연설이 있었습니다. 저는 우리가 "악마"를 정치적인 용어로 사용한 것을 눈여겨봐야 한다고 생각합니다. 악마와는 공존할 수 없으며 악마를 개종시킬 수는 없기에 악마는 제거되어야만 합니다. 따라서 그 어마어마한 전쟁에서는 모든 동맹이 정당화됩니다.

레이건이 연임하는 내내 함께한 첫 번째 동맹군은 "건설적인 개입"이라고 불린 남아프리카 공화국에서의 아파르트헤이트apartheid였습니다. 미국의 방어막 아래서 남아프리카 공화국은 아프리카 최초의 순수한 테러활동을 조직했습니다. 군대와 싸우지 않는다는 점에서 순수하게 테러리스트인 모잠비크의 민족저항운동RENAMO[11]이 그것입니다. 그

---

11) 모잠비크 인민공화국 정권을 전복하기 위해 건설된 조직. 모잠비크가 로디지아의 백인 정권을 전복하려는 게릴라들을 지원하자 이를 저지하기 위해 1976년 로디지아 장교들이 조직했다. 레나모의 반정부 폭동은 모잠비크를 내전 상태로 몰고 가 10만 이상의 양민이 전쟁 중에 희생되었다. 당시 로디지아는 신생 원주민 국가들에 둘러 싸여 있었고, 남쪽 국경과 마주한 남아공만이 미국과 더불어 지원을 해주는 상황이었다. 이후 로디지아는 다수 흑인 통치를 따르는 짐바브웨가 되었다.

들의 중심적인 활동은 독립된 아프리카 정부는 자국민을 보호해줄 수 없다는 점을 알리는 것이고 그를 통해 공포를 퍼뜨려 나갔습니다. 미국은 레나모에 직접적인 지원을 하지 않았지만 수십 년 동안 남아프리카 공화국에 정치적 방어막을 제공했고, 남아프리카 공화국은 독립된 아프리카 국가들 내의 순수한 테러리스트 활동을 처음부터 지원했습니다.

미국의 테러에 대한 태도는 모잠비크에서는 대역을 내세웠지만, 1979년 산디니스타 혁명Sandinista Revolution 이후에는 직접적이며 더 노골적이었습니다. 미국은 남아프리카 공화국이 레나모를 만들었던 것처럼 니카라과에서는 콘트라스Contras라고 불리는 테러 활동을 처음부터 조직하고 지원했습니다. 미국이 남아프리카와 중앙아메리카에서 익혔던 교훈은 냉전이 끝나가던 국면의 아프가니스탄에서 실전에 적용되었습니다.

●선생님은 "레이건 행정부는 미국의 대외정책에 마지막까지 영향을 미친 두 개의 발의안을 택했다. 첫째는 불법적인 재원 확보를 위해 마약 무역을 이용하는 것, 둘째는 의회가 불가 결정을 내린 대외 정책목표들을 이행하기 위해 종교적 권리를 이용하는 것이었다. 그리하여 전쟁을 민영화하는 경향이 시작되었다."고 하셨습니다. 이러한 경향이 가져온 지속적인 효과는 무엇이었습니까?

대리전의 역사를 조사하면서 라오스건, 니카라과건, 아프가니스탄이건 장소를 떠나 마약 거래가 암암리에 진행되어 온 또 다른 양상을 보고 충격을 받았습니다. 미국이 마약 거래를 암암리에 용인하는 이유는 간단합니다. 만약에 전쟁을 선포하지 않았다면 전쟁을 수행하는 데 드는 비용을 충당할 공공 재원을 이용할 수 없기 때문입니다. 선전포고를 하지 않은 전쟁을 수행하는 데 드는 비용을 마련하기 위해 CIA는 몇 번에 걸쳐 지하세계, 즉 마약 왕과 포옹을 했습니다.

아프가니스탄전은 두 경향이 극단적으로 나아간 경우를 보여주었습니다. 하나는 종교적인 비유를 통해 전쟁을 이데올로기화하는 것, 다른 하나는 전쟁의 민영화입니다. 전쟁은 더 이상 국가의 영역에 있지 않습니다. 미국은 국가 건설을 지향하고 있는 이슬람주의 집단에는 더는 관심이 없습니다. 그것은 지나치게 협소한 사고방식입니다. 미국은 국제주의적인 집단, 국제적인 성전jihad에 임하는 집단, 끝을 볼 때까지 싸울 것이라는 점을 믿을 수 있는 집단을 원합니다. 사실 미국은 처음부터 전쟁을 소련의 무슬림 인구를 포함하는 데까지 넓히려 했지만, 소련으로부터 파키스탄 침공을 통해 복수할 것이라는 협박을 받자 포기했습니다.

이데올로기화와 더불어 전쟁은 불가피한 악마가 되기를 멈추었고 오히려 악마를 제거하는 방법이 되었습니다. 전쟁은 기특한 것이 되었습니다. 전쟁의 이데올로기화는 아주 종교적인 용어로 이루어졌습니다. 아프가니스탄전은 모잠비크의 레나모나 니카라과에서의 콘트라스처럼 국가적인 과업으로 여겨지지도 않았습니다. 아프가니스탄은 국제적인 성전으로 정의되었습니다. 그에 대한 비용 마련을 위해 CIA는 국제적으로 지원병을 모집했습니다. 미국과 영국, 그리고 전 세계 도처에 있는 무슬림들이 이 국제전에 참가하도록 초대되었습니다. CIA는 국제적으로 세포를 만드느라고 바빴습니다만 지금은 테러의 네트워크가 된 세포의 핵을 궤멸시키느라 바쁩니다.

이러한 전쟁의 이데올로기화는 전쟁의 민간화로 나아갑니다. 이슬람주의자들의 네트워크는 세계적이고 사적입니다. 오늘의 잘못이 내일은 몇 배의 재앙이 되어 돌아옵니다.

●선생님은 소련이 아프가니스탄을 침공했던 시기에 걸쳐 레이건 행정부가 역사의 막다른 길에 몰렸던 우익 이슬람을 구출했다고 주장했습니다. 어째서 그렇습니까?

우익 이슬람주의는 권력 문제에 몰두하고 있었고 대중운동을 꺼렸습니다. 따라서 이들은 현존하는 권력 형태를 받아들이든지—사우디아라비아의 군주제나 파키스탄의 지아 왕조처럼—아니면 주변 집단에 머물든지 하나를 택해야 했습니다. 냉전 후기 미국의 전략은 그들을 그러한 궁지에서 구해냈습니다.

미국의 계획을 염두에 두지 않고 이 지도 집단이 이데올로기적인 경향을 정치적인 기획으로 현실화할 수 있었는지를 이해하기란 불가능한 일입니다. 실제로 그들 스스로 어떻게 인력, 조직, 훈련, 자의식, 사명감, 전략, 전술 등을 개발할 수 있었으며, 이슬람주의자들이 소련을 무너뜨리고, 또 다른 막강한 군사력을 무너뜨린다는 생각을 할 수 있었겠습니까? 만약 베트남전 이후 아프가니스탄에서 미국의 정책이 없었다면 10년의 짧은 기간 내에 이 중의 어떤 것도 생각조차 못했을 것입니다.

●미국의 이라크와의 관계는 몇 개의 국면을 지나가고 있고, 그 대부분은 선생님의 책에서 다루었던 것입니다. 선생님은 그 국면의 후반부를 차지하는 권력 승인과 지속적인 공중 폭격은 "공식적으로 재가 받은 집단 학살과 다름없다"고 주장했습니다. 너무 지나친 언사가 아닌가요?

자, 만약에 어린이들 세대 전체를 목표로 하고, 제재의 예기치 못한 주요 희생자가 5세 이하의 아이들이라는 사실이 분명하지만, 그럼에도 그 제재를 계속 실행하고, 강화하는 것을 선택한다면, 의도하지 않은 희생자에 대해서는 관심이 없고, 단지 목표물에만 관심이 있기 때문이라면 지금 벌어지는 상황을 학살이라고 밖에 표현할 수 없을 것입니다.

또 서구의 대중 매체들과 공모하지 않고 제재가 이어지는 것을 생각할 수는 없습니다. 만약 서구의 주류 대중 매체들이 그 제재로 인해 발생하는 효과에 대해 대중에게 알리는 것을 주된 업무로 다루었다면, 제재가 그렇게 계속되지는 않았을 것입니다.

● 어떤 점에서 본다면 선생님의 주장이 내포하고 있는 물음은, 냉전은 얼마나 벌어들였는가라고 볼 수 있겠습니다. 결과적으로 2001년 9월 11일에 냉전은 얼마를 벌어들였다고 말할 수 있을까요? 아프가니스탄에서 소련이 패한 것과 구분한다면 말입니다.

저는 그 평가의 최종 기준일은 2001년 9월 11일이 아니라, 그보다 훨씬 후로 맞춰져야 한다고 생각합니다.

우리는 우리가 끝장을 볼 때까지 싸우기로 한 상대를 통해 만들어진 우리의 모습에 대해서는 알지 못합니다. 우리는 미국이 소련처럼 됐던 그 과정을 생각해 볼 필요가 있습니다. 1980년대의 미국을 단지 상품과 자본을 수출하는 데만 관심을 가졌던 고전적인 제국으로 기억해서는 안 됩니다. 미국은 소련과 같은 염원을 키웠습니다. 즉, 사회 시스템을 수출하는 데 관심을 가지는 거지요. 미국은 마르크스 - 레닌주의를 흉내내듯 이데올로기적으로 힘을 부여받은 독선을 키웠습니다. 미국은 사회제도 전체를 수출하기 위해 세계은행이나 IMF 같은 다원적인 기구들을 사용하기 시작했습니다. 그들이 그렇게 했던 최초의 장소가 아프리카였기 때문에 저는 잘 알고 있습니다.

부시가 상품이나 자본이 아닌 자유를 수출한다고 말할 때, 그는 삶의 방식을 수출하면서 뒤에서 그의 지지자를 조종하고 있습니다. 부시의 미국은 좋은 삶이 무엇인가에 대해 다르게 생각하는 것을 잘 인정하지 못하는 것으로 보입니다. 그들에게 좋은 삶은 반드시 미국인과 같은 삶이지요. 만약에 미국인과 같은 삶이 아니라면 그것은 아무래도 좋은 삶이 아닙니다.

따라서 냉전의 결과를 분명히 이해하지 못하면 다원주의자들의 기획은 위험에 빠지게 됩니다. 9.11은 소규모의 헌신적인 네트워크에 의한 역습의 시작입니다. 미국은 냉전 승리를 축하하는 분위기에 빠져 자만해 있었습니다. 여기에는 결과적으로 자신들의 정책이 만들어낸 것에 관한 자기 비판이 완전히 결여되어 있었습니다. 또한 미국 사회, 경제, 국가가 군사화되어 있는 상태에 대한 반성이 없습니다. 강력하고, 단독적인 실질적 힘이 만들어질수록 뜻있는 민주주의는 조롱거리가 되었습니다. 언론이 냉전의 일부로 국제적으로 협박당하고 이용되는 만큼 민주주의는 놀림거리가 되었습니다. 이 모든 문제들을 해결해야만 합니다. 제 생각에 여기에 포함된 함축적인 의미들이 9.11보다 훨씬 더 심각하게 여겨집니다.

●선생님은 또 2차 대전이 끝난 이후 미국의 대외정책은 연속성을 가지고 있으며, 그 연속성이란 제3세계 어느 곳에서든 군사적 민족주의가 나타나면 전복시키려는 것이라 주장합니다. 냉전 시대에 소련의 팽창 가능성과 군사적 민족주의는 동일한 의미였기 때문에 미국의 이익은 명백히 위협받았습니다. 북한이나 이란에 의해서 나타나고 있는 바에 따르면, 군사적 민족주의가 가지고 있는 미국에 대한 잠재적 위협은 무엇입니까?

당신은 미국 대통령 문제에 관해 질문하셔야만 합니다!

부시는 최근에 장악해야 하는 세계를 바꿀 기회가 있으며, 이라크는 지역에 대한 위협이기에 미국에 대한 위협이었다라는 말을 했습니다. 따라서 무엇이든, 어디에서든, 세계의 어느 부분이든 미국의 사전 동의 없이 행하는 것은 미국에 대한 잠재적 위협이 되며, 반드시 그것이 실제적인 위협으로 성장하기 전에 제거되어야 하는 것입니다. 하지만 그것이 위협입니까? 어떤 점에서 그것이 위협입니까? 제가 당신에게 농담 반 진담 반으로 부시 대통령에 대한 질문을 던져야 한다고 말한 이유는 어떤 것입니까? 이것은 미국이 냉전으로부터 물려받은 관점입니다. 이것이 미국이 소련을 따라하고 있는 것입니다. 여기에는 둘 사이에 합치되는 맥락이 있습니다. 일탈되는 어떤 것이라도 잠재적 위험이고, 초기에 충분히 궤멸되지 않으면 나중에는 실제적인 진짜 위험이 된다. 그것은 곧 선제 전쟁의 논리입니다.

●선제 전쟁은 이제 미국의 공식적인 정책이 되었고, 선생님은 선생님의 책 말미에 선제 전쟁의 논리와 집단 학살 사이에 직접적인 관련이 있음을 지적하셨습니다. 조금 더 자세히 이야기해주시기 바랍니다.

제 마지막 책은 르완다에서의 학살[12]에 대한 것입니다. 그 책을 쓰면서 대부분의 집단 학살은 전쟁 중에 발생한다는 사실에 충격을 받았습니다. 이것은 단순한 우연의 일치가 아닙니다. 집단 학살은 인구 구성 중에서 중요한 집단의 공모를 필요로 합니다. 그러한 대중적 공모를 하는 데 이용되는 감정은 공포입니다. 당신들이 죽이지 않으면 그들이 당신을 죽일 것이라고 대중을 납득시키는 데 전쟁이 이용되는 것입니다. 집단 학살을 범하는 사람들은 만약에 상대에게 조금의 기회라도 주어진다면 그들이 자신들에게 가할 일을 하고 있다고 생각합니다. 그들은 그들 또는 자신들 둘 중 하나만 존재하는 제로섬Zero-sum 상태에 도달합니다. 그리고 집단 학살은 선제공격의 논리적 귀결입니다. 전쟁이 더 이상 자기 방어가 아니게 되거나, 모든 폭력이 자기 방어로 합리화라는 인식의 결과입니다.

● 선생님은 민주적 제국[13]은 "잠재적으로 자가 교정적"이며 냉전과 함께 나타난 미국의 대외정책의 결과 중 하나는 국내에서 민주적 권리를 조직적으로 침식하는 것이라고 경고했습니다. 이런 사실들을 고려할 때, 일련의 미국의 정책 변화에서 기대하는 것은 무엇입니까?

미국에서 다시 깨어난 민주주의와 공식적으로 미국이 점령한 해외에서 깨어난 저항은 결합되게 될 것입니다. 미국 밖에서 저항하지 않는다면 미국에서는 지식인을 뛰어넘는 반대 움직임이 일어나기 어려

---

12) 『킬러가 된 희생양 : 식민주의, 민족주의 그리고 르완다 대학살』, 프린스턴대 출판부, 2001.
13) 내적으로는 민주적이고, 외적으로는 제국주의 정책을 펼치는 국가를 의미한다.

울 것입니다.

●무슬림에 의해 벌어지고 있는 테러리즘을 정치적인 관점에서만 설명하려는 선생님의 시도는 "문화적"으로 접근하는 것과 동일한 실수를 범할 수도 있다는 비판을 받고 있습니다. 왜냐하면 사람들은 그러한 폭력을 개별적으로 이해할 수 없다는 것을 선생님은 부정하기 때문이라는 것인데요. 즉, 정치적·종교적인 양자의 관점을 통해 종합적으로 이해해야 한다는 것을 외면하고 있다는 비판에는 무엇이라 답하시겠습니까?

저는 누구라도 테러리즘 현상을 오로지 정치적 용어로만 설명해야 한다고 주장하지 않았습니다. 제 비판은 문화적인 개념들을 통해서만 설명하려고 하는 사람들에 대한 비판이었습니다. 정치적 테러를 그 가해자의 문화를 통해 설명하려는 것이 너무 안이한 설명이라고 생각했기 때문입니다.

문화 담론은 이중적인 주장을 포함합니다. 첫째는 전근대적인 사람들은 초역사적이고 불변하는 문화를 가지고 있다는 것입니다. 둘째는 그들의 정치적인 태도는 불변하는 문화의 필수적이고 직접적인 효과로 해석될 수 있다는 것입니다. 미국이 정치적 테러를 변화하는 정치적 맥락과 관계에 대한 반응으로 설명하지 않고 단지 테러리스트 문화의 결과로 설명하는 것은 얼마나 편리하고 자기만족적입니까!

저는 정치적 이슬람 또는 그와 관련된 테러리스트의 경향이 미국의 발명품이라고 말하지 않았습니다. 오히려 이데올로기적인 경향으로써, 정치적 이슬람은 자신만의 자율적인 역사를 가지지만 그 역사는 이슬람적인 사상으로부터 자연스럽게 파생되어 나타난 단선적이지 않은 역사라고 주장했습니다. 그것은 이슬람 내부의 논쟁과 정치사상들이 경쟁하는 양식에 참여하는 것, 그 둘 모두를 통해 발전되었습니다. 냉전 후기에는 특히 마르크스–레닌주의에 참여하였고, 정치적 폭력을 정치의 중심에 위치시킨 또 다른 사고의 양식과 관계됩니다. 저는 마우두디가 가진 마르크스–레닌주의적 경향에 호기심을 느꼈고, 실제로 충격을 받았습니다. 그리고 무엇보다 사이드 쿠틉Syed Qutb이 전위를 위한 이정표를 썼다고 말했을 때나, 친구와 적을 구분해야 하고 친구를 설득하고 적을 몰아붙일 때 이성을 사용해야 한다고 말했을 때는 더욱 충격을 받았습니다.

그것은 제가 극단적인 정치적 이슬람이 어떻게 생각에서 행동으로, 이데올로기적인 경향에서 정치적 운동으로 전환되는가를 이해하려고 할 때였고, 그것을 정치적인 분석으로 전환해야 할 필요를 느꼈습니다. 제 호기심을 자극한 질문은 "1970년대만 해도 소수 지식인 집단의 영역이던 극단적으로 이데올로기적인 경향이, 어떻게 정치적 운동으로 전환되어 단 20년 만에 정치적 주류를 점유할 수 있었는가?" 하는 것입니다. 그에 대해 답하기 위해 저는 냉전 후기, 즉 미국이 베트남에서 패퇴한 이후의 시기이자 미국이 냉전에서 실패를 겪었던 시기로 돌아가야 했습니다. 제 책의 강조점은 테러는 미국이 냉전을 승리로 바꾸는 전략이었고, 비국가 테러는 국가 테러에서 태어났으며, 이슬람주의자들의 테러는 단지 이 관계들이 최종적으로 종결되어 가는 순간의 결과를 반영한다는 것입니다. 모잠비크의 레나모든 니카라과의 콘트라스 반군이든 이슬람주의자 테러와 관련이 있었다고 하더라도 초기의 횟수는 극히 적었습니다.

그렇다고 하더라도 극단주의자 집단은 자신들의 전술에서의 정치적 폭력을 이데올로기적으로 반드시 정당화해야만 했습니다. 극단적인 이슬람주의자들은 이슬람의 역사와 사상 그 안에서 정치적인 폭력을 멈추게 하는 뭔가를 찾아내고, 계속해서 그것을 발전시켜나가야 합니다. 그들은 지하드의 개념에서 찾아냈고, 그렇게 했으며, 그 개념에 아주 특별한 해석을 부여했습니다. 따라서 무엇보다 지하드는 더 광범한 의미, 즉 지적이며, 사회적이고, 개인적이며 정치적인 의미가 되지 못합니다. 그것은 오로지 정치적인 의미만 가질 뿐입니다. 정치적이라 하더라도 군사적인 의미로만 그리고 정치적 폭력으로만 이해될 뿐입니다. 결과적으로 정치적 폭력은 자기 방어가 되지 못합니다. 그것이 비록 자기 방어라고 선언되더라도, 더 이상 부시가 말하는 선제적인 자기 방어의 개념과 차이를 갖지 못합니다. 당신이 만약 아프가니스탄에서 뉴욕을 공격함으로써 자신을 방어한다면, 뉴욕에서 자신을 방어하기 위해 아프가니스탄을 공격하는 것과 어떻게 다르겠습니까?

문화의 정치화는 의심할 여지없이 문화와 정치 모두에 있어 중대한 결과를 가져올 것입니다. 이 중요성을 인정하려면 우리는 변하지 않는 본질을 가진 전근대가 존재한다는 생각을 버려야 하고, 내부와 외부에서 행해지는 논쟁에 의해 추진력을 얻는 생생한 사고의 실체를 받아들여야 합니다. 그리고 이 논쟁은 맥락과 관계와 이슈들을 변화시킴으로써 충만해지는 것입니다.

아나톨 리벤 Anathol Lieven

워싱턴에 있는 뉴 아메리칸 파운데이션New America Foundation의 선임 연구원이다. 안전과 국제 정세와 관련된 글을 썼고, 《파이낸셜 타임즈*Financial Times*》, 《네이션*The Nation*》, 《인터내셔널 헤럴드 트리뷴*International Herald Tribune*》 등을 포함해 수많은 신문과 잡지에 글을 써왔다. 최근의 저서로는 존 홀스먼John Hulsman과 공동 작업한 『Ethnical Realism : A Vision for America's Role in the World』(Pantheon, 2006)가 있다.

7

아나톨 리벤

●선생님은 『미국, 옳음 또는 부당함: 미국 민족주의』의 해부*America Right or Wrong:An Anatomy of American Nationalism*에서 9.11 테러 이후 미국의 정책은 "서구를 갈라놓았으며, 더 나아가 이슬람 문명을 이질화시켰고, 스스로를 폭증하는 위험에 노출시켰다."라고 주장했습니다. 그리고 이러한 미국의 대응은 미국 민족주의의 독특한 성격을 통해서만 이해될 수 있다고 했습니다. 선생님이 보는 미국 민족주의의 중요한 특징은 무엇인가요?

저는 그 책에서 9.11에 대한 대응에서 분명해진 미국 민족주의의 두

---

1) 민족 개념을 광범위하게 이해하더라도 미국을 하나의 민족으로 보고 미국의 민족주의라는 개념화가 만들어지기는 불가능하다. 여기서는 한 집단을 강력하게 결속시키고, 하나의 공동체로서의 단일한 표상을 지니고 있는 경우에 민족주의라는 용어를 사용할 수 있을 것 같다는 판단에 국가주의보다는 민족주의라는 용어를 사용하였다. 이러한 용례는 베네딕트 앤더슨Benedict Anderson이 상상의 공동체라는 의미에서 쓰는 민족주의 개념을 참조할 수 있을 것이다.

가지 주요한 특징에 대해서 언급했습니다. 그 특징들은 분위기로 보면 아주 상반되는 면이 있지만, 미국인들의 공식적인 생활에서는 종종 합쳐집니다. 첫 번째 특징은 미국은 여러 나라에 빛을 비추는 "언덕 위의 도시[2]"라는 믿음, 즉 미국의 메시아주의messianism입니다. 이는 평상시에는 미국적인 본보기가 가지고 있는 힘에 대한 믿음의 형태로 나타납니다. 하지만 특정 순간, 특히 미국이 공격을 받을 때 이 믿음은 수동적인 것에서 적극적인 형태로 바뀝니다. 밖으로 진출해서 실질적으로 세계를 미국으로 바꾸려는 욕망, 말하자면 다른 국가들을 민주주의 체제로 전환시키고, 미국적인 방식의 삶으로 바꾸려는 욕망으로 나타납니다.

원칙적으로는 전 세계에 민주주의를 전파하려는 의지가 나쁜 것은 분명 아닙니다. 하지만 두 가지 큰 문제가 있습니다. 하나는 미국 메시아주의의 요소가 근본적으로 "미국인의 사도신경American Creed"이라 할 수 있는 시민 민족주의civic nationalism와 국가적 정체성에 깊숙이 뿌리박고 있기 때문에, 미국에서는 외부 세계에 대한 진지한 시선보다는 신화에 더 많이 지배되는 논쟁 분위기가 생겨납니다. 미국이 가진 박애에 대한 신화, 미국이 자유를 전파하고 있다는 신화, 이 세계의 나머지 지역은 미국이 자유를 전파해주기를 원하고 있다는 신화, 이러한 신화들은 미국 외의 나머지 지역이 미국의 정책에 대해 비판하는 것을 경청하지 못하도록 방해합니다.

미국의 메시아주의를 뛰어넘는 두 번째 특징은 제가 "미국의 안티

---

2) 언덕 위의 도시City on the Hill는 영국의 청교도 지도자이자 뉴잉글랜드의 초대 총독이던 존 윈스롭John Winthrop의 유명한 설교 〈기독교인의 사랑A Model of Christian Charity〉(1630)에서 사용한 청교도들의 이상 사회를 상징하는 말이다.

테제"라고 명명한 것입니다. 미국의 민족주의 전통에 존재하는 이 요소들은 미국의 시민 민족주의나 미국인의 사도신경과는 모순됩니다. 미국을 강하게 특징짓는 이 요소들에는 쇼비니즘chauvinism, 외부인에 대한 증오와 외부 세계에 대한 공포와 경멸이 포함됩니다. 이 특징들은 이슬람 세계에 대해서 더 분명히 나타나는데, 그 이유는 거의 두 세대에 걸쳐 이슬람 테러리스트들로부터 공격을 받아왔고, 이스라엘과의 관계와 친이스라엘의 영향이 이슬람 세계를 악마로 만드는 데 기여했기 때문입니다.

이는 믿을 수 없는 상황을 초래했습니다. 부시 행정부는 이슬람 문명 세계를 민주화하려고 하는 반면에 네오콘neocon들은 굳이 이슬람교와 아랍인에 대한 경멸을 감추려고 애쓰지 않았습니다. 종종 당신은 다음과 같은 말들을 듣거나 읽으실 겁니다. "아랍인들이 알아들을 수 있는 유일한 언어는 힘이다.", "그들이 우리를 두려워하는 만큼 우리를 증오하도록 하라." 등과 같은 말들입니다. 이것은 완전한 모순입니다. 즉, 아랍은 민주화되어야 한다는 것과 아랍인들에 대해서는 철저한 경멸을 표명하는 것 말입니다. 이것이 단지 도덕적인 잘못이라거나 자신들의 진심을 잘못 선전해서는 아닙니다. 이라크 국민들에게 최소한의 민주주의를 전해주는 척하면서 뒤에서는 친미 실력자인 찰라비Ahmed Chalabi를 강요하고, 그러면 이라크 국민들은 이를 감사하며 기쁘게 맞이할 것이라는 정상적이지 않은 믿음과 같은 현실적인 자가당착에 빠지게 되는 것입니다.

이는 미국 민족주의의 매우 위험한 측면들입니다. 그리고 이 양상들에 대해서는 미국의 지적 전통에 있는 진보적인 인사뿐 아니라 보수적인 인사들 역시 아주 날카롭고 심층적으로 비판했습니다. 예를 들어,

레이놀드 니부어Reinhold Niebuhr, 리처드 호프트스타터Richard Hoftstadter, 루이스 하츠Loise Hartz, 조지 케넌George Kennan, 윌리엄 풀브라이트William Fulbright 같은 이들이 그들입니다. 이들의 대부분은 아주 강력한 반공주의자들이지만 50년대의 반공 히스테리의 원인들, 또 미국이 베트남전에 연루된 원인을 집중적으로 비판했습니다. 그리고 그들의 주장과 통찰은 9.11 이후의 미국의 행동을 이해하는데 시사하는 바가 매우 큽니다.

하지만 이라크에 관해 토론할 때 놀랍고 비극적인 사실은—글쎄 이를 토론이라 불러도 될지 모르겠으나—그 논쟁의 대부분이 베트남전의 기원에 대한 반추 없이 이뤄진다는 사실입니다. 예를 들어, 베트남전이 발생했을 당시의 정황이나 미국적인 전통에 관해 당시에 얻었던 통찰 등은 빠져 있는 것입니다. 공화당뿐 아니라 민주당을 포함한 미국의 지도층들은 이라크와의 전쟁 안으로 스스로를 밀어 넣게 만드는 자신들의 시스템에 관해 분석하는 대신 오로지 이라크 측에 대해서만 논쟁을 벌이고 있습니다.

완전히 잘못된 길로 가고 있으면서도 그들은 다음과 같은 질문들은 한 번도 던지지 않았습니다. 사태가 재앙으로 가는 것이 우리 시스템이 가진 문제 때문은 아닌가? 현재의 모습이 전 세계에서 나타나는 지금까지 미국의 모든 행동의 일반적인 패턴이 아닌가? 바그다드의 미군 특별 경계 지역Green Zone 보호벽 뒤의 벙커에 박혀서 이라크 사람들과는 접촉하지 않는 행동은 미군 관료들의 일반적인 모습 그대로가 아닌가? 하지만 이라크의 경우 환영을 받으며 입성해서 미국적인 규범에 맞춰 사회를 재조직하고 다시 떠나는 것에는 뭔가 다른 것이 있습니다.

●선생님은 "미국의 힘을 통해 민주주의가 확산된다는 믿음은 의식의 영역에서는 진심이다. 반면에 그 믿음은 의식의 밑에 놓인 미국 메시아주의, 더 넓은 의미로는 '미국 사도신경'과 분리할 수 없다."고 말씀하셨습니다. 지금까지 이러한 것들에 대해 말씀하셨지만 미국의 국가적 메시아주의에 대해 내린 정의에 대해서 더 자세히 설명해주시겠습니까? 그리고 어떤 점에서 그런 질박한 언급, 또는 냉소적인 언급이 가능한 걸까요?

미국 역사가인 리처드 호프스태터Richard Hofstadter가 말한 것처럼, "이데올로기를 갖지 않는 대신에 이데올로기 그 자체가 되는 것이 미국인들의 운명이었습니다." 실질적으로 미국과 다른 서구 민주주의들의 차이는 미국의 민주적인 신념의 내용이 아닙니다.—기본 원리들은 공통적으로 모든 민주주의들 안에서 지켜지고 있기 때문에—그 차이는 오히려 이 신념이 강력하게 지켜지고 그것을 분명히 따르는데서 생겨나는 것입니다. 호프스태터가 말했듯이 이 원리들은 미국을 하나로 묶어주거나 묶어주고 있다고 여겨지는 것입니다. 이것이 영국이나 프랑스, 독일의 국가 정체성에서는 핵심적이지 않지만 미국의 국가적 정체성에서는 핵심적인 부분입니다.

미국과 유럽 사이의 이 차이는 바뀔 수 있는 것입니다. 오늘날 서유럽에는 대규모의 이민이 벌어지고 있기 때문입니다. 서구 유럽 국가들 역시 자신들의 정체성을 다시 생각해야 되는 상황이며, 공통적인 유산이나 조상보다는 공통의 가치를 중시해야 되는 상황이 되고 있습니다. 하지만 지금까지는 이른바 사도신경을 이행하는 만큼 미국은 두드러져왔습니다. 말씀드려야 할 것은 "신경creed"이라는 단어는 이를 위해, 일련의 미국의 사상가들(비록 최초의 어구는 체스터튼G.K. Chesterton이 사용한 것이지만)이 종교적인 신념을 가지고 선택한 것이라는 점입니다.

이 신념이 미국의 국가적 정체성에서 차지하는 비중과 미국인을 하나로 유지시켜 준다는 믿음의 크기를 보았을 때 미국 내에서 이 신화에 도전하는 것은 쉽지 않은 일입니다. 그들은 경험에 의해서 쉽게 좌우되지 않습니다. 베트남은 그들을 근본적으로 변화시키지 못했고, 다만 아주 잠깐 동안만 강타했을 뿐입니다. 중동에서의 계속되는 교훈도 그들을 변화시키는 데 실패했습니다. 지금 민주당 지도부는 이라크에서의 교훈에도 불구하고 그 지역에 민주주의의 동맹자를 만들어내야 하고, 또 그것을 전파해야 한다고 믿고 있습니다. 그 지역 사람들이 정말로 무엇을 원하는지는 어떤 것이 납득될 만한 외교적 정책인지 묻지 않고, 오히려 다른 모든 실제적 정책의 대행물로 민주화를 사용합니다. 이는 다시 한 번 미국의 국가적인 그리고 국가주의적인 유산에서 비롯된 것입니다.

●선생님이 말씀하셨던 것처럼 미국의 대외정책은 시니어 부시 행정부에서 클린턴을 거쳐 현재의 부시 행정부에 이르기까지 어떤 연속성을 가지고 있습니다. 선생님은 비록 클린턴의 다원주의가 안정적인 헤게모니 상태에서는 더 잘 맞는다고 주장하셨지만 정책이 연관되어 있는 한, 이것은 단지 형태의 변화일 뿐 본질이 바뀐 것은 아니지 않은가 묻고 싶습니다. 만일 그렇다면 미국에 두 개밖에 없는 대중적인 정당의 외교정책에서 그러한 일치는 어떻게 설명할 수 있습니까?

솔직히 말씀드리면 미국의 두 정당은 무엇보다 이스라엘과의 관계라는 문제에 직면할 능력이 없기 때문에 완전히 무력합니다. 우리가 대통령 선거 토론에서 보듯이 실제로는 딱히 맞설 때뿐 아니라 이스라엘에 대해서 언급할 때조차 그렇습니다.

다른 현안들의 경우를 보면, 부시는 다른 사람들이 생각하는 만큼 나쁘지 않았거나 최소한 클린턴에 매우 가까웠습니다. 그것이 가지는 의미는 별개로 하고 말이지요. 예를 들자면, 중국과 관련된 경우 부시 행정부는 클린턴 행정부와는 달리 중국에 맞서는 정책, 즉 중국을 봉쇄하는 전략을 폈습니다. 이것이 극단적으로 위험한 결과를 낳았지만 말입니다. 하지만 9.11이 발생한 이래로, 부시 행정부는 중국에 관해서는 철저하게 클린턴과 같은 길을 갔습니다. 대만 독립 선언에 대해 압력을 가하는 것 등 말이죠. 대통령 선거 당시의 토론에서 중국에 대한 핵심적 역할과 더불어 북한의 위협에 대해 다원적인 정책을 펼쳐야 할 필요가 있다고 말한 것은 부시였습니다. 부시 행정부의 자신들의 일방주의에 대한 빈번한 축하를 놓고 보면 기묘한 아이러니가 있기는 하지만 그것이 실제로 잘못은 아닙니다. 러시아의 경우에 있어서도 부시 행정부의 정책을 꼭 다원주의적인 것으로는 묘사할 수는 없지만, 그들은 분명히 아주 전통적이며, 실용적이고, 현실주의적인 정책, 그리고 공세적이지 않은 정책을 추구하고 있습니다.

클린턴과 부시 행정부가 가장 다른 영역은 유럽입니다. 부시 행정부는 클린턴 행정부만큼 유럽에 관심이 많지 않았으며, NATO에 관심이 많은 것도 아닙니다. 여기서 강조해야 할 것은 9.11 이전 8개월 동안은 관심이 없었고, 그 이후는 말할 것도 없다는 것입니다. 고어A. Gore 가 2000년에 이겼다면 아주 많은 차이가 있었을 겁니다. 그는 NATO 참여에 더 많은 노력을 쏟았을 것이고 9.11 이후에는 유럽의 정부들과 상의했을 것입니다.

그 점이 부시와 클린턴 전통 사이의 핵심적인 차이입니다. 물론 그들은 모두 미국의 힘을 전 세계로 확장시키는 것에 관심이 있습니다. 어떤 점에서 그들은 제국주의자들이고, 최소한 민주주의 전파에 대한 신념만큼은 분명히 공언했습니다. 하지만 클린턴은 윌슨의 민족자결주의에 충실했던 반면 부시는 가짜 윌슨주의자였습니다. 부시는 메시아적인 민주화 노선을 추구하는 동시에 윌슨의 전략이 가진 중요한 다른 면은 완전히 무시했기 때문입니다. 즉, 국제적인 협력, 국제 기구들, 동맹의 창조, 기타 등등은 무시되었습니다. 클린턴은 이런 상황에 대해 많은 발언을 했고, 우익들로부터 사납게 공격당했습니다. 클린턴의 생각은 "세계 모든 네트워크의 중심에 미국을 위치시키는 것"이었습니다. 이 위치라는 말에는 영향력, 지도력, 그리고 헤게모니가 포함될 뿐 아니라 상의와 협상도 포함됩니다.

이처럼 부시와 클린턴 사이의 차이와 유사성을 자세히 들여다보면, 여러 면에서 겉으로 드러나는 것은 서로 가깝지만 그 속은 전혀 다르다는 것을 알게 됩니다.

●선생님의 글과 책을 보면, 이전의 제국과는 달리 보통 미국 국민의 대다수는 자신들을 제국주의자로 생각하지 않거나, 자신들이 제국에 속하지 않는 것으로 생각한다고 기술되어 있습니다. 동시에 미국인들이 미국이라는 이름으로 추구되는 정책에 대해서 알지 못하는 수준은 위험스러울 정도라고 하셨습니다. 이 점을 놓고 볼 때 미국인들이 어떻게 미국을 제국주의적이라 느낄 수 있을까요? 그리고 왜 스스로를 "보통의" 미국인이라고 느끼는 것이 오늘날 미국의 지위를 이해하는 데 적절한 것입니까?

1930년대에 있었던 여론조사 결과에 따르면, 영국인의 아주 적은 수만이 영국 식민지의 이름을 두 개 이상 기억했다고 합니다. 그들은 인도나 호주 정도를 기억했을 것이고, 아마도 백인 식민지는 기억하지만 대부분 아프리카 단일 국가의 이름은 기억하지 못했을 것입니다. 누구도 그 점을 영국인들이 영국을 제국으로 생각하진 않았다는 주장으로 이용하지는 않을 것입니다. 영국인들은 단지 무관심했을 뿐입니다.

이 주제에 관해 저는, 현재 미국에서 그의 통찰력이 다시 부활하기를 원하는, 뛰어난 정치 비평가 밴 우드워드C. Vann Woodward를 인용했습니다. 그는 미국인에 대해 군국주의자라기보다는 호전적인 존재라 말했는데요, 그와 마찬가지로 저는 미국인들이 호전적일 뿐이지 제국주의자는 아니라는 점도 사실이라고 생각합니다. 이러한 호전성, 즉 만약 공격당하거나, 또는 비난 받을 때의 본능적인 반응은 네오콘의 입장에서는 제국주의적인 정책을 수행하는 데 있어 민족주의적인 분노를 들끓게 하고 참여를 높이는 방법으로 반복적으로 이용할 수 있었습니다.

이것은 제국주의의 아주 오랜 전통입니다. 서구 제국주의의 융성기에도 보통의 서구인들은 비용이 많이 드는 경우, 규모가 큰 제국주의적인 기획에 관심을 갖지 않았습니다. 그들은 힘과 영광에 찬 계획을 좋아했지만, 외부로 진출해서 보잘것없는 아프리카 등을 정복하는 것 때문에 자신들의 생명을 잃게 되거나 막대한 돈이 드는 것에 대해서는 매우 미심쩍은 시선을 보냈습니다. 그들은 단순한 제국주의적인 기획이 아닌 프랑스나 독일과의 국가적인 경쟁이라는 것만 납득된다면 국가의 정책에 더 많은 지원을 했습니다.

어떤 면에서는 미국인들은 이 전통에 들어맞는다고 볼 수 있습니다. 예를 들어, 자기 자신을 제국주의자라고 생각하는 대부분의 사람들조차도 미국의 징병제 재도입에 대해서는 외면하고 반응을 보이지 않습니다. 징병제가 미국의 제국으로서의 힘을 유지하는 데 절대적으로 필요한 것이라는 사실을 알게 되더라도, 미국인들은 설득되지 않습니다. 마찬가지로 미 제국과 자신들의 목적을 위해 위대한 희생이 필요하다고 떠들어대는 언론계의 각종 멍청이들도 본인들이 아프가니스탄이나 이라크 등에 가서 복무하는 것에 대해서는 아무런 열정도 보이지 않았습니다.

미국의 힘을 지탱하는데 있어 미국인들의 기본적인 참여는 매우 부족합니다. 현재는 예전보다 더 많은 참여가 요구되지만, 완전한 규모의 제국주의적인 기획을 만들어낼 정도로 충분하지 않습니다. 이는 부시 행정부가 세계의 몇몇 지역에서 보여주는 상대적으로 실용주의적인 면을 어느 정도 설명해줍니다. 결국, 부시 행정부도 중동에서 현재의 프로그램을 지속시키면서 중국과의 전쟁 위험을 무릅쓰고, 러시아를 급속도로 소외시키는 것은 불가능하다는 것을 깨달았습니다. 만약에 미국이 중국이나 북한과 전쟁을 하게 된다면, 다시 징병제를 도입해야 할 것입니다. 그러면 미국의 제국주의적인 기획은 정말로 종말에 가까워질 것입니다.

●19세기의 제국주의 국가와 현 미국의 또 다른 차별점은, 전자가 이른바 문명화에 대한 사명civilizing mission을 특징으로 하는 반면에 후자는 본인들의 말에 따르면, 민주주의와 자유를 널리 전하려는 순수한 호의를 위한 열망을 동기로 하고 있습니다. 이 두 제국주의가 내세우는 각각의 동기들은 그들에게서 느껴지는 첫 인상만큼 다른 것입니까?

물론 어떤 면에서는 당연히 같습니다. 19세기의 자유주의적인 제국주의자들의 전략은 본인들의 견해로는 대단히 자애로운 것이었습니다. 유럽은 아프리카 대부분을 정복하면서, 이 정복은 노예제도를 종결짓는 과정의 일부이며, 진보를 확대시키고, 평화를 가져오며, 기독교 정신을 전파하는 것이라고 자국민들과 다른 모든 사람들을 설득해나갔습니다. 심지어는 유럽의 모든 식민지 추진 사업 중 가장 무시무시했던 벨기에 레오폴드Leopold 왕의 콩고 정복조차도 사전에 자애로운 것이라고 공언했습니다. 벨기에의 공공연한 선전은 모두 진보와 철도와 평화를 가져오고 당연히 노예제를 끝내는 것에 관한 것이었습니다. 다른 말로 그 둘(19세기와 미국)은 모두 위선적이었습니다. 마치 소련이나 공산주의적인 제국주의 기획이 위선인 것과 마찬가지로 말입니다. 그 점에서 그들은 아주 밀접합니다.

　하지만 둘 사이에 결정적인 차이가 있습니다. 우선 19세기의 자유주의적인 제국주의 국가들의 말에는 본질적이거나 자명한 절대적인 불일치는 존재하지 않습니다. 즉, 실제로 그들이 행했던 살육과 토지 강탈은 차치하고, 진보를 가져오고 식민지 기획이 가지고 있는 본질적 사명을 전달하려고 한다는 말에는 절대적인 불일치가 존재하지 않는 것입니다. 이들이 근본에서 대립하지 않는 이유는 19세기 제국주의가 절대로 자신들이 정복한 국가에 신속하게 민주주의를 도입하겠다고 말하지 않았기 때문입니다. 그렇게 말했더라면 서구는 우월하고 "본토"는 문화적으로 열등하다는 가정, 그리고 "문명화 사명" 이데올로기가 근거하고 있는 식민국가는 자치를 할 능력이 없다는 가정과 부딪힐 뻔 했습니다.

　그들이 민주주의 전파를 말할 때는 그것이 오직 먼 미래, 몇 세대 후에나 일어날 수 있다는 맥락에서였습니다. 그들은 아프리카가 자치와 민주주의에 도달하는 데는 수천 년에 걸쳐 영국 또는 프랑스의 통치가 있어야 한다고 생각했습니다. 달리 말하자면, 그들은 거짓이 없었으며 일관성이 있었습니다. 이러한 나라들은 그들이 자치 정부와 제도화된 규범, 민주주의 등을 갖기 전까지는 말 그대로 수세기에 걸친, 긴 시간 동안 서구 권위주의자들의 제국주의 통치가 필요하다는 것입니다. 실제로 제국주의는 이런 식이었습니다. 영국은 아주 제한적인 지역에 지방 선거를 실시하기 전 150년 동안 인도 또는 그 일부를 통치했습니다. 그 첫 번째 선거도 제한적인 권한만 부여된 것이었고, 전체 주민의 0.5%만이 참정권을 부여받았습니다. 그마저도 그들은 1880년대에 와서야 시행하기 시작했습니다. 영국인들과 다른 자유주의적인 제국주의자들이 채택한 정책은 권위주의적 진보이지 민주적인 진보는 아니었습니다.

물론 지금이야 완전히 다릅니다. 오늘날의 자유주의적인 제국주의자들은, 우리가 완전히 다른 이데올로기의 시대에 살고 있기 때문에, 지금 전파하고 있는 것은 민주주의라고 말해야 합니다. 따라서 그들은 어떤 지역을 점령하고 나면 1~2년 내에 선거를 치러야 하고, 자유로운 정부가 수립될 것이라는 것을 알려야 하며, 그밖의 것들도 실행해야 합니다. 그것은 또 한번 절대적으로 분명한 모순일 뿐입니다. 19세기에는 이라크에 찰라비를 강요하는 것과 같은 모순되는 일은 없었을 것입니다. 영국과 프랑스는 그와 같은 일을 반복적으로 했습니다. 그들도 대리 통치인을 보냈습니다. 아프가니스탄이나 아프리카에서는 원하지 않는 왕자였지만, 그들은 당당히 들어가서 그를 받아들일 것을 강요했습니다. 사람들은 비판했지만 이것이 그들이 하려는 원래의 계획과 합치하지 않는다는 주장은 없었습니다. 물론 만약 당신이 민주주의를 전하는 중이라 말하고, 민주주의에 관해 설파하고, 당신의 모든 도덕적 입장이 민주주의에 기반한다고 말한다면, 그때에는 당신은 허수아비 지도자를 강요하는 것이고, 단지 위선적일 뿐 아니라 우스꽝스러워 보이는 것입니다. 그것이 대부분의 이슬람 국가들이 미국을 받아들이는 실질적인 모습입니다.

●식민지 국가에서 민족주의 운동이 기지개를 켜면서 제국주의 권력자들, 특히 영국의 경우 조금씩 여러 권한을 식민지 엘리트들에게 나눠주었는데, 실질적으로는 그들(마르크스주의에서는 매판comprador 이라고 부르는)을 통해 교묘해진 통치 방법들이 나타나기 시작했습니다. "간접 통치"라고 불리는 그러한 모델을 통해 미국이 제 3세계를—이슬람 세계가 중요한 부분을 차지하는—관리한다고 말할 수 있을까요?

어느 정도 상당한 부분까지는 그렇습니다. 물론 매판 모델은 엄격하게 보자면 남미의 상황에서만 딱 들어맞는 것은 아닙니다. 전 세계적으로는 아주 소수의 정부들만이 과거에 남미의 엘리트들과 같은 철저하게 보조적인 역할을 하기 때문입니다. 어쨌든 지금까지 이집트는 이스라엘에 대해 (미국과) 다른 노선을 시도하고 있습니다. 1991년에 요르단은 사담 후세인Saddam Hussein을 지지했습니다. 사우디아라비아는 석유를 생산하고 수출을 유지하는 매판 국가로 보일 수 있습니다. 하지만 내적인 사정을 보면 미국이 원하는 것에 대해 전적으로 순응한다고 볼 수 없습니다.

19세기보다 아래로부터의 민주화의 압력이 강한 경향을 볼 때, 지금은 아마도 그렇게 명백히 매판적인 시스템을 유지하기는 어려울 것입니다. 러시아가 좋은 예인데요, 러시아는 누가 보아도 강대국의 전통을 가지고는 있지만, 그들은 미국의 완전한 보조국가가 되는 것을 막아냈습니다. 제가 러시아가 1994년과 1996년 사이에 체첸에서 패배한 이유에 대해서 적었듯이 1990년대에는 많은 러시아 엘리트들 스스로도 노력했던, 미국에 의해서 러시아를 일종의 매판 국가로 만들려는 실제 시도가 있었습니다. 러시아의 엘리트들은 대외 정책에 있어 미국의 조력자가 되려 했으며, 원료를 서방에 수출하고 재산을 서방 은행 계좌로 보내는 존재가 되고자 했습니다. 결국 러시아 정부와 국민들 누구도 그것을 받아들이지 않았습니다. 옐친Yeltsin의 질서는 권위적이며, 민족적인 푸틴Putin에 의해 일어난 반발로 대체되었습니다. 혹자는 이와 같은 경우를 베네수엘라에서 발견하기도 합니다.

그래서 저는 미국이 지배하는 현재의 국제 시스템에 이러한 매판적인 전통의 강한 요소들이 있다고 생각하지만 동시에 이는 문제가 많은, 논쟁적인 장치라 생각합니다.

● 선생님은 9.11 이후의 시기는 "너무도 많은 이슬람 국가에서 민주적인 근대화의 완전한 부재 또는 근대화 자체의 부재를 양성화시켰다."고 하셨습니다. 여기서 근대화가 의미하는 것은 무엇이며, 근대화의 부재는 초기 제국주의 정복을 위해 공언했던 동기와는 어떤 관계가 되는 것입니까?

근대화는 결국 그런 식의 간사한 단어입니다. 최소한 무의식적이나마 막스 베버Max Weber의 입장에서 근대화를 교과서적으로 이해한다면 오늘날의 미국 그 자체는 근대화에 대해 유럽 중심적인 형태를 따르고 있지는 않습니다.

많은 이슬람 국가들이—예외가 있기는 하지만 대부분—성공적인 현대 국가가 되기 위해 베버가 주장한 규범들을 따르고 있는 것은 아닙니다. 그 나라들은 급속한 경제 성장과 개혁을 일으킨 몇몇 동아시아 국가들을 따라 할 수는 없었습니다. 본질적으로 씨족에 의한 통치가 이어지고 있었기 때문입니다. 아랍의 국가들은 "깃발을 든 부족 tribes with flags"의 상태라는 찰스 글래스Charles Glass[3]의 유명하지만 친절하지는 못한 어구는 꽤나 정확한 표현입니다. 시리아는 알아위테 Alawite 부족의 군주국가입니다. 바트Ba'ath당[4]은 이탈리아에서와 같은 현대적인 파시즘 운동으로 시작되었지만 군주제적인 과두체제로 변질되었습니다. 다음으로 요르단이나 사우디아라비아, 모로코와 같은 아주 공식적인 독재 군주제가 있습니다. 동아시아가 보여주었듯이 그러한 권위주의적 지배가 반드시 경제적 현대화와 진보의 장애물이 되는 것은 아닙니다. 하지만 중동에서는 동아시아와 같은 모습을 띄지는 않았습니다.

비극 중의 하나는 다른 많은 모델이 시도되었지만, 어떤 의미에서는 모두 실패한 것입니다. 서구나 동아시아의 경제 수준에 절대적으로 연관 짓지 않는다 하더라도 말입니다. 성공적으로 서구와 경쟁하는 데서 실패한 이 나라들은, 지난 이슬람 세계의 문화와 경제의 우월함에서 보면 수백 년간의 상대적 침체기에 이어지는 가혹한 혼란을 겪고 있습니다. 몇 세기에 걸쳐 이슬람 국가들이 자신들의 세력을 확장하기 위해 기독교 문화권의 상대적으로 약한 부분을 약탈했던 것과 마찬가지로, 이후에는 서구의 국가들이 무슬림 대부분의 지역을 정복하기 위해

---

3) 미국의 작가이자 중동 전문 저널리스트.
4) 1940년대에 세속주의와 민족주의 운동에 기반해 창립된 아랍 사회주의 정당.

이슬람 문화의 약한 부분을 활용했습니다. 이는 이슬람 문화권의 심장부에 군사 · 경제적으로 대단히 성공한 서구 대리 권력인 이스라엘을 세우면서 뒤따라 벌어진 일입니다. 이스라엘의 성공과 이스라엘의 팔레스타인 압박은 아랍의 실패를 다양한 측면에서 보여주고 있습니다. 이스라엘이 아랍인이 느끼는 적개심과 굴욕과 같은 역사적 감정의 원인은 아니지만, 최근 수십 년 동안 이 오래되고 깊은 감정의 촉매제이자 중심으로 기능해 왔습니다.

제가 제일 잘 아는 이슬람 국가인 파키스탄을 보면 50여 년 전에 비하면 당연히 여러 면에서 현대적인 사회가 되었지만, 또 여러 면에서 그렇지 못합니다. 이런 맥락에서 보자면 정치적인 종교에 있어서 무엇이 "근대성modernity"을 구성하는가는 흥미로운 질문입니다. 파키스탄과 그 밖의 지역에서의 급진적인 이슬람교는 결국 많은 측면에서 현대적인 힘입니다. 그 힘은 단지 근대성에 대한 반응도 아니고, 현대적인 방법들을 사용합니다. 따라서 그 힘을 순수하게 수동적이거나 퇴행적이라고 말할 수는 없습니다.

하지만 분명히 지금까지 파키스탄에서 민주주의의 형식을 근대화하려는 노력은 실패를 겪었습니다. 파키스탄은 본질적으로 군부와 행정 관료에 의해 경영되는 국가로 남아 있습니다. 파키스탄의 정치가들은 MQM[5]이나 일정한 범위의 이슬람주의자들을 제외하고는 대중을 기반으로 하는 현대 정당이라고 볼 수 없습니다. 파키스탄 인민당PPP[6]은 거대 지주와 도시 실력자들의 동맹을 통솔하는 개인 숭배 정당입니다.

---

5) 실용주의를 기치로 내세운 파키스탄의 대중 정치 정당.
6) 파키스탄의 중도 좌파 정당이다. 1967년 줄피카르 부토Zulfiqar Bhutto에 의해 창당되었으며 파키스탄의 대표적인 정치 세력을 형성하고 있다.

그리고 군과 관료집단은 국가를 공유해오면서 파키스탄을 성공적인 현대 국가로 발전시키는 데 실패했습니다.

이 같은 정치 문화적인 약점 때문에 이슬람 세계는 경제적, 군사적인 약점이 더해졌을 때 새로운 제국주의 권력의 물리적인 개입 위협에 놓여 있는 것입니다.

●선생님은 몇 번에 걸쳐 대부분의 아랍과 이슬람 국가들의 권위주의적인 특징에 대해서 지적했지만, 이 정권들의 다수가 자신들의 존립을 지속적인 미국의 후원에 의존한다는 사실은 말하지 않았습니다. 이 국가들의 많은 수가 미국과 거래하는 것으로 보이는 것이 사실 아닌가요? 또한 이 점이 무슬림들이 가지고 있는 미국에 대한 적개심의 이유 중 하나 아닙니까? 선생님이 언급하셨던 파키스탄 역시 마찬가지입니다. 미국은 수십 년간 지아zia 정권[7]을 지원했고, 지금은 무샤라프Musharraf 장군[8]의 군부 정권을 지원하고 있습니다.

민주화에 대한 미국과 영국의 지원에 관해 말했던 것처럼, 우리는 기독교도로 재탄생하지 않는다 하더라도 인간이 구원받을 수 있는 존재라는 점을 믿을 수 있습니다. 하지만 우리가 성인saint은 아닌 까닭에 개과천선한 도둑에게 우리 집을 지켜달라는 부탁은 하지 않습니다. 지금까지 이슬람 국가에서 미국과 영국의 행태를 보아온 아랍인과 이슬람 교도들더러 그들이 민주주의를 전파하려는 신실한 믿음을 가졌다

---

7) 줄피카르 부토의 무단 통치 경향에 반대하여 일어난 군사 쿠데타의 지도자인 모하마드 지아 울 하크Zia ul Haq 정권을 말한다. 쿠데타 성공 후 부토를 처형하고 소련의 아프가니스탄 침공에 맞서 친미적인 정치 노선을 따랐다.

8) 현 파키스탄의 대통령. 1988년 지아 울 하크가 비행기 사고로 사망한 후 수립되어 지속된 민간 정부를 1999년 군부쿠데타로 전복시키고 집권하였다.

는 것을 믿으라고 할 수는 없습니다.

그에 비해서, 민주주의를 전파하는 문제에서 저는 미국과 서구의 예들이 보여준 힘을 믿고 있고 앞으로도 믿을 것입니다. 우리들의 사회가 권위주의 체제나 신정神政 국가보다는 더 평화롭고, 더 안전하며, 덜 강압적이고, 경제적으로 성공했다는 것을 세상에 과시해 나갈 수 있다면, 우리는 다른 지역에 민주주의를 전파시킨다는 것을 빌미로 개입하지 않으면서 민주주의를 전파하려는 강력한 의도를 가지고 있어야 합니다. 저는 애덤스J. Adams 대통령부터 조지 케넌George Kennan에 이르기까지 미국 정치 체제에 대해 자부심을 갖고 미국의 전통을 신봉하는 사람입니다만, 미국 민주주의의 시스템 자체가 건강함과 힘을 유지할 때만 미국의 민주주의는 가장 잘 전파될 것이라는 점도 알고 있습니다. 아이젠하워D. Eisenhower 대통령은 그의 두 번째 임기가 끝날 무렵에 이를 강조해서 이야기했습니다. 이것은 반미적인 입장은 고사하고 급진적인 주장도 아닙니다.

미국과 영국은 독재 정권을 지원했고, 그것은 적개심을 촉발시켰습니다. 이것은 진실입니다. 다른 면에서 이는 양날의 칼입니다. 사람들이 생각하는 것처럼 만약에 미국과 영국의 지원을 받는 독재 체제가 무너진다면 생존력 있는 민주주의가 나타날까요? 아쉽게도 파키스탄에서는 이런 일이 벌어지지 않았습니다. 물론 결국 군이 개입했지만, 1970년대 부토Bhutto 집권 하의 PPP정권—미국이 강하게 지원하는 정권은 아니었지만—이 반대파에 대해 행한 잔인한 처사를 보십시오. 무샤라프가 집권했을 때 그가 1990년대의 엄청난 부패 때문에 국민 대다수의 지원을 받은 사실을 보십시오.

● 제 생각에는 다소 오해를 불러일으키는 말씀이신 것 같습니다. 파키스탄 국민 얼마가 무샤라프의 성공을 지지했는지 알 수 있습니까?

네, 맞습니다. 파키스탄과 같은 나라에서의 여론이란 믿을 수 있는 것이 아닙니다. 제가 다른 측면에서 말씀드려보겠습니다. 대다수의 국민들은 분명 무샤라프에 반대하지 않았습니다. 만약에 민주주의와 그것이 남긴 발자취에 대한 진정한 신뢰가 있었다면 아마 그들은 반대했을지도 모릅니다. 제가 말씀드리려는 요지는 무샤라프가 권력을 잡았을 때, 미국의 이해에 따라 움직이지 않았다는 것입니다. 분명히 몇몇 독재 정권들은 미국의 지원 때문에 버틴 것이 아니라 그 지역의 전통과 국내의 지원으로 버텼습니다. 이란은 미국에 정면으로 반발했습니다. 리비아도 마찬가지입니다. 그리고 사우디 왕가는 어떤 면에서는 미국의 도구이기도 하지만, 한편으로는 미국의 지원과는 아무 상관없는 자신들만의 전통과 정통성을 가지고 있는 것도 사실입니다.

● 그렇군요. 미국은 사우디의 내부 정치체제가 자신들의 이익에 지속적으로 도움이 될 때만 관심을 갖는다는 것도 논쟁이 될 수 있을 것입니다. 예를 들면, 석유와 첫 번째 걸프전의 경우에서처럼 군사 기지의 제공과 같은 이익이 보장되는 경우 말입니다. 따라서 지금의 사우디 정치 질서는 다른 어떤 질서보다 미국을 위해 잘 운영되고 있는 것입니다.

9.11 이전까지는 사실이었습니다. 하지만 그 이후로 뒤늦은 깨달음이기는 하지만 사우디의 체제가 테러리즘을 키운다는 믿음이 미국에 널리 강력하게 생겨났습니다. 저는 사우디가 지원하는 극단주의자를

1980년대 후반에 아프가니스탄에서 만난 적이 있는데 그때 이미 우리는 테러리스트를 키우고 있었던 것입니다. 우리는 9.11 이후에야 깨달았지요.

저는 미국이 이슬람 세계에서 지금의 동맹을 포기하고 민주주의를 설파한다고 해서 좋은 인상을 줄 수 있다고 생각하지 않습니다. 지정학적인 그리고 다른 이해를 고려해보았을 때, 미국은 이와 관련해서 영원히 진실할 것이라 믿지 않기 때문입니다. 미국이 공언하는 민주주의와 자유의 이념은 이스라엘의 팔레스타인 점령 지역에 오면 급작스레 멈춰 설 것 같고, 또 지정학적인 이해가 위태로워지는 결과에 미국의 이상이 다다를 때마다 미국의 신실함은 흔들릴 것 같습니다. 미국의 지도층이 잊어버린 기억 중의 하나는 카터Carter 행정부 시절에 일어난 일입니다. 카터가 과거 이란 정보부의 만행에 대해 이란의 국왕과 중앙아메리카의 정부들에 압력을 가하는 등 도덕적인 정책을 통해 문제를 해결하려 했을 때 미국의 주류 사회는 그에게 감사를 표했습니까? 아닙니다. 그는 나약하고 순진하다고, 공산주의를 지원하고 있다고, 미국의 적들에게 기회를 주고 있다는 조롱과 비난을 받았습니다.

예를 들어, 미국의 대통령이 사우디아라비아에 민주적인 개혁을 요구하는 강한 압력을 행사하려 한다면, 그리고 사우디 왕조가 붕괴되고 이슬람주의자로의 교체가 일어난다면, 그 미국 대통령은, 카터가 그랬듯이, 다음 선거에서 패하는 것은 당연한 일입니다. 파키스탄도 마찬가지입니다. 이렇게 미국은 함정에 빠져 있습니다.

●미국의 이라크 침공에 대해 공식적으로 언급되는 목표 이면에는, "압도적 군사적 우위를 통한 일방적인 세계 지배"라고 하는 신보수 국가주의자들끼리 의견 일치를 본 하나의 기본적 계획이 있다고 말씀하셨습니다. 이라크 침공은 의도한 결과를 얼마나 얻을 수 있을까요? 또 이런 정책이 부시의 두 번째 재임 기간에 지속적으로 추구될 가능성은 얼마나 있을까요?

이라크는 그들의 목표에서 재앙이었습니다. 그 목표들은 당연히 이라크와 함께 날아갔고, 그들은 재선에 성공했습니다. 하지만 그들이 정말 치르고 싶었던 또 다른 전쟁, 이란 침략은 개시할 수 없었습니다. 쉽게 말해 그들에게는 병력이 없습니다. 15만 명의 미군들은 이라크에 묶였으며 징병제를 도입하지 않고는 그만한 규모의 또 다른 전쟁을 개시할 수 없습니다. 이란 침략은 미국 사회를 분열시킬 것이며, 베트남전 이래 처음으로 미국 내에서 상당한 반제국주의 운동을 불러오게 될 것입니다. 또 처음으로 미국이 도대체 중동아시아에서 무엇을 하고 있는지에 대한 심각한 질문을 하게 될 것입니다.

그런 관점에서 보자면 이라크는 예상했던 것처럼 돌아가지 않았으며 그들의 계획을 대폭 축소시켰습니다. 결국, 사담 후세인을 전복시킨 직접적인 여파 속에서, 네오콘들은 다음과 같은 말 주변을 맴돌게 되었습니다. "이번 정차역은 이란입니다." 또는 시리아일 수도 있겠지요. 이런 식의 화법은 완전히 사라진 것은 아니지만—그들은 여전히 이란과 대화하기를 거부하고 있습니다.—이란 관련 의제는 단지 핵무기와 관련된 이슈로만 좁혀졌습니다. 그렇게 보면 이라크는 이 점에 있어서 엄청난 영향을 미친 것이지요.

●선생님은 미국이 냉전 중에 채택했던 여러 가지 실질적 관행과 제도들은 미국이 전쟁에 대한 지속적인 위협을 대외정책을 수립하고 안전을 확립하는 데 필수적인 요소로 만들었다고 말씀하셨습니다. 이는 부분적으로 이슬람이 공산주의를 빠르게 대체해서 미국에 대항하는 이데올로기적인 적대 세력이 된 이유를 설명해 줍니다. 이슬람 세력은 중심 근거지가 없고, 수십억 무슬림이 전 세계에 흩어져 있다는 것을 생각할 때, 미국의 안전 확립을 위해 이러한 적대 세력을 어떻게 다루어 나가야 합니까?

저는 제 책에서 더 본질적인 것은 곧 터질 것 같은 절박한 전쟁이 아니라 전쟁 가능성에 대한 상시적인 믿음이라고 말했습니다. 2차 대전과 냉전 중에 만들어진 수많은 제도와 경제적 이익들이 있습니다. 그중에 아이젠하워가 처음으로 분명하게 말한 것은 군사-산업-대학의 복합체였습니다. 미국의 모든 대외 정책을 다루는 연구 주제들에 깊이 관련된 미국 대학의 연구소에는 매우 많은 사람들이 있습니다. 그리고 제임스 만James Mann, 리처드 클라크Richard Clarke, 폴 오닐Paul O'neill 같은 분들도 말씀하셨지만 9.11이 가능할 수 있었던 것은 클린턴이나 특히 부시 행정부에서 일하던 인사들이 테러리스트들을 심각하게 생각하지 않았기 때문이라고 생각합니다. 그들은 냉전이라는 배경 때문에 주요 경쟁국과의 아주 적은 위협에 매달려 있었기 때문입니다.

부시 행정부는 중국을 봉쇄하고 밀어내서 중국과 새로운 냉전을 벌이는 급진적인 반중국 의제를 택했습니다. 반면, 지금은 이슬람 국가나 이슬람교를 새로운 냉전의 대상으로 제시하려는 시도가 네오콘 중에 분명히 있습니다. 이런 넌센스는 4차 세계대전을 이야기하는 노먼 포드호레츠Norman Podhoretz 같은 사람들에게서 발견할 수 있습니다. 홍미로운 사실은, 아시겠지만 이슬람 국가들은 소련과 같은 초강대국도 아니었고, 공산주의 같은 사회·경제·정치적 원리도 제시하지 않는다는 것입니다. 누군가는 다른 문화와 사회와 다중적인 동기를 가지고 있는 너무나도 다른 세계를 다루고 있는 것입니다.

비록 누군가는 테러와의 전쟁을 알 카에다Al-Qaeda와 그 동맹으로만 축소하려고 하더라도, 다른 누군가는 네트워크 안에서 서로 협력하고 때로는 독자적으로 활동하는 다른 많은 그룹과 그 연결의 그물망이 더 본질적이라 이야기합니다. 이라크의 알 자르카위Al-Zarqawi 그룹은 결코 체첸에서 싸우고 있는 국제적인 조직들처럼 알 카에다에 속해 있지 않습니다.

이 그룹들과 싸우기 위해서는 관련 사회에 대한 구체적이고 정확한 지식이 요구됩니다. 미국은 베트남전에서 하지 못한 것을 이라크와의 전쟁에서도 하지 못했고, 지금은 무슬림 전체에 대해서도 하지 못하고 있습니다. 이런 것을 보았을 때 마치 비국가 조직이 아닌 국가로부터 나타나는 명백한 위협에만 집중하게 만드는 인력이 작동하고 있는 것으로 보입니다. 이는 9.11 이후에 특히 분명해졌습니다. 부시 행정부의 대응이 9.11을 감행한 실제 테러 가해자에서 악의 축 국가들과의 대결로 그리고 이라크와의 전쟁 계획을 수립하는 것으로 변화하는 놀라운 속도를 보십시오.

알 카에다와 그들이 이슬람권 동맹들에 대해서 벌이는 호소에 어떻게 대처할지 생각하는 것보다 이라크 같은 국가를 위협하고 침략하는 것이 더 쉬운 일이라는 사실은 분명합니다. 마찬가지로 시아파와 수니파 간의 관계에 대해 진지하게 생각하거나 레바논의 헤즈볼라Hezbollah에 대해서 무엇을 할 것인가를 생각하는 것보다 이란이 핵무기를 얻는 것을 막는 것에 집중하는 것이 훨씬 쉬운 일입니다. 이것은 군사 관료들의 고정된 편견의 일부일 뿐 아니라 냉전의 효과 때문이기도 하며 현재 미국 학술계의 지적인 지형 때문이기도 합니다.

●선생님은 냉전의 유산이 사실주의적인 전통에서 훈련된 미국 정책생산자들이 민족국가가 아닌 다른 곳에서 안보 위협이 나타날 수 있다는 사실을 이해하기 어렵게 한다고 말씀하셨습니다. 선생님이 말씀하신 것처럼 테러리즘의 위협에 접근하는데 적절하지 않다는 것이지요(그리고 이것은 부분적으로 왜 부시 행정부가 테러집단의 위협에 지속적으로 주목하지 못하는지와 9.11 발생 후 불과 72일 밖에 지나지 않은 2001년 11월 21일 이라크에 대한 공격 계획을 수립하기 시작했는지를 설명해 줍니다). 선생님은 미국의 아프간 침공을 지지했는데 그 당시는 이미 알 카에다는 자신들의 국가라고 할 곳이 없는, 분산되어 있고 이동이 용이한 조직이라는 점이 확인되었을 때였습니다. 그렇다면 왜 아프가니스탄이 군사공격의 합당한—도덕적으로 그러나 또한 실질적인—목표가 되어야 했습니까?

아프간 침공은 절대적으로 전통적이고 보편적으로 인정되는 자기방어의 관례로 정당화되었습니다. 알 카에다가 이 공격을 촉발했습니다. 이 사실은 세계의 모든 합리적인 사람들이 받아들이고 있습니다. 알 카에다는 단시간에 그리고 명백히 가해자로 판명되었습니다. 탈레반Taliban의 책임 문제를 따져보면, 어쨌든 알 카에다는 탈레반이 집권한 아프간의 일부로 기능하고 있었고, 탈레반의 근위대로서 지원을 받고 있었습니다.

만약에 제가 책임 있는 자리에 있었다면, 저는 탈레반이 알 카에다 지도부를 추방하도록 노력했을 것입니다. 곧장 미국으로 보낼 수 없다면 그들을 미국에 넘길 수 있는 지역으로부터 무슬림 지역의 어딘가로 보냈을 것입니다. 그 이유는 어느 정도는 실제로 일어났던 일이 다소 걱정스러웠기 때문이었는데, 그것은 북부동맹[9]과 함께 아프가니스탄으로 진입함에 따라 미국이 파슈툰족[10]을 소외시킬 수 있었기 때문이었습니다.

그럼에도 불구하고 저는 아프간 침공이 자기 방어로 변호될 수 있다고 생각했습니다. 알 카에다가 아프간 침공을 촉발시켰고 또 알 카에다는 탈레반의 일부로 기능하고 있었으며, 탈레반에 의해서 보호되고 있었습니다. 어쨌든 알 카에다는 먼저 미국을 향해 공격했고 그것은 지워지지 않을 것입니다. 그들은 아주 많은 아프리카인과 그 밖의 사람들을 학살한 책임이 있습니다. 저는 탈레반을 진짜 "악당" 정권으로 규정하는데, 같은 기준으로 보았을 때 이란은 탈레반과는 다릅니다. 그들은 그들의 영역에 불안정성과 급진주의와 테러리즘(반시아파 테러리즘)을 전파하는 일에 종사하고 있습니다.

개인적으로 저는 탈레반이 옹호하는 것과 그들과 그들의 연합 세력이 파키스탄에 미치고 있는 부정적 영향을 혐오합니다. 무엇보다 저는 미국의 아프간 공격이 정당한 자기 방어이기 때문에 지지합니다. 그리고 9.11이 가져온 직접적인 충격 때문에 지지하는데, 즉 그러한 테러가 현대의 대도시에서 일어날 수 있다는 사실과 알 카에다와 같은 군

9) 1996년 탈레반이 정권을 잡은 뒤 결성된 반 탈레반 반군 단체. 민족적, 종교적으로 다른 7개의 분파가 연합해서 결성한 조직이다. 초기에는 이란과 러시아의 지원 아래 아프간 내에 세력을 유지하다 미국의 아프간 침공 이후 미국과 영국의 지원 아래 세력을 확장하여 수도 카불을 포함한 아프간의 50% 이상 지역에 영향력을 행사하고 있다.
10) 전체 아프가니스탄 인구의 50%를 차지하는 최대 다수의 민족 집단이다. 파키스탄과의 국경지대에 집중적으로 거주하며 19세기 이래로 아프간을 통치해왔다. 탈레반은 파슈툰족을 중심으로 구성되었다.

사력을 가진 조직이 현대 문명에 위협이 된다는 점—서구뿐 아니라 이슬람에게도—에서 아프간 공격을 지지합니다. 미국은 아프간 침공 뒤에서 국제적으로 형성된 여론을 즐겼습니다. 미국은 어느 정도까지는 무슬림 국가나 그 지도층을 포함하는 무슬림들의 지원을 끌어낼 수 있었습니다. 이는 대부분 알 카에다가 대변하는 수니파의 급진적인 특성들 때문이었고, 탈레반 또한 제도화되어 있는 이슬람 국가들에게도 위협이었기 때문입니다.

따라서 저는 아프간은 지난 선거에서 민주당 케리 후보가 말한 "국제적인(공격 기준) 심사"와 자기 방어라는 전통적인 심사 기준을 통과했다고 생각합니다. 반면에 이라크는 그 심사 기준에 맞지 않았음에도 공격 당한 것이라 생각하고 있습니다.

●선생님은 지금 부시 행정부에서 일하고 있는 과격한 미국 국가주의자들이 압도적인 군사력과 동맹국들과의 고리를 바탕으로 중국을 "봉쇄"하거나, "정말로 급진적 인물들은 소련이 붕괴된 것처럼 중국 공산당도 붕괴되기를 바랐다."고 말씀하셨습니다. 현 행정부의 급진적인 성향이 이라크에서의 경험을 통해 온건한 방향으로 바뀔 수 있겠습니까?

네. 저는 그럴 것이라 믿고 있습니다. 원칙적으로 그들은 영원히 그들의 신념 속에 있는 꿈을 접지는 않을 것입니다. 분명 그들은 여전히 할 수만 있다면 중국을 붕괴시키려 하고, 최소한 잠재적으로 미래의 미국의 주도권에 위협이 되는 것은 제거하려 할 것입니다. 하지만 지금과 같이 그들이 중동에 묶여 있는 이상 그렇게 할 군사적 여유가 없습니다.

따라서 부시 행정부와 미래의 민주당 행정부는 지금의 노선을 이어 갈 것으로 믿습니다. 이 말은 워싱턴이나 북경, 대만 측에서 언제든지 실수를 할 수 있는 여지가 존재한다는 것입니다. 대만이 지나치게 앞서 갈 수도 있고, 중국이 과민한 대응을 할 수도 있습니다. 그것은 중국이 전쟁을 원해서가 아니라 그들 모두가 그럴 수 있는 상황의 함정으로 스스로를 빠뜨릴 수 있기 때문입니다. 만약 그들이 현명하다면, 당연히 중국 지도부는 군사적으로 대응하지 않을 것이며, 그저 대만을 인정한 모든 국가들에게 그 다음날 외교 및 무역 관계를 단절할 것이라고 말할 것입니다. 그에 따라 어떤 국가도 사실상 대만의 독립을 인정하지 않으려 할 것이고, 중국으로서는 대만인들이 독립선언을 하기는 했지만 누구도 이를 인정하지 않으며 따라서 도대체 무엇이 문제인가라고 간단히 말해 버릴 수도 있을 것입니다. 이것은 러시아가 1994년 이전에 체첸에서 썼던 방법입니다. 하지만 중국은 잘못 판단하고 무력을 사용할 수 있으며, 그럴 경우 미국, 특히 의회는 물리력을 사용할 수 있는 상황으로 스스로를 몰아갈 수도 있습니다.

　따라서 저는 자칫하면 충돌이 일어날 수 있다는 점을 배제하지는 않습니다. 만약 그런 일이 일어난다면 지나간 의제들이 되살아날 것입니다. 즉, 정부와 의회와 정책연구소의 반중국 강경주의자들이 공산주의자들의 공격에 대해 맹렬한 비난을 퍼붓게 될 것입니다. 그들은 엄청난 영향력을 갖게 될 것이며, 중국과의 냉전 의제가 다시 제출될 것입니다. 하지만 저는 오늘날 워싱턴의 어떤 실제 세력도 그것을 원하지는 않을 것이라 믿고 있습니다.

● 최근의 글들을 보면, "부시 행정부는 자칫 이란의 핵 프로그램을 무력으로 포기시키는 방향으로 나아갈 수 있으며, 그럴 경우 이라크, 아프가니스탄, 그리고 중동에서 미국의 지위는 가장 비참한 결과를 맞게 될 것"이라고 말씀하셨습니다. 가까운 미래에 미국이나 이스라엘에 의해 수행될 그런 공격의 가능성은 얼마나 될까요?

그것은 아직까지 가능성에 불과한 것입니다. 현재 그런 가능성은 크지 않다고 봅니다. 모든 것을 다 떠나서 이란은 유럽과의 협력에 몰두하고 있고, 그들의 핵무기, 계획을 최소한 유럽의 압력과 미국의 보상이 가져올 득실을 다 따져볼 때까지 유보시키려 하고 있기 때문입니다. 하지만 미국이 이란을 공격한다면 그것은 대참사가 될 것입니다. 불쌍한 토니 블레어Tony Blair는 이미 엄청난 펀치를 맞아서—어떤 것도 그를 끝장낼 수는 없지만—이란과의 이 작업에 많은 것을 투자했기 때문에 만약 미국이 이란을 공격함으로써 이란과의 관계가 종결된다면, 정부와 당내에서 심각한 저항에 부딪힐 것이고 결국 사임하게 될 것입니다. 토니 블레어가 뭐라 하든지 미국이 이란을 공격하면 그것은 곧 끝이라고 사적으로 조언해주는, 영국 정부를 주도하는 인물들이 있습니다. 그들 또한 사임할 것입니다. 수상으로서 블레어의 재임이 끝나는 것입니다. 또한 이로 인해 유럽에서는 큰 위험이 일어나게 될 것입니다. 더구나 이란의 핵지대는 분산되어 있는데다가 묻혀 있기 때문에 미국은 실수를 할 가능성이 높아 보입니다. 미군들이 알고 있는 것처럼 이란은 현재 조건에서는 미국에 대해 보복할 많은 방법을 갖고 있습니다. 반면에 미국의 이란 공격은 미국의 병력 부족 때문에 불가능한 것으로 보입니다.

따라서 저는 그 점에 관해서는 그전보다는 덜 걱정합니다. 하지만 여기에는 와일드카드가 있습니다. 이스라엘 정부는 어떤 양보를 제공 받는 것과 상관없이 이란이 핵무기를 가지는 것을 허용하지 않기로 한 것 같습니다. 그리고 그들 스스로 공격을 가하거나 미국이 이란과의 협상을 거절하도록 강력한 압력을 행사하려고 할 것입니다. 현재 이란 과 서유럽 국가들 사이의 협상은 다른 많은 이유들 때문에 결렬된 상 황입니다. 어떤 피해 막심한 대가를 내주는 것도 생각해 볼 수 있습니 다. 이스라엘이 팔레스타인에게 양보를 하고, 이번에는 미국이 이란 의 핵무기를 포기하도록 하는 것입니다. 하지만 물론 그 결과는 끔찍 할 수도 있을 것입니다. 이란은 이라크를 실제적으로 약화시키기 위 한 모든 대가를 얻으려고 할 것이기 때문입니다. 헤즈볼라가 국제적 인 테러집단으로 활성화될 수도 있습니다. 이란은 아프가니스탄을 약 화시키는 일에 착수하려 할 것이고 꼬리를 물고 그런 일들이 일어날 것입니다.

미국의 안보 엘리트들은 이 모든 것들을 알고 있습니다. 군 장성은 분명히 이와 같은 일들을 합심해서 반대할 것입니다. 물론 그것들은 이라크에 반하는 것들이었지만 이미 일어났습니다.

●이스라엘과 미국의 특별한 관계에 관한 선생님의 주장에 대해 자세히 말씀해주시 겠습니까? 즉, 팔레스타인인과 미국 원주민의 상황 사이에는 대비되는 유사점이 있 다고 하신 그 부분 말입니다.

그 이야기는 제 주장이나 또는 관계 그 자체에 있어서도 핵심적인 것은 아니고 단지 보조적인 요소입니다. 대다수의 미국인들과 이스라 엘 간 관계의 중심에는 합리적인 공감과 동일함이 놓여 있습니다. 이는 종교와 문화의 오랜 특성에 뿌리박고 있으며, 근래 이스라엘의 발전에 대한 존경에서 비롯된 것입니다. 그런데 저는 1967년에 미국이 국경선 안쪽에서는 이스라엘을 지원했다는 것[11]을 믿고 있다는 점을 말씀드려야 할 것 같습니다. 저는 제 글들에서 이슬람 국가들이나 유럽의 좌파들에게는 절대로 호응 받지 못하는 많은 견해를 제시했습니다. 이스라엘이 유대교적인 특징을 고수하는 것에 대한 지지, 극히 제한된 주민 외의 모든 팔레스타인 난민들의 귀환 반대, 두 민족 국가 반대 등이 그러한 주장입니다. 또한 1948년의 비극적인 상황[12]과 홀로코스트Holocaust가 만들어낸 요청들을 고려해 보았을 때, 아랍이 승리했다면 아마도 인종 청소는 불가피했을 것이며 의심의 여지없이 다른 방향으로 수행되었을 것이라 생각합니다.

따라서 저는 이스라엘을 위한 그러한 공감을 말하려는 것이지 동일한 어떤 형태만을 말하려는 것은 아닙니다. 공감은 미국의 우파들을 중심으로 미국과 이스라엘의 정착과정을 비교하는 가운데 형성되었습니다. 레오 스트라우스Leo Strauss[13]는 토지 약탈을 하나의 국가 건설의 원리로 만들었습니다. 이는 분명히 언급해야 할 문제이며 과거로 돌아가 보면 토지 약탈은 공공연한 사실입니다. 150년 전의 영국으로 거슬러 올라가 보십시오. 동부 연안과 남부 지방과 서부 지방의 미국인들 사이에는 이 문제를 대하는 매우 흥미로운 차이들이 발견됩니다.

---

11) 1967년 발생한 6일 전쟁, 즉 제 3차 중동전쟁 중에 미국이 이스라엘을 지원한 것을 의미한다.
12) 1948년 이스라엘이 건국을 선언한 후 아랍의 주변 국가들이 이스라엘을 공격한 1차 중동 전쟁과 관련된 상황을 말한다. 약 6,500명의 이스라엘인이 죽었는데 그중 대다수가 학살된 민간인이다. 아랍 진영 역시 15,000명 정도가 목숨을 잃었다.
13) 20세기 미국의 대표적인 정치철학자로 미국의 보수주의를 이론적으로 뒷받침하는 것으로 이해되는 철학자.

동부 연안의 미국인들은 인디언들을 몰아낸 것을 무안해 하거나 아니면 아예 기억을 못합니다. 무엇보다 그들은 인디언 원주민들을 만난 적이 없고, 그들의 선조 대부분도 인디언들이 땅에서 쫓겨난 후에 도착했기 때문에 그들이 굳이 그런 행동을 하는 것은 잘 이해가 되지 않습니다. 남부와 서부는 프런티어 정신이 강한 곳입니다. 이 지역에는 동부와 같은 모습은 나타나지 않습니다. 그들에게는 조상들이 미 대륙을 정복하고 "백인들의 나라"로 바꾼 사실을 축하하는 모습이 나타납니다.

제게는 이러한 동일화가 미국의 보수적인 기독교의 중심과 이스라엘의 우익 또는 이스라엘 일반 대중 사이의 어떤 정서적 공동체를 만들어냄으로써 시작된 것으로 보입니다. 이런 분석은 제가 처음 시도하는 것은 아니고요, 이스라엘의 에이모스 엘론Amos Elon[14] 같은 이들에 의해서 제기된 것입니다. 즉, 이 정서적인 공동의식을 단지 천년왕국설을 바탕으로 하는 종교를 공동으로 믿는 데서 생겨난 묵시록적인 특성으로만 보는 것은 잘못입니다. 이것이 현실이기는 하지만 더 넓은 맥락에서 읽지 않는다면 공감하지 못할 것입니다.

미국 측에서 보면 미국의 중심축인 기독교 전통 중에서도 보수적 전통에서 주로 공감대를 찾을 수 있지만, 이스라엘과 관련될 경우에는 그 공감의 폭은 훨씬 넓습니다. 그 공감은 홀로코스트와 관계가 깊으며, 이스라엘은 현대적이고, 민주화되었고, 대단히 성공적인 사회라는 점과도 관계가 깊습니다. 이것들은 유대인 공동체로부터의 막대한 지원과 함께 전체적으로 고려되어야 하는 것들입니다. 이 모든 요소들이

---

14) 민족주의 경향이 뚜렷한 이스라엘의 유명 작가.

동시에 작동하고 있는 것입니다.

원칙적으로 사람들이 그렇게 이스라엘을 지원하는 것이나 한 사회로서 엄청난 성공을 거둔 것에 대해 경탄해 마지않는 것이 잘못은 아닙니다. 하지만 미국의 우익 입장에서 가지는 이 애호에는 지나치게 어두운 요인들이 있습니다. 그중 하나는 정확히 종교적인 급진성이며, 다른 하나는 순화된 인종주의입니다.

●선생님은 미국 국가주의자들은 점차적으로 이스라엘 우익의 국가주의와 서로 얽혀 왔다고 주장하고 있습니다. 미국의 기독교 근본주의자들과 시오니스트들의 동맹에는 어떤 역사적 연유가 있습니까? 다른 말로 하자면, 제리 폴웰Jerry Fawell이 말한 "미국의 성서지대Bible belt는 이스라엘의 안전벨트"라는 말을 어떻게 이해해야 할까요?

기독교 근본주의 문제를 볼 때, 천년왕국의 문제는 차치하고, 미국의 복음주의적인 신교는 16~17세기에 그들의 선조인 영국과 스코틀랜드의 급진 신교도들과 마찬가지로 구약적인 신교입니다. 이는 유대교 전통에 대한 자연스런 친근감을 발생시킵니다. 복음파 교도인 윌리엄 보이킨William Boykin 미국 국방부 차관이 무슬림과 관련해서 "나의 신은 그들의 신보다 위대하다."라고 말한 것으로 전해졌는데, 이는 이사야서Isiah書(구약 성경의 한 편)를 인용한 것이고 그가 구약에 그의 많은 시간을 할애한 인물이라는 것을 보여주는 것입니다.

기독교 복음주의 종파에서 신약을 능가하는 놀라운 수준의 구약적인 특성은 이스라엘에 공감을 느끼도록 만들어 줍니다. 크롬웰O. Cromwell은 중세 이후에 유대인들이 정착할 수 있도록 허락해준 최초의 영국 통치자였습니다. 그는 이를 통해 그의 구약에 뿌리박은 기독교에 많은 영향을 받았습니다. 또한 크롬웰 시대로부터 죽, 거기에는 천년 왕국적인 사고방식이 존재해왔습니다. 이스라엘의 회복은 묵시록이 야기되는 데 결정적이었습니다. 복음주의 종파 중 소수파에 천년왕국 사상이 끼친 영향을 놓고 볼 때, 누구도 그 영향을 부정할 수는 없습니다. 예를 들어, 『남겨진 사람들*Left Behind*』[15] 시리즈의 엄청난 인기를 보십시오.

결과적으로 거기에는 노골적인 정치적 기회주의의 무시 못할 요소가 존재하게 됩니다. 공화당은 이미 정치적인 인구 분포에서 민주당을 궁지로 몰아넣는데 유리한 위치를 점하고 있습니다. 공화주의자들은 엄청나게 공고한 정치적 기반을 가지고 있습니다. 거기에는 백인들과 신교도뿐 아니라 가톨릭의 보수주의자들과 라틴계도 포함됩니다. 나누어진 민주당의 지지 기반과는 달리 공화주의자들의 기반이 되는 층은 중요한 이슈의 대부분에 동의하고 있습니다. 반면에 민주당원들은 서로 혐오하기도 하는, 북부 대도시의 백인 노동계급의 나머지와 흑인, 히스패닉, 진보적인 여성들과 다양한 문화적 자유주의자들을 단일하게 묶어내려고 시도합니다.

이러한 이점에다 유대인들 대부분의 표와 그들이 제공하는 선거 자금을 민주당으로부터 뺏어 오면, 공화당은 민주당이 권력을 잡을 기회를 처음부터 막아낼 수 있습니다. 이 희망은 비밀이 아닙니다. 로버트 노박Robert Novark을 비롯한 보수적인 평론가들은 공공연하게 그 점에 대해 언급해왔습니다. 결정적으로 공화당이 이스라엘 지원에 대한 이

---

15) 종말론의 관점에서 쓰인 팀 라헤이Tim Lahaye와 제리 젠킨스Jerry Jenkins의 베스트셀러 연작 소설물.

슈를 민주당으로부터 선점한다면 그들은 당분간은 집권을 할 수 있습니다. 옳건 그르건 간에 그것이 기본적으로 공화당의 계산입니다.

●선생님은 미국의 미디어가 다양한 대외 정책 과정에서 정부를 지원하고—선생님은 실상 이라크 전쟁 진행 중의 "선전 계획"은 현장보도의 조직적 왜곡이라는 점에서 평화시의 보도와 다르다고 말씀하셨지요.—또 이스라엘의 과도한 행동들에 대해서는 침묵을 지키는 데 있어서 서로 공모하고 있다고 지적하셨습니다. 민주주의 국가에서의 자유 언론이라는 맥락에서 이 점을 어떻게 설명할 수 있을까요?

그 표현은 제가 실제로 말했던 것보다는 좀 과한 것 같습니다. 제가 말했던 것은 부시 행정부의 선전 계획은 평화로울 때의 민주주의와는 다르고 미국의 미디어들은 이 점을 비판하지 않았다는 것이었습니다. 저는 미국의 전반적인 미디어들이 똑같이 선전하는 기계의 일부라고 말한 것은 아니었습니다. 전쟁을 지지하는 신문에서도 반대의 목소리는 나타납니다.

이스라엘의 과잉 행동에 침묵하는 문제에 대한 보도가 아주 불공정하거나 부정확하지는 않았습니다. 주요 미디어를 보면 확실히 그렇습니다. 진지한 신문들과 몇몇 진지한 방송 채널을 보시기 바랍니다. 이스라엘의 공중폭격, 팔레스타인 민간인 사살, 난민 정착 문제들이 어느 정도는 보도되었습니다. 그런데 여기에는 작년에 마이클 린드 Michael Lind가 영국 《프로스펙트prospect》에서 지적한 두 가지 문제는 완전히 빠져 있습니다. 첫 번째는 역사적 맥락이고, 두 번째는 분석 또는 비판입니다. 제가 제기한 문제 중의 하나는 팔레스타인인은 왜 1940년대에 그들에게 있었던 일들을 조용히 따르게 되었는가의 문제와 관련이 있습니다.[16] 역사적인 선례에 따르면 이는 터무니없는 것입니다. 아무도 받아들이지 않았을 것입니다. 우리는 팔레스타인이 미쳤던 게 아닌가라는 생각까지 해 볼 수 있습니다. 참 어처구니없는 일입니다. 그것이 바로 맥락입니다. 둘째로 린드가 지적했듯이 분석의 측면에서 보자면 폭력과 그 원인은 항상 이스라엘의 점령이 아닌 팔레스타인인 들의 "테러리즘"으로 나타납니다. 마지막으로 이스라엘의 정책을 심 각하게 비판하는 기고문들은 주류 매체나 진보적인 매체 모두에서 이 스라엘 지지 표명에 비해 수적으로 뒤집니다.

언론들은 왜 끝까지 이라크 전쟁을 막지 못했을까요? 그것은 부분 적으로 이스라엘의 로비 때문입니다. 중동에서의 미국 정책의 기초를 이루는 근본적 동기들에 대해 집요하게 분석하는 것은 쉽지 않은 일이 며, 만약에 이스라엘 정책이 가진 문제와 중동에서 미국을 곤란하게 하는 부분에 대해 답할 준비가 되어 있지 않다면, 현재의 정책을 대신 할 수 있는 대안을 제시하는 것은 힘든 일입니다. 이 말이 이스라엘이 논의의 중심이 되어야 한다는 것은 아닙니다. 단지 그 영향력이 부정 되어서는 안 된다는 것입니다. 그 영향력은 오직 팔레스타인과의 다툼 의 결과로 드러나는 것이 아니라 이란, 시리아 등 무슬림 세계와의 관 계를 통해서 나타나는 것입니다. 만약에 이 사실이 무시된다면 반유대 주의를 고발할 때 종종 나타나는 것처럼 전체 논의를 어렵게 만들어 버립니다. 그보다는 당신은 대통령 선거에서 왜 "테러와의 전쟁"이 논 의되지 않는가를 묻는 것이 나을 것입니다. 이스라엘 요인은 그런 부 분 중의 하나입니다.

---

16) 유엔 결의를 통해 팔레스타인 거주민들이 소개되고 이스라엘이 국가를 건설하게 된 것 을 의미한다.

그런데 저는 이 이슈들에 대해서 9.11 이전에는 언급한 적이 없었습니다. 이스라엘을 어떤 식으로 공격하든 그것에 대해 언급한 적이 없습니다. 그런데 테러리스트들이 미국을 공격한 이후에 카네기 평화 재단은 제게 테러와의 전쟁과 무슬림 지역의 상황에 대한 연구를 요청했습니다. 저는 그후 이 중요한 이슈에 대해서 논의하지 않는 것은 학문적으로 불성실하며 도덕적으로 비겁한 것이 될 수도 있다고 생각했습니다. 나아가 영국인으로서 덧붙이자면, 애국적이지 못한 것일 수도 있습니다. 영국은 미국과 더불어 이라크와 아프가니스탄에서 싸우고 있고 테러리스트들로부터 동일한 위협을 받고 있습니다. 따라서 영국 시민은 테러와의 전쟁을 훼손하거나 영국의 안보를 위험에 빠뜨리는 정책과 태도들에 대해서 발언해야 하는 권리와 의무를 가지고 있습니다.

미국에서 미디어와 지식인들이 보여주는 모습에 대해 두 번째로 지적해야 할 것은 9.11 이후에 사람들은 분명히 겁에 질려 있다는 것입니다. 전국을 휩쓰는 호전적 국가주의의 물결이 일어나고 있습니다. 유독 미국에서만 일어나는 것이 아니라 미국처럼 공격을 받았던 모든 국가에서 나타나고 있습니다. 하지만 미국에서는 그 반응이 과거 미국 역사에서 나타난 선례와 같은 형태를 띠고 있습니다. 그 물결의 침묵하게 하는 효과는 과거에도 나타난 적이 있습니다. 매카시즘McCarthyism이 최근이었고, 반독일 운동, 1차 대전과 1920년대 당시의 극단적 반공 히스테리 등 호전적 국가주의의 물결이 일어났을 때 사람들은 침묵을 강요받았습니다.

러셀 베이커Russel Baker[17]는 A.J. 리블링Liebling[18]과 관련해 《뉴욕 북 리뷰New York Review of Books》에 기고한 글에서 언론인들이 스스로를 단지 높은 연봉만 바라는 기능인으로 여기고 있다고 비판했습니다. 제 자신도 기자였었고, 정확하게 보도하려고 노력했고, 또 유쾌하며 지적이려고 했지만, 본질적으로는 돈을 벌기 위해 기사를 썼습니다. 오늘날 이런 끔찍한 경향은 특히 미국 언론계에서 최고의 자리에 오르려는 사람들에게서 나타나고 있는데, 이들은 스스로를 돈을 위해 일을 하는 사람이 아니라 국가의 중추적인 인물로 여기고 있습니다. 이들은 돈을 위해 일하는 사람들이 아니라 거의 전임 관료였던 것처럼 행동합니다. 그 뿐만 아니라 스스로를 미국의 중대 국면에 대단히 중요한 직위에 있었던 것처럼, 마치 2차 대전이나 한국 전쟁 중의 애치슨Acheson 장관이었던 것처럼 여깁니다. 바로 지금 많은 칼럼니스트나 텔레비전 저널리스트들이 그렇습니다.

마지막으로 언뜻 보기에 모순으로 들릴 수 있는 중요한 포인트가 있는데, 밥 우드워드Bob Woodward가 그 모순을 피할 수 있도록 해 줍니다. 워터게이트Watergate 사건 이후에 언론인들은 한편에서는 정부 행정을 좌우할 수 있는 제4권력the Fouth Estate으로서의 막중한 역할을 맡고 있다는 자만심에 빠졌습니다. 다른 편에서 언론인들은 우드워드가 그랬듯이 실제 현장에서 취재를 하고 부정을 폭로하는 취재활동 대신에 이미 가공된 야들야들한 정보 덩어리만 탐닉하고 있습니다. 우드워드는 이제 부정을 폭로하는 기자에서 한가로운 연대기 작가가 되어 있습니다. 그는 놀라울 정도의 정보력이 있고 훌륭한 통찰력을 가지고 있음에도 본질적으로 미국 체제 찬가를 부르는 가수입니다. 제가 볼 때 지금 미국의 많은 기자들이 그와 다르지 않습니다. 그들은 정보를 얻기

---

17) 퓰리처상을 수상한 미국의 작가이자 언론인.
18) 언론운동으로 저명한 미국의 언론인.

위해 힘이 있는 정부나 반대편에 의존하면서 특종을 얻을 기회를 잃을 수 있는 어떤 말도 하지 않으려고 합니다.

●선생님은 "미국의 젊은 지식인들이 미국적인 억측과 편견이 투영된 것에 불과한 학문 분야만을 선호해서 역사와 지역에 관한 학술적 연구에 무관심하기 때문에 외부 세계로부터 실제적인 지식들을 얻지 못하고 있다.…… 이는 자신의 국가와 국가의 행위에 대한 깊이 있는 분석 능력을 왜소하게 만들고 있다."고 말씀하셨습니다. 더하여, 선생님은 상응되는 대학의 전공과 정부의 기관들 사이에 존재하는 긴밀한 관계에 대해서 지적하셨는데 이것이 함축하는 의미는 무엇입니까?

그런 문제들 때문에 이라크 전쟁이나 이스라엘과 관련한 토론을 할 때 획일주의로 흘러가게 됩니다. 헨리 키신저Henry Kissinger가 30년 전에 지적했듯이 학계에 있는 사람들 중 너무도 많은 이들이 정부에 재직 중일 때 이전의 기록들을 지키는 일을 하거나 다음 행정부에 참여하는 것을 목표로 일을 하고 있습니다. 이는 진보적인 비판이나 대안을 낼 수 있는 풍토가 못됩니다. 이런 사람들에게는 선택되지 않거나 또는 상원 위원회에서 거부될 수도 있는 안을 연구해서 제출하려는 의지가 전혀 없습니다.

저는 학계에서 인물들이 계속 충원되는 것이 멋지다고 생각했었지만 그것이 깊이 부패해 있다는 것을 알게 되었습니다. 지금은 영국과 같이 공무원들이 한 행정부에서 다음 행정부로 이어서 일하는 시스템을 더 선호합니다. 하지만 그러기 위해서는 행정의 강한 독립성이 필수적이고 또 그들이 행정 분야를 유지하는 이상 정치적인 입장에 따라 국민을 상대하지 않을 강한 의지와 심성이 요구됩니다. 이는 미국, 특히 워싱턴 정가에서보다 영국에서 공적인 주제에 대해 더 자유롭게 논쟁할 수 있도록 해줍니다. 강력한 자유주의와 문화적인 평등주의의 전통이 있는 나라에서 위계적인 분위기와 때로는 아첨하는 분위기, 법정 공방과 같은 분위기가 마치 중세 초기처럼 모든 것을 지배하는 것은 참으로 놀라운 일입니다. 그 점이 미국에서 토론이 결여되는 데 일조하고 있습니다.

이것이 압도적으로 강력한 미국 국가주의 신화의 힘이 합쳐진 것입니다. 로렌 바리츠Loren Baritz와 같은 과거의 작가가 표현했듯이, 베트남은 미국을 떠받치는 이 신화들을 흔들었지만, 미국인들은 다시 한 세대를 그것을 소생시키는 데 보냈습니다. 레이건R. Reagan은 바로 그 일을 하기 위해, 즉 스스로 미국의 이미지를 복원하도록 하기 위해 뽑힌 것입니다. 이러한 신화들은 미국의 국가적 정체성과 이미지 자체에 너무도 중요하기 때문에 미국의 기성 정치적, 지적 제도들은 그 이미지에 대해 심각하게 따져보고 구체적으로 나타날 수 있는 결함에 대해 의문을 제기할 수가 없는 것입니다. 물론, 반대자들도 있습니다만 길게 보았을 때 그 영향력은 놀라울 정도로 미미합니다.

따라서 워싱턴 정가 주변에서 뛰고 있는 사람들—보수주의자들뿐 아니라 민주당의 엘리트층까지도—은 미국이 해야 할 일이란 의욕을 고취시키고 발휘하도록 노력하는 것이라고 믿습니다. 만약 미국이 간절히 원하기만 한다면 무슨 일이라도 성취될 것입니다. 세계의 어떤 사회든지 그 국민들의 소망과 전통에 상관없이 바뀔 수 있습니다. 어떤 나라든 그 나라의 이익이나 이상과 상관없이 민주적일 뿐 아니라 친미적 민주주의가 될 수 있습니다.

이것이 남들처럼 미국을 볼 수 없는 이유입니다. 어쨌든 미국은 중미와 카리브 지역에 자신들의 세력을 가지고 있습니다. 하지만 그 지역은 경제적으로나 정치적으로나 잘 해내지 못하고 있습니다. 세계의 나머지 사람들은 이를 정확히 보고 있으며 그 결과로 미국이 위선에 차 있다는 믿음을 키웁니다. 이 위선은 미국의 명성과 영향에 그 자체로 매우 좋지 않은 것이지요.

수천 명이 죽고 나라가 폐허가 된 홍수 뒤에 아이티는 얼마나 많은 것을 얻었습니까? 푼돈입니다. 단 5,000만 달러 정도를 미국으로부터 지원받았습니다. 아이티는 미 본토와 불과 수백 마일 밖에 떨어져 있지 않고, 미국에 많은 아이티인들이 거주하지만, 그들은 현실적으로 가진 것이 없습니다. 제가 워싱턴 정가의 사람들에게 미국 연안에서 가깝고 미국의 오랜 세력권 내의 국가들이 곤란을 겪을 때 자금을 지원하자고 제안하면 그들은 화를 냅니다. 여기에는 이상한 도덕적 거품이 있으며 당연히 미국 정계와 대학의 안팎에서도 모두 좋아하는 것은 아닙니다만 누구도 이에 대해서는 관심을 가지지 않습니다.

●선생님은 《네이션The Nation》에 기고했던 최근의 글에서 아놀드 토인비Arnold Toynbee의 "위대한 제국들은 멸망하는 것이 아니라 스스로 몰락한다."는 말을 인용하며 마무리하셨습니다. 그것이 현 미국의 궤적이라 볼 수 있겠습니까?

역사적인 대안을 생각해보면 원칙적으로는 미국이라는 제국이 사라지는 것을 원치 않는다고 써야 했다는 생각이 듭니다. 저는 미국의 온건하고, 문명화되고, 이성에 입각한 헤게모니에 대해서 반대하지 않았으며, 중국의 헤게모니로 교체되기를 바라지 않습니다.

하지만 몇몇의 사건들이 합쳐져서 미국의 헤게모니를 약화시킬 수 있다고 보는 것은 가능한 일입니다. 현재 미국은 중동에 관해 숙고를 거친 체계적인 전략이 없습니다. 미국은 개별적으로 벌어지는 테러리스트의 위협에 대처하고, 이란을 봉쇄하고, 파키스탄과 사우디아라비아를 관리하기 위한 임시변통적인 전략만을 가지고 있을 뿐 총체적인 전략을 마련할 어떤 방안도 가지고 있지 않습니다. 만약 미국이 계속해서 무슬림들을 자극한다면, 만약 중동의 어디에선가 혁명이 일어나거나 다시 한 번 미국 본토에 대한 테러 공격이 일어난다면, 미국에서 발생한 혼란과 불안정성은 전 세계로 퍼져 나갈 것이며 문제를 해결하는 과정에서 유럽과의 동맹이 와해될 수도 있습니다.

만약 미국이 군대를 보내 점령까지 해야 하는 또 다른 주요한 전쟁을 하게 된다면 징병제는 다시 시행될 것입니다. 징병제가 부활한다면 미국인들은 거리로 쏟아져 나와 대책을 요구할 것입니다. 그 요구에는 에너지 비축 문제부터 이스라엘과의 관계까지 모든 것이 포함될 것입니다.

비록 미국이 중동에서는 허약한 전략과 지위를 가지고 있더라도, 미 제국은 방대한 영역에서 기본적 힘을 가지고 있습니다. 예를 들어, 극동에서 미국이 과도하게 자신의 역할을 행하지 않는 한, 대부분의 동아시아 국가들은 중국에 대항해 균형을 맞추는 역할로서 미국이 머무르기를 바랄 것입니다. 유럽에서는, 특히 동유럽은 지속되는 러시아의 공포로부터 벗어나거나 또는 프랑스와 독일에 대한 반감이건 간에 상관없이 미국이 현 상황을 그대로 유지하기를 갈망합니다. 중앙아메리카와 카리브해에서는 미국이 경제적·군사적 힘에 기반한 직접적인 물리력을 통해 항상 지배적인 영향력을 행사할 것입니다.

하지만 부시 행정부가 자멸적인 상황에 빠진다면, 1914년의 합스부르크Habsburg 왕가처럼 낭떠러지에서 뛰어내리는 상황으로 빠져든다면, 그럴 수 있는 방법은 많이 있는데 예를 들어 이란을 공격할 수도 있고—자멸할 수 있는 가장 빠른 방법이 될 것입니다.—사우디를 공격할 수도 있고, 대만의 독립을 지지할 수도 있습니다. 저는 그런 일이 실제로 벌어지지 않을 것이라 믿습니다. 불행하게도 부시 행정부가 이란 폭격과 같은 일을 하는 것을 생각할 수도 있습니다. 즉각적인 파멸로 이끌어 가지는 않을 것이지만 그 때문에 극단적인 비극적 대결로 이어지는 관계의 얽힘이 시작될 수 있습니다.

●점차 세계 석유 매장량이 줄어들고, 고갈이 눈앞에 닥쳐오고 있습니다. 여기에 전 세계적인 석유와 에너지 자원은 카터 이래 공식적으로 미국의 "국가 안보" 문제가 되었습니다. 석유의 지정학이 어떻게, 그리고 미래의 미국 정책을 얼마나 결정하겠습니까?

이미 엄청난 수준에서 미국의 정책을 결정하고 있습니다. 사람들은 페르시아 만을 대신해서 카스피해 연안을 석유 공급의 대안으로 개발하고 있습니다. 하지만 놀라운 일은 심각한 수준에서 이는 실패하고 있다는 것입니다. 이 실패에는 두 가지 이유가 있는데 먼저 카스피해에는 페르시아 만만큼의 석유가 존재하지 않는다는 점뿐만 아니라 그곳에는 다른 구매자가 존재한다는 것입니다. 그곳 석유의 막대한 양이 중국으로 가고 일본에도 가고 있습니다. 만약 중국의 경제가 계속 성장한다면 석유 가격은 오르고 또 오를 것으로 보입니다. 아마도 환경재앙이 세계 경제를 붕괴시켜 전 세계가 석유 소비를 제한하도록 강제할 때까지 그럴 것입니다.

따라서 현재 중동에서 보여지는 미국의 모습은 반드시 이스라엘 때문만은 아닙니다. 많은 부분은 석유에 관한 것이고, 그리고 반드시 석유회사의 이익만을 위한 것도 아니고, 미국인들의 눈으로 보기에는 미국적인 생활 방식을 지키기 위한 것입니다. 만약에 여러 석유 메이저들이 심각한 불안정성을 동시에 경험한다면 매우 흥미로울 것입니다. 이것이 불가능한 가정은 아닙니다. 예를 들어, 만약 페르시아 만에 불안정성이 나타나고 나이지리아에서 파국이 나타난다면, 그리고 베네수엘라에 다른 식의 불안정성이 나타나게 된다면 미국은 이 중 어딘가에 군대를 진주시켜 석유 공급을 보장받으려 할 것입니다. 그렇게 되면 다시 한 번 우리는 과연 미국은 충분한 군사력을 보유하고 있는가, 사태는 어떻게 흐를 것인가 등의 의문에 직면하게 될 것입니다. 아프리카의 어떤 곳에서는 미국의 개입이 평화유지 과정으로 나타날 수 있으며, 실제로 그런 요소를 포함합니다.

이 중 어떤 것이 발생할 것이라는 것은 아니지만 석유의 지정학적 요인은 다가올 수년간 미국에 있어 중심적인 국제 전략으로 자리 잡을 것입니다. 물론 제가 보고 싶은 것은 그 사안을 다른 방법으로 해결하는 것인데요, 그것은 미국이 석유에 대한 의존을 낮추는 것입니다. 이는 부시가 가장 잘못했던 것인데 그는 그러기는커녕 오히려 그와는 반대로 나갔습니다. 미국의 석유 의존 감소에 대한 논의를 만들지 못한 것이 9.11을 제대로 이용하지 못한 부시의 가장 큰 실패입니다. 대신에 우리는 미국의 석유 소비가 계속해서 상승하는 것을 보았습니다. 미래에 가능성이 매우 높은 일은 이라크에서처럼 미국이 다시 어떤 국가(들)을 점령하게 되고, 나머지 다른 나라들은 이것을 미국이 석유 공급을 놓지 않기 위한 것으로 받아들이는 것입니다. 이로 인해 미국 행정부는 이라크에서처럼 송유관이 폭파되는 일을 경험할 수밖에 없을 것입니다.

　사우디아라비아의 경우에 그런 우연성은 넓게 논의된 바 있습니다. 만약에 미국이 석유 공급을 보장받기 위해 다른 나라를 점령할 경우, 미국을 제외한 나라들이 미국과 미국이 이라크를 침공한 동기에 대해 가지고 있는 의심은 사실로 밝혀질 것입니다. 미국은 국제적인 이상의 마지막 요소까지 벗어던지게 될 수도 있습니다. 이는 사람들의 소망과 참된 생존과는 무관하게 자원을 획득하고 통제하는 데 정신이 팔렸던 과거의 제국들과 다르지 않은 모습입니다. 이 경우 과거로부터 이어진 민주주의와 인류의 진보를 위한 표지로 기능했던 미국의 역할은 무너져 내릴 것입니다. 우리는 이런 일이 벌어지지 않기를 기원해야 합니다.

PART 3

페미니즘과
인권

시린 에바디 Shirin Ebadi

이란의 변호사이자 인권운동가로 2003년 노벨 평화상을 수상했다. 그녀는 이란에서
이란의 여성 차별 법령 폐지와 빈민 아동을 보호, 반정부 활동 인사 석방을 위한 운동
들을 이끌었다.

8
시린 에바디

●선생님은 어떻게 인권의 영역에 관심을 가지게 되었습니까?

모든 인간은 고유한 특성을 가지고 태어납니다. 저는 어린 시절에 항상 어떤 부름을 받는 느낌을 가지고 있었고, 그것을 뭐라고 불러야 할지 몰랐습니다만 나중에 제가 찾고 있는 것이 정의라는 것, 정의를 위한 책임과 같은 것이라는 것을 알게 되었습니다. 저는 어려서 친구들이 싸우는 것을 볼 때 자연스럽게 패자, 즉 약자를 옹호하려 하였습니다. 심지어 저는 그런 일 때문에 몇 번이나 호되게 당하기도 했습니다.

이러한 자연스런 성향이 저를 제 학문의 영역인 법으로 이끌었습니

시린 에바디와의 대화를 주선해 주시고, 그녀와의 대화를 통역해 주신 바나프셰 키누쉬 Banafsheh keynoush에게 감사한다.

다. 게다가 제 아버님은 법학자셨습니다. 이것이 제가 정의를 추구하게 된 자연스런 계기였고, 법학과를 졸업한 후 판사가 되는 것을 선택하도록 했습니다. 판사가 되었기에 저는 훨씬 정의를 잘 실천할 수 있었다고 생각합니다.

혁명 이후 이슬람 율법에 따라 여성은 더 이상 치안 판사나 판사를 할 수 없게 되었습니다. 그래서 저는 판사직을 조기에 물러나야 했습니다. 그 후 변호사 개업을 위해 이란 법률가 협회에 자격을 청구했지만, 다른 사람들이 모두 변호사 자격을 얻어 활동했던 7년 동안 저는 변호사 업무 자격을 받지 못했습니다. 그 이유는 제가 독설가라는 것이었습니다! 자격을 받게 되자, 저는 제가 어디로 향해야 할지를 알았습니다. 그것은 정의를 얻기 위한 방법으로써 인권을 지키는 것이었습니다.

●선생님이 참여했던 인권 활동은 어떤 것들입니까?

저는 인권 문제의 이론과 현실에서 양쪽 모두에 참여하여 활동했습니다. 저는 11권의 책을 출간했고, 대부분 인권에 초점을 맞춘 책들입니다. 여성 인권, 아동 인권, 아동 인권에 대한 비교 법학, 미성년 노동, 이란의 인권 백서 작성, 난민 권리, 표현의 자유를 옹호하는 예술과 문학 작업의 권리 등에 대한 것들입니다.

실천에서도 저는 활동적이었습니다. 두세 명의 동료들과 함께 이란에서의 아동의 권리에 관한 국제회의를 개최하는 것을 목표로 아동의 권리 보호를 위한 협회를 창립했습니다. 다행히도 이 단체는 꽤 성공적이었습니다. 저는 많은 법조인들의 도움을 얻어 다른 단체를 설립했습니다. 사상적인 이유로 투옥된 정치적 약자들에게 무료 법률 서비스를 제공하는 단체였습니다. 우리는 또한 정치범의 가족들도 지원했습니다. 저희는 인권이 침해당하는 분야에서 인식을 제고하고 출판활동을 벌였습니다.

저는 노벨상을 수상한 뒤 지뢰 제거를 위한 단체를 설립하였습니다.

● 우리 시대의 논의에서 이슬람은 왜 인권과 양립할 수 없는 것인가요?

공교롭게도 대부분의 이슬람 국가들의 인권 상황이 좋지 않습니다. 인권 유린에 반대하면 인권과 이슬람은 공존할 수 없는 것이라는 말을 듣게 됩니다. 정부는 이슬람의 규율을 관리해야 합니다. 따라서 정부는 종교에 의거해서 이슬람에 반대하는 사람을 규제합니다. 하지만 이는 분명히 잘못된 것입니다. 이슬람에 대한 연구는 이슬람은 인권과 상반되는 것이 아니라는 것을 우리에게 알려줍니다.

반면에 이른바 문명 충돌 가능성을 믿는 사람은 이슬람과 인권의 부조화에 관심을 가지고 있습니다. 그들은 이 논의의 과정에서 이슬람과 민주주의는 양립할 수 없다고 주장하며, 동서양 문명의 충돌은 피할 수 없는 것이라고 주장합니다. 그들의 작업을 쉽게 설명하면 그들은 "이슬람의" 테러리즘이라는 말에 매몰되어 있습니다. 무슬림에 의해 이루어진 단 한 번의 끔찍한 행위라도, 그들의 주장에 따르면 그 행위를 한 사람이 무슬림이라는 것 때문에 벌어진 일입니다. 반면에 무슬림이 아닌 종교인은 잘못된 행위에는 끼어들지 않습니다. 예를 들면, 엄청난 일이 벌어진 보스니아의 경우 내전 중에 일어난 범죄 행위들이 기독교의 이름으로 일어나거나, 기독교에 책임이 있다고 말하지는 않습니다. 또는 그 문제에 있어 팔레스타인의 경우를 보아도, 이스라엘 정부는 지금껏 유엔이 제출한 어떤 해결책도 채택하지 않았지만 우리는 이 점 때문에 유대교를 비난하지는 않습니다. 그래서 이슬람 단체가 폭력 행위에 책임이 있다고 해서 세상 모두가 이슬람 테러리즘을 비판하는 것은 잘못입니다.

따라서 민주주의와 이슬람이 공존할 수 없다고 믿는 사람들은 다음과 같이 나눌 수 있습니다. 첫째는 전쟁을 옹호하는 서구인이거나 둘째는 사람들의 인권을 유린하는(그리고 그 유린을 통해 정통성을 추구하는) 독재 체제로 유지되는 이슬람 정부입니다.

●선생님은 "이슬람 국가에서 시민권의 영역이나 사회·정치·문화적 평등의 영역에서 차별받아 곤경에 처한 여성들은 이슬람 때문이 아니라 사회를 지배하는 가부장적이고 남성 지배적인 문화에 그 뿌리를 두고 있다."고 말씀하셨습니다. 선생님은 종교와 문화의 차이를 어떤 식으로 이해하고 계십니까?

문화는 종교보다 훨씬 뿌리가 깊습니다. 여러 요소들이 한 민족의 문화를 구성하기 위해 결합됩니다. 그중의 하나가 종교입니다. 종교는 여러 다른 이데올로기처럼 해석될 수 있는 것입니다. 어떤 종교가 성립되어야 할지에 대해 고유한 해석을 제공해 주는 것은 한 사회의 문화입니다. 예를 들면, 사회마다 사회주의에 대한 다양한 해석이 있었습니다. 과거 소련과 중국은 그들이 추구한 이데올로기와 똑같이 국가가 운영되었습니까? 쿠바는 알바니아의 사회주의와 같은 방식으로 운영되고 있습니까?

따라서 이데올로기 또는 종교(이슬람을 포함해서)의 해석은 어떤 특정한 사회에만 해당되는 것이 아닙니다. 어떤 이데올로기도 다양하게 해석될 가능성은 열려 있는 것입니다.

● 현재의 국제적인 추세는 경제적이거나 사회적인 권리보다 시민권과 정치적인 권리가 더 강조되는 것 같습니다. 왜 이런 상황이 나타나고 있으며, 만약에 사실이 그렇다면, 선생님은 이 변화에 대해서 어떻게 생각하십니까?

인간의 권리는 각각의 영역으로 나누어질 수 있는 것이 아닙니다. 인간은 이 모든 권리를 필요로 합니다. 사회적 정의가 없는 자유는 쓸모없고, 사회적 정의는 개인의 자유가 보장되지 않을 때 쓸모없는 것입니다. 전체로서의 인권은 모든 개인에게 요구되는 것입니다.

● 국가 간 또는 한 국가 내부에서 불평등이 광범위하게(그리고 어떤 경우에는 증대되는) 나타나는 상황에서 인권은 어떻게 보장받을 수 있습니까? 다시 말씀드리자면, 모든 인간이 존엄함과 자유의 척도로 여겨지기 위해서는 우선 국제적인 차원이나 국가적인 차원에서의 사회구조적 변화가 필요하다고 생각하십니까?

네, 그렇습니다. 유엔이나 세계은행과 같은 조직들은 개혁되어야 합니다. 예를 들자면, 안전보장 이사회에서의 거부권이 인정되는 상황에서 전 세계적인 차원에서의 민주주의에 관해 이야기하는 것이 가능하겠습니까? 이는 전 세계의 국가들이 모두 찬성해도 이사국 중 상임 이사국 하나가 반대하고 거부권을 행사한다면 다른 모든 국가들의 의지를 꺾을 수 있다는 것입니다.

다른 예를 더 들어 보겠습니다. 세계은행이 비민주 국가에 차관을 제공하는 것은 그 나라 국민들에게 정의롭지 못한 것입니다. 차관이라는 명목 하에 사담 후세인이 권력을 잡고 있는 동안 얼마나 많은 지원을 받았는지를 보십시오. 사담 후세인이 실권한 지금 그 빚을 다 갚아야 할 사람들은 바로 이라크의 국민들입니다. 저는 후세인이 권좌에 있던 대부분의 시간 동안 미국의 비호를 받았고, 후세인이 미국의 지원을 통해 세계은행으로부터 차관을 얻을 수 있었다는 사실을 밝히는 것이 필요하다고 생각합니다. 이제 이라크 국민들은 수백만 달러의 빚을 떠안았습니다. 후세인만이 그런 차관을 받은 독재자가 아닙니다. 유감스럽게도 이런 일은 세계적으로 많은 곳에서 일어나고 있습니다. 따라서 독재 국가와 인권 유린 국가에 대한 어떤 식의 지원도 금지하는 것이 중요합니다.

● 테러와의 전쟁이 전 세계적인 차원에서의 인권에 어떤 영향을 주었다고 생각하십니까?

테러와의 전쟁은 정당한 전쟁이고 수행되어야 합니다. 하지만 그것이 인권 침해에 대한 변명이 되어서는 안 됩니다. 인권을 위한 투쟁은 유엔의 틀 안에서 진행되어야 합니다. 동시에 테러리스트들은 체포되어 기소되어야 합니다. 하지만 수많은 테러리스트를 체포하고 기소해서 테러리즘과 그 영향이 줄어들었습니까?

분명 그렇지 않습니다. 테러리스트들만을 기소한다고 해서 충분하지 않기 때문입니다. 우리는 테러리즘의 근본 원인에 접근해야 합니다. 테러리즘은 두 가지 근본 원인으로부터 나옵니다. 첫째는 편견입니다. 편견은 교육을 경시하기 때문에 생겨납니다. 우리가 세계적으로 무지함을 깨우치려고 한다면 우리는 사실상 테러리즘과 싸우고 통제하는 길로 나아가는 것입니다. 둘째, 테러리즘의 뿌리는 정의롭지 못함에 있습니다. 우리는 이 세상의 정의롭지 못한 근원들을 찾아내서 줄여야 합니다. 만약 이 두 원인들이 해결된다면 우리는 확실히 테러리즘을 잘 제거해 낼 수 있을 것입니다.

릴라 아부-루고드 Lila Abu-Lughod

컬럼비아 대학의 인류학과 여성·젠더 연구 교수이다. 저서로 「Writing Women's World : Bedouin Stories」(California University Press, 1993), 「Remarking Women : Feminism and Modernity in the Middle East」(Princeton University Press, 1998) 등 이 있다.

9

릴라 아부-루고드

●9.11 이후 미국의 공적 논의는 "무슬림" 사회에만 존재하는 특유함은 무엇인가에 집중되고 있습니다. 이슬람교는 무슬림 사회의 특성을 얼마나 결정한다고 보십니까? 이슬람 사회들에 관해 어디서부터 논의를 시작할 수 있을까요? 그리고 우리들 자신과 이슬람 사회를 구분해 주는 것은 무엇입니까?

사회가 나타나는 여러 양상은 그 성원들이 살아왔다는 점에서 주요 종교의 역사와 영향을 고려하지 않고는 이해될 수 없습니다. 역사적으로 기독교가 지배해 온 유럽과 미국에서와 같이 중동이나 아프리카 서

이 인터뷰에서 제기된 내용은 다시 릴라 아부-루고드의 〈무슬림 여성은 정말 구원이 필요한가? 문화적 상대주의와 타자들에 대한 인류학적 고찰 Do Muslim Women Really Need Saving? Anthropological Reflections on Cultural Relativism and Its Others〉(《미국 인류학자 American Anthropologist》 104 No. 3)에서 자세히 논의되었다.

남아시아와 다른 무슬림 지역에 살고 있는 국민들에게도 마찬가지입니다.

중요한 것은 그럼에도 미국에서의 복잡한 정치학, 사회적 움직임, 삶의 다양성을 기독교로 축소시키는 것이 도움이 되지 않는 것과 마찬가지로 이 지역들에서도 이슬람으로 축소시키는 것이 도움이 되지 못한다는 것입니다.

따라서 우리는 무슬림 사회가 어떻게 "우리 자신"과 구별되는지를 질문하는 것이 아니라, 그 사회들이 역사적으로나 현재에 있어서 어떻게 경제적·정치적으로 그리고 문화적으로 서로 얽혀 있는지를 질문해야 할 것입니다.

● 무슬림 여성들은 최근의 논의에서 주요한 화두로 등장했습니다. 선생님은 "무슬림 여성을 이해하는 것"이 무슬림 사회의 어떤 것을 설명하는데도 도움이 되지 않는다고 주장하셨는데 이 점에 대해서 자세히 말씀해주시기 바랍니다.

많은 사람들이 갑자기 9.11과 아프가니스탄에서 미국의 응전 이후에 무슬림 여성에 대한 정보가 충분하지 않다고 말하기 시작했습니다. 저는 이를 방송 출연이나 대학에서의 초빙이 눈사태처럼 많아지는 것을 통해 경험했습니다. 이 점에 대해 저는 우선 저의 전문성이 인정되고, 제가 20여 년간 연구한 주제에 대해 그렇게 많은 사람들이 더 알려고 한다는 점에서 기쁘게 생각합니다.

하지만 저는 이 상황에 대해 의심을 거둘 수 없습니다. "여성과 이슬람"에 관해 더 알고 싶은 욕구는 지금까지 벌어졌던 사태를 이해하기 위해 따져봐야 될 진정한 주제로부터 사람들을 멀어지게 하기 때문입니다.

그 주제들은 소련, 미국, 파키스탄, 사우디아라비아 등과 관련된 아프가니스탄의 역사, 중동에서의 이슬람주의 운동의 원인과 역학관계, 퇴조하는 정권에 대한 미국의 지원이 가져온 정치학과 경제학을 포함합니다.

감상적인 역사와 정치의 이야기에 등장하는 "무슬림 여성"과 같은 덧칠된 깔끔한 문화 아이콘은 우리에게 일러주는 것이 아무것도 없습니다. 이 대체된 이미지가 무엇을 해낼 수 있겠습니까? 사람들이 질문해야 될 것은 왜 과테말라 여성들에 대해서, 베트남 여성에 대해서(또는 불교에서의 여성), 팔레스타인의 여성이나 보스니아의 여성들이 겪고 있는 갈등에 대해서 알고 싶을 때는 그렇게 열성적으로 달려들지 않느냐는 것입니다.

이 문제는 다른 문화나 종교에 대한 것 중 하나로 다시 구성되어야 합니다. 그리고 무슬림 남성들에게 맞추어진 이 문제에 대한 비난은 이제 가부장제로 낙인 찍혀야 합니다.

● 인도에서의 영국이나 알제리에서의 프랑스는 모두 여성에 대한 지원을 자신들의 식민지 과업에 포함시켰습니다(예를 들면, 식민지 기업의 일정 부분은 표면상으로는 여성들을 구조해야 한다). 지금 아프간에서 나타나고 있는 여성들에 대한 미사여구들이 이와 똑같은 문제를 가지고 있다고 생각하십니까? 그러니까 이런 표현에 맞는 식민지/탈식민지적인 맥락이 있다는 말씀이십니까(그러한 미사여구가 미국의 흑인 여성에게는 왜 해당될 수 없는지를 설명할 수 있다고 지적하신 표현 말입니다)?

네, 저 스스로 아프간 여성을 "구조save"한다는 말이 주는 강렬한 호소력에 대해 질문을 던지고 있습니다. 이 말은 미국의 개입을 정당화시키고(2001년 11월 라디오 방송에서 로라 부시Laura W. Bush가 말했던 것처럼 말이죠.) 미국과 유럽의 페미니스트들이 벌이고 있는 미국의 개입에 대한 비판을 약화시키는 역할을 합니다.

공화당 행정부가 말하는 위선적인 "페미니즘"을 통해 그 점을 보는 것은 어렵지 않습니다. 저를 진정으로 더 골치 아프게 하는 일은 여성이 처한 상황에 대해서 살피는 사람들의 태도입니다. 다른 여성을 구조해야 한다는 개념이 갖고 있는 문제는 서구의 우월주의에 의존하고 그것을 강화시키고 있다는 것입니다.

당신이 누군가를 구조할 때, 당신은 어떤 것으로부터 그들을 구하는 것입니다. 또 당신은 그들을 어딘가로 구조해내는 것입니다. 이 과정에 무슨 폭력이 수반됩니까? 그리고 이들을 구조해내는 장소가 더 우월한 곳이어야 하는 것입니까? 이것은 페미니스트들이 문제 삼아야 하는 오만입니다.

제가 미국 내의 흑인 여성과 노동 계급의 여성을 끌어오는 이유는 이 사명감에 넘치는 미사여구가 안고 있는 독선적이고, 후원을 해준다고 하는 전제가 국내에서 사용될 때 의미가 더 명백하게 드러나기 때문입니다. 왜냐하면 우리는 인종과 계급의 문제에 대해서는 더 정치적으로 판단하기 때문입니다.

만약 백인 중산층 여성이 미국의 흑인 여성을 그들의 남편의 압박으로부터 구조하는 것이 필요하다고 말한다면 무슨 말을 듣겠습니까?

●선생님은 베일이나 부르카burqa가 무슬림 여성에게 "간편한 은둔Portable Seclusion"이 가능하도록 하기 때문에 무슬림 여성들로부터 호응을 얻었고, 베일을 쓰는 것이 주체적이지 않은 것으로 이해되어서는 안 된다고 말씀하셨습니다. 왜 그런지에 대해서 더 설명해주시겠습니까?

20년 전에 "간편한 은둔"이라는 말을 처음 사용한 사람은 파키스탄에서 활동한 인류학자 한나 파파넥Hanna Papanek이었습니다.

제가 간편한 은둔이라는 말을 좋아하는 것은 그 말이 부르카를 상징적인 "이동 가정mobile home", 즉 여성의 존엄성과 보호가 가족과 가족들의 생활 중심인 가정에 의지하는 사회에서 모르는 남자들을 비롯한 대중 사이에서 여성들이 자유롭게 다닐 수 있도록 해주는 것으로 보기 때문입니다.

여성들이 베일을 쓰는 것에 대한 논의는 여기서 다 말하기에는 지나치게 복잡합니다. 하지만 그것이 주체적이지 않은 것이라고 간단히 말할 수 없는 데는 세 가지 이유가 있습니다.

첫째, "베일 쓰기"는 무슬림의 여러 지역에 걸쳐서, 그리고 더 나아가 특정 지역 내에서의 여러 사회적 집단을 가로질러 한 가지 형태로 나타나지 않습니다. 그 다양함은 도시 지역의 젊은 여성들이 별 생각 없이 착용하는 머리 두건부터 의료와 공학기술 분야를 포함해 대부분의 상류층 영역에서 여대생들에 의해 착용되는 전신을 가리는 매우 현대적인 형태의 "이슬람 드레스Islamic dress"까지 색다르게 나타납니다. 둘째로, 이러한 다른 형태의 겉옷을 입는 무슬림 여성들은 이것이 선택이라고 말합니다. 액면 그대로는 아닐지라도 그들의 관점을 진지하게 볼 필요가 있습니다.

하지만 그것을 넘어 우리가 "주체"나 "선택"이라는 말을 사용할 때 실제로 무엇을 의미하는 것인지에 대해 진지하게 질문해 보아야만 합니다. 우리가 인간에 대해 논의할 때 인간은 언제나 문화적으로 다양한 개별적 의미를 가지고 있는 특정한 사회 내의 개별적 존재라는 사실을 고려하면서 말입니다. 우리는 모두 사회적인 코드 안에서 작동하는 존재 아닙니까?

우리가 여기서 사용하는 "난폭한 패션the tyranny of fashion"이라는 표현이 의상 코드의 매개물에 대해 말하려고 하는 것은 무엇입니까?

●선생님은 부르카가 제기한 흥미로운 정치적 · 윤리적 문제는 차이difference를 다루는 것과 관계가 있다고 하셨습니다. 선생님은 우리가 생각하는 자유의 개념과 다른 방식으로 자유로운 아프간 여성을 생각하는 것이 가능한지 질문하셨습니다. 그렇다면 우리는 아프간 여성을 우리와 같은 방식으로만 해방시킬 수 있다는 것인가요?

네, 그렇습니다. 탈레반으로부터 "해방"된다고 하더라도 아프간의 여성들(누구도 이 범주를 획일화 할 수 없습니다.)은 우리(다양한 범주의 서구인들)가 그들을 위해 원하는 것과는 다른 것을 원할 수 있다는 것을 인정해야 할 필요가 있습니다.

우리는 그것에 관해 무엇을 하고 있습니까? 저는 어느 곳에서 무슨 일이 일어나든 간단히 "그들의 문화일 뿐이야."라고 설명해 버리는 문화 상대주의자가 될 필요는 없다고 생각합니다.

저는 이미 "무슬림 여성"에 관해 쓴 제 글에서 "문화적" 설명이 지닌 문제에 대해 언급했습니다. 아프간과 무슬림들의 "문화"는 우리들의 문화처럼 역사의 한 부분이며, 상호 연결된 세계의 한 부분이라는 것을 상기해야 합니다.

우리들에게 필요한 것은 차이를 존중하고 인정하기 위해 노력하는 것입니다. 그 차이는 다른 역사의 결과물이고, 다른 환경의 표현이자, 다르게 구조화된 욕망의 시현인 것입니다.

우리는 여전히 여성에 대한 정의를 주장하지만 각각의 여성들은 정의에 대해 각각 다르게 생각할 수도 있고, 우리가 생각하는 미래와는 다른 미래를 원하거나 선택할 수도 있다는 것을 생각해 보아야 합니다. 미국의 페미니스트들이 받아들이기 가장 어려운 것 중 하나는 이 미래가 다른 종교적 전통 또는 전통들 내에서 여성들이 길러지는 것과 연관되어 있다는 것이며, 이것은 "자유"라고 부르는 그들의 주요한 이상을 포함하고 있지 않다는 점입니다.

지난 2001년 본 평화회의Bonn peace conference에서 나온 보고서는 아프가니스탄의 페미니스트나 활동가들 사이에도 다른 점이 있음을 보여줍니다.

아프간 여성혁명연합RAWA의 대표들은 무슬림 정부가 제안하는 어떤 회유책도 거부했습니다. 하지만 이슬람의 틀 안에서도 여성이 중요한 이득을 얻을 수 있다고 보는—부분적으로는 불평등에 도전하고 종교적 전통을 재해석하려고 하는 이슬람에 경도된 페미니스트 운동을 통해서—다른 그룹은 이란과 같은 나라의 예를 좇으려 합니다. 이란에서의 상황은 페미니스트 진영 내부, 그중에서도 특히 서양의 이란 여성 활동가들 사이에서도 그 자체로 논쟁거리입니다. 여성들이 이득을 보고 있는지, 있다면 어떤 식으로 얻고 있는지도 분명하지 않으며, 교육 수준의 향상과 출산율 하락, 학계와 정부 요직에의 여성 진출, 문단이나 영화 제작 분야와 같은 문화 영역에서 여성들의 활동이 두드러지는 이유가 이슬람 공화국의 건설 때문인지, 아니면 이슬람 공화국이 건설되었음에도 그러한 진전이 있는지도 확실히 밝혀지지 않았습니다.

이슬람 페미니즘 그 자체의 개념 역시도 뜨거운 논쟁거리입니다. 말 자체가 모순 어법인 것인지, 아니면 또 다른 방법을 추구하는 여성들에 의해 진전되고 있는 생존 가능한 운동으로 판가름 날 것인지 아직은 모릅니다.

하지만 만약 자국의 여성들에 대해 어떤 호소력을 가지기를 원하거나 여성의 삶과 젠더 관계를 변화시킬 기회를 갖기를 원한다면 본 평화회의 참석자들은 세속적 서구 모델보다는 이란의 모델을 좇는 것이 현실적이라 생각했습니다.

"차이"와 관련해 마지막으로 하고 싶은 말은 만약에 우리가 아프간 여성들을 위한 최선의 길이라는 확신을 갖는다 하더라도, 세상의 이쪽 편에 앉아서 우리가 할 수 있는 것에 대해 우리의 시선이 지속적으로 훈련되도록 하는 것을 더 잘 유지할 수 있지 않을까요?

우리는 아마도 다른 문화의 여성들을 "구조"하려 노력하는 것보다 어떻게 하면 세상을 더 공평하게 만들 수 있는지를 더 잘 생각할 수 있을 것입니다. 물론 우리는 더 나은 여성의 삶을 만드는 것을 원하고, 또 그것을 위해 일하고 있는 다른 공동체 내의 사람들을 어떻게 지원할 것인가에 대해 자문해볼 수 있습니다. 여기서는 그 개념이 연대일 수 있겠습니다. 하지만 또 우리는 특권을 누리고 권력을 가진 이 지역에 살면서, 사람들이 스스로 삶을 유지하는 상황에 대한 우리들의 책임은 무엇인가에 대해 자문할 수도 있습니다.

우리는 세상 밖에 서서, 문명에 뒤떨어진 불쌍한 사람들을 굽어보는 것이 아닙니다. 우리는 어떻게 이 세상이 어떤 힘이나 가치가 호소력을 가질 수 있는 곳으로 만들어 낼 수 있습니까? 우리는 어떻게 논의와 토론과 변화를 위한 평화를 만들어 내는 것을 도울 수 있습니까? 우리는 세계의 불평등에 맞서서 절망적 무력감에 빠지지 않는 대중적인 희망을 만드는 데 우리가 기여할 수 있는 조건은 어떤 것인가를 질문해야 합니다. 또는 세상에서 잘난척하는 부자 권력을 지적할 수 있는 사람들이 증오에 차서 다른 사람들을 뒤흔들어 대는 곳은 어디인지 질문해야 합니다. 그것들이 사고와 행동에 있어서 더 생산적인 연장선이 될 것 같습니다. 무슬림 여성을 구조한다는 19세기의 사명은 뒤로 남겨 놓읍시다.

사바 마흐무드Saba Mahmood

U.C 버클리 대학의 인류학과 부교수이다. 저서로 『Politics of Piety : The Islamic Revival and the Feminist Subject』(Princeton University Press, 2005)가 있으며, 최근에 이집트와 레바논에서의 세속주의에 대한 비교역사를 연구하고 있다.

10

사바 마흐무드

●선생님의 연구는 자유주의자들의 개념이 가지고 있는 정치적 지배와 그것의 사회적 · 정치적 규범에 대한 비판으로 자리매김되고 있습니다. 선생님의 작업에서 "자유주의적liberal"이라는 용어가 의미하는 바를 처음부터 명백히 설명해주시겠습니까? 그리고 자유주의가 이슬람 문화권에서 왜 그러한 양상으로 나타나고 있다고 생각하시는지요?

저는 주체와 윤리학과 정치학 등의 개념에서 변별되는 정치사상과 철학의 전통으로 "자유주의" 용어를 사용하고 있습니다. 18~19세기에 유럽에서 나타난 자유주의 전통은 자본주의와 현대적인 거버넌스governance의 발전과 동시에 발생했습니다. 자유주의적인 정치철학과 도덕철학의 중심 원칙은 개인과 정치적 윤리로서의 적극적 자유liberty와 본연의 자유freedom의 원리입니다. 본연의 자유가 수많은 전근대 전통들 속에서 생성된 가치라고 한다면 자유주의liberalism는 특정한 주제의 인류학을 전제합니다. 자유주의에서의 자유freedom는 개인 본인의 욕망과 이해(여기서의 이해라 함은 대체로 경제적인 의미로 한정됩니다.)에 따라 자율적으로 행동하는 개인적 능력으로 주요하게 이해될 수 있습니다. 자율성이 인간의 "자연적인" 속성으로 여겨질 정도로 자유주의는 개인과 사회 사이의 필수적인 길항관계를 전제로 하며, 개인적 이익은 공동체의 가치와 이익에 반대되는 지점에 서 있는 것으로 이해됩니다. 훌륭한 삶이란 한 사람이 자신만의 의지와 이익에 따라 자신에게만 고유한 능력을 개발하는 자유로운 선택이라는 격언은 우리 시대의 지배적인 윤리학이 되었습니다.

나아가 고전적 자유주의 사상은 자유주의 원리를 사유재산과 직접적으로 연결 지으며, 사유재산에 기반한 경제시스템만이 개인의 자유를 해방시키고 촉진시킨다고 주장합니다. 특히 원하는 데로 사람을 고용하고 자본을 투하하는 것이 가능하도록 하는 것을 통해서 말입니다. 고전적 자유주의자와 자유론의 주창자들은 실제로 소유 그 자체가 자유의 형식이라는 주장으로까지 나아갔습니다(여기서 소유는 자기 자신 내부에 소지하고 있는 노동의 소유와 물질적인 소유로서의 소유라고 하는 이중적 의미를 갖습니다). 이러한 개념들과 사고는 단지 사회 이론가나 철학자들에 의해서만 전제된 것이 아니라 현대 국가의 논리에 대한 규범이 됩니다. 구체적으로 사법적, 행정적, 시민적인 영역에서 작동되는 규범이 되는 것입니다. 하지만 자유주의는 단순히 국가 독트린 또는 관례화된 사법제도만은 아닙니다. 그 안에는 실질적으로 광범위한 함축이 규정되고 있습니다. 우리가 이 시대에 어떠한 인간다움과 가치를 가지고 살아야 하는지를 그려내는 데 필요한 광범위한 내용을 포함하는 삶의 형식을 규정합니다.

자유주의적인 정치철학의 계율은 두 세기에 걸친 식민지 지배와 전 세계적인 자본주의 힘이 팽창시킨 시스템(법, 통치체제, 무역과 상업)을 통해 비서구 사회로 이전되었습니다(무슬림 사회를 포함해서). 정치와 사회에 관한 자유주의적인 전제는 식민지와 탈식민지 시대를 거치며 각 사회의 감수성과 제도의 본성적인 부분으로 흡수되었고, 서구 지배에 대한 자생적인 비판의 중요한 근거를 형성했습니다. 제가 자유주의가 가지고 있는 지배하려는 속성, 규범적인 억측, 그리고 다른 정치적·사회적 기획과 윤리-도덕적인 지향에 대해 이상하게도 모른 체하는 그 특징에 주목하는 것이 중요하다고 생각하는 것은 자유주의 담론의 많은 측면들이 서구적인 권력 형태에 대한 저항의 언어가 되었기 때문입니다. 두 가지 예를 제시하도록 하겠습니다.

자치라는 이념에 고취된 중동과 남아시아에서의 서구 제국주의에 대한 투쟁을 상기해보십시오. 자치라는 이념은 보편적으로 통용될 수 있는 자유주의 정치철학인 반면에 유럽 식민국으로의 확장은 거부하는 이념입니다. 이러한 식민지 민중들의 민족 자결권과 정부 구성을 위한 투쟁은 정확히 영국과 프랑스와 같은 식민지 민중에까지 확장된 평등과 동포애 같은 자유주의적인 보편성 선언에 전제되어 있는 것입니다. 자결권을 위한 반식민지 투쟁은 자유주의 정치철학의 창립자들이 애초에 생각했던 제한을 넘어서 자유주의적인 정치 규범이 갖는 자기 제한적인 특성에 저항하는 것으로 보일 수 있습니다. 우리는 여기서 자유주의 이데올로기가 가지고 있는 생산능력을 확인할 수 있습니다. 그것은 자유주의에 의해 지배되는 동시에 배제되는 사람들에 의해 만들어진 돌연변이이자 확장입니다(이 점에 있어서는 유럽과 북대서양

국가에서 여성과 흑인의 참정권을 예로 들 수 있습니다). 그러한 자유주의 이데올로기의 돌연변이는 단순히 자유주의가 서구의 가치를 비서구 지역 사람들에게 강요하는 것이 아님을 보여줍니다. 왜냐하면 많은 자유주의의 가르침들이 현대 탈식민주의의 이미지를 구성하고 있기 때문입니다.

자유주의가 저항 담론에서 행사하는 헤게모니에 대한 두 번째 예는 탈식민주의 페미니즘 기획 내에서 개인적 자유와 자율성의 개념이 지닌 탁월함입니다. 탈식민주의 페미니즘—"제3세계 여성들"의 공통된 상황을 변화시키는 것을 목표로 하는—의 목표 중 하나는 여성들이 더 자율적으로 생활하고, "그들의 욕망"을 그들이 속한 사회와 전통과 문화와 공동체의 요구와 구분하는 것을 배울 수 있는 조건을 확보하는 것입니다. 유럽 중심적인 페미니즘 수준에 맞춰진 비판에도 불구하고, 탈식민주의 페미니스트들도 자유주의적인 가정들을 지속적으로 재생산하고 있다는 점에서는 공통적이며, 그 가정들 중에서 가장 핵심적인 것은 개인의 희망과 이해가 전통과 사회와 공동체의 요구와는 반대된다는 것입니다. 따라서 전통 사회에 결핍된 것 중 하나는 개인을 집단 (가족, 형제관계 등) 속에 포함시킴으로 인해 여성들이 자신들의 희망을 사회, 손윗형제들, 문화 등이 요구하는 것과 구분하는 방법을 배울 기회를 잃어버린 것입니다. 하지만 그러한 개인과 사회 간의 대립을 설정하는 것은 보편적으로 타당한 것인가라는 질문을 할 수 있습니다. 실제로 서구의 자유주의적인 사회들에서 삶이 체험되고 경험되는 방식에는 그 대립이 적용되지 않습니다.

제 작업에서 저는 탈식민화된 무슬림 사회의 정치적 상상 안에서 자유주의의 개념과 자유주의에 대한 담론들이 만들어 낸 제한과 편견과

맹점을 드러내려 시도했습니다. 예를 들면, 제 책 『경건함의 정치학 *Politics of Piety*』에서는 자율성이 가진 가치에 대하여 그리고 여기서 파생되어 현대의 페미니즘에 생명을 불어넣은 자유의 개념에 대하여 자유주의적인 관점이 제한하는 바를 문제화하려 했습니다. 그 과정에서 제 목표는 여성들의 투쟁에 있어 이 개념들의 유용성을 버리거나 그것이 잘못된 것이라 주장하려거나, 개인과 사회 사이의 더 올바른 모델을 제안하려는 것이 아닙니다. 그보다 저는 보편적으로 정당화되는 이 구분들의 정당성에 의문을 제기하고, 이 같은 협소하고 편협한 인류의 삶의 방식에 페미니즘이 도전하는 데 자극을 주려고 했습니다. 제가 관심을 갖고 탐구하고 있는 질문은 다음과 같은 것들입니다. 지금 무슬림 세계에서의 자아 개념은 무엇이며, 그것과 긴장 관계에 있으며 계몽적인 방식으로써 지지되고 있는 자유주의적인 자아 개념의 차이는 무엇인가? 왜냐하면 자유주의는 서구와 비서구의 지정학적 구분 위에 그려지는 것이 아니라(다른 말로 하면 그것은 "문화적인" 표현법이 아니기에), 광범한 충성의 틀을 거느리는 것이기에 우리들의 탈식민 세계에는 그것이 파생시킨 어떤 종류의 돌연변이와 자아의 계보가 존재하는 것인가? 자유주의와는 다른 정치적 상상력 안에서 주체에 대한 자유주의에서의 주체와는 다른 개념들이 전제하는 것은 어떤 권력의 구조인가? 우리는 자유를 통해 무엇을 말할 수 있고, 어디서부터 그리고 어디까지 말할 수 있는가?

●선생님은 《보스턴 리뷰Boston Review》에 기고한 글에서 "무슬림 지식인들은 자신들이 자유주의자임을 증명해야 하는 동시에 이슬람의 고유한 재료들을 취해서 작업해야 하는 문제를 짊어지고 있다. 즉, 자유주의적인 정치적 범주들과 그들이 현실적으로 안고 있는 이 모순되는 원리들을 동시에 검토해야 한다."라고 적었습니다. 그러한 질문이 무엇을 드러낼 수 있을까요? 또 선생님이 무슬림 지식인들에게 작용하고 있는 자유주의적인 영향력 때문에 그러한 질문들은 제기된 적이 없다고 말씀하신 것의 의미는 무엇입니까?

제 말은 무슬림 지식인들이 스스로 자신들이 자유주의적인 학문 방법론을 가지고 있다는 것을 증명해야 한다는 것은 아니었습니다. 저와 당시의 대담자에게 던진 그 질문은 오늘날 자유주의적인 사고가 무슬림 사회가 앓고 있는 문제를 평가하는 데 어떤 식으로 영향을 미치고 있는가라는 것이었습니다. 오늘날 무슬림으로서 우리들의 미래를 스스로 그려내는 데 이 평가는 어떤 의미를 가지고 있는가? 그 글은 이슬람을 민주주의, 다원성 그리고 관용과 같은 자유주의적인 개념과 양립할 수 있는지를 알아보기 위해 이슬람의 정통적이며 이론적인 본체 안에 들어 있는 자원들을 따져 보려는 것이었습니다.[1] 제가 발견한 문제는 민주주의와 그에 수반되는 개념인 다원주의와 관용을 무비판적으로 받아들이고 있다는 것이었습니다.

무엇보다, 관용과 다원주의의 가치가 자유주의에 본원적인 것이 아

---

1) *사바 마흐무드, 〈다시 자유주의 질문하기 : '이슬람과 민주주의의 도전에 대한 답' Questioning Liberalism, Too: A Response to [Islam and Challenge of Democracy]〉, 《보스턴 리뷰 : 정치화 문학 포럼》(2003년 4~5월 호), 「자유주의가 이슬람의 유일한 대안인가? Is Liberalism Is Islam]s Only Answer?」 「이슬람과 민주주의를 향한 도전Islam and the Challenge to Democracy」, 조슈아 코엔Joshua Cohen, 데보라 체이스먼Deborah Chasman 공편, 프린스턴 대학출판부, 2004.

니라 바로 그 자유주의 이데올로기에 의해 소외되고 배제된 사람들에 의한 쟁취의 대상이었다는 것을 지적하는 것이 중요했습니다(그것이 보편적이라고 믿는 사람들이 있기는 하지만). 통치체제의 자유주의적인 형식들은 손쉽게 정치적, 시민적, 경제적 권리의 면허를 소외된 사람들에게 넘겨주지 않습니다. 이 권리들은 여성과 사회적 소수자들, 그리고 식민지의 억압된 민중들에 의해 쟁취의 대상이었으며 지금도 그렇습니다. 이 사실은 자유주의 전통 내에는 관용과 다원주의와 민주주의를 측정하는 단일한 기준이 존재하지 않는다는 것과 자유주의의 여러 개념들은 밀집된 사회적 힘들 사이의 다툼이자 그 다툼의 역사적 부산물이었다는 것을 의미합니다. (홀로코스트를 포함해서 인간에 대해 저질러진 흉폭한 범죄들이 민주주의적인 규율과 그 이름 아래 저질러진 것이라는 것을 상기해 보십시오.) 따라서 무슬림 지식인들이 오늘날 문제의식 없이 이념으로써의 "자유민주주의"를 모방하고 지지할 때, 저는 다음과 같은 질문들과 대면하게 됩니다. 어떤 형태의 민주주의지? 어디에서? 누구를 위한? 어떤 집단의 선을 통해서?

무슬림 지식인들이 좁은 의미의 자유민주주의를 옹호하고 추구하려는 이유 중 하나는 종교적 다양성을 관리해 나가는 독보적인 능력 때문입니다. 예를 들면, 종교를 개인적인 문제로 치부하게 하고 시민들에게 양심의 자유에 대한 권리를 승인해주는 것을 통해서 말입니다. 인정된 종교 행위들은 국가의 법에 시민이 복종하는 것을 가로막지 않습니다. 저는 이런 모습에 대한 확고한 믿음이 여러 차원에서 문제가 있다고 생각합니다. 종교적 공존이 오직 현대의 자유주의 사회만의 성취라는 가정은 잘못된 것입니다. 사파비드 왕조Safavid Empire, 무굴 제국Mughul Empire, 오스만 제국Osman Empire과 같은 전근대적인 제국에는 폭넓은 범위의 종교 공동체들이 평화롭게 공존하는 다양한 사회질서가 있었습니다. 이러한 질서들에 결함이 없었던 것은 아니었지만 이러한 사회 체제들은 분명 자유주의적인 모델이 아니었습니다. 예를 들어서 오스만 제국의 체제에서 비무슬림 공동체들은 위계적인 지배 구조로 수직적으로 통합되었지만 그들은 공인되는 독립적인 질서를 가지고 있었습니다. 이런 상호적 편의 제공은 전혀 다른 사회 집단이 공유된 정치구조 아래서 제각기 다른 방식의 자신들의 삶을 살아갈 수 있도록 했습니다. 이러한 생활방식들(때로는 같은 기준으로 측정될 수 없는)은 자유주의적인 정치사상 내에서 표현되는 개인들의 이익의 대상이 아니라 개인이 존재하기 위한 전제조건입니다. 오스만 제국의 체제는 이슬람을 믿지 않는 사람들에게 동일한 사회적 또는 합법적인 권리를 주지는 않았지만, 지금의 민족국가 체제에서는 생각하기 어려울 정도로 자신들만의 고유한 삶을 살아갈 수 있고 또 전통을 발전시킬 수 있는 자율성을 부여해 주었습니다. 제가 이 말을 하는 것은 이 체제가 지금 우리가 가지고 있는 것보다 우월하다거나 당시로 돌아가야 한다고 생각하기 때문이 아니라(누구도 역사를 되돌릴 수는 없지만 말입니다), 이 과거 모델이 우리들에게 오늘날 무슬림 지식인들이 종교와 인종들 간의 공존 문제에 대하여 어떻게 생각할 것인가에 대한 질문에 있어서 생각해 볼만한 이론적인 원천들을 제공해 주고 있기 때문입니다. 이 질문들은 다음 내용도 포함합니다. 이 전근대의 역사는 개인주의를 넘어서 사회적 집단의 권리를 포함하는 관용과 다원주의의 정치학을 어떻게 다시금 생각하도록 하는가? 관용에 대한 자유주의적인 의미들은 최선 또는 바람직한 것인가? 그렇다면 어떻게 그런 것인가? 그것은 어떤 전제 아래서 무엇을 배제하며, 누구를 위해 배제하는가? 종교 또는 인종적인 차이가 역사적으로 잘 조화를 이루었던 여러 방법들에 대해 비판적으로 생각해 보는 것이 단순히 어떤 모델이 다른 것보다 우월하다고 주장하려는 것이 아닙니다. 그것은 현실의 제약을 넘어서 차이에 대해서 생각하고, 그 차이 속에서 살아가는 우리들이 가진 한계를 넘어 우리 자신에게 도전해 보려는 것입니다.

무슬림 지식인들 사이에서 벌어진 최근의 논쟁에서 제가 고민 중인 문제는 모든 길은 로마로 통한다는 가정입니다. 여기서 로마는 미국(때론 영국이나 프랑스를 포함하는)의 자유민주주의를 모델로 하여 비유한 것입니다. 사람들은 보통 로마는 다양한 모델이 아니라 단 하나의 사회적·정치적 가능성만을 표현한다고 생각합니다. 무엇이 (정치적·경제적 영역에서의) 윤리적인 가치와 도덕적인 삶을 만드는가 하는 지난 20년간의 논쟁은 점차적으로 어떤 틀로 한정되어 왔습니다. 그것은 정치적 참여가 투표 행위만으로 왜소해진 자유 시장에 기반한 자유민주주의라는 협소한 틀입니다. 생각해 보십시오. 그것은 오래 전일이 아닙니다. 소련이 붕괴되기 전에 무슬림들이나 여타의 탈식민국가 지식인들이 정치적으로 다양한 모델들이 가진 다른 장점에 대해 토론을 벌이는 것은 자연스런 일이었습니다. 거기서 각각의 모델들이 제시하는 특정한 미래에 대한 약속이나 문제들 그리고 난관은 동등하게 평가되었습니다. 사회주의와 자유주의의 유토피아적인 자화상, 즉 서로 대비되는 좋은 삶에 대한 각각의 사회적, 정치적인 비전은 무슬림 세계에서 광범한 논의를 일으켰고, 서로 다른 이데올로기적, 문화적, 정치적 비전을 혼합하는 것이 나은 미래를 꿈꾸고 창조할 수도 있을 것이라는 가능성이 열려 있었습니다. 이제 서로 다른 정치적 미래와 질서를 향한 개방적 태도들은 사라져 버렸고, 오늘날 우리들 앞에 놓여 있는 것은 "민주주의"가 나타낼 단 하나의 미래입니다. 여기서는 그러한 미래가 미리 예단하는 이상과 지평에 대한, 그리고 그것이 인준해 준 폭력의 형태에 대한 어떠한 논의도 불가능합니다.

●선생님은 이슬람주의 운동이 현실을 복잡하게 만든다고 생각하십니까? 종종 이슬람주의 운동은 서구 지배에 대한 저항의 표현인 만큼 탈식민 무슬림 국가들의 실패에 대한 소외된 사람들의 외침이거나 이 둘의 합이라고 설명됩니다. 선생님의 책 『경건함의 정치학』은 이런 식으로 이슬람주의 운동을 이해하는 것에 대해 문제를 제기합니다. 왜 그렇습니까?

제 생각에 이슬람주의 운동은 이 구도를 복잡하게 만들고 있으며, 그 상황에서 그들은 세속주의적 자유주의 통치 모델과 이 모델이 제시하는 윤리적, 정치적인 비전에 대해 강력한 비판을 하고 있습니다. 논의에 들어가기 전에 저는 이슬람주의 운동이 학술 잡지나 대중적인 언론들에 의해 획일화되고 있기 때문에, 먼저 이슬람주의 운동이 가지고 있는 복수성을 강조할 필요가 있다고 생각합니다. 이슬람주의 운동은 (종종 "이슬람의 부활"이라고 명명되기도 하는) 각기 다른 다양한 요소들로 구성되어 있으며, 널리 알려진 군사적인 성격의 운동부터 시민운동과 공적 참여에 기반해 선거 민주주의 영역 확대를 목표로 하는 소규모 정당운동까지 광범한 형태를 포함합니다. 그들의 활동은 2005년의 이집트 선거나, 더 이전에는 튀니지, 터키, 모로코 등에서 보았듯 종종 권위적인 중동의 정부들에 의해서 좌절되기도 합니다.[2] 하지만 이슬람

---

2) *여기서 나는 내 평가를 이란이나 수단에서 집권한 이슬람그룹보다는 집권하지 않은 야권의 이슬람주의 운동에 국한하려 한다.

운동 내부에서의 가장 큰 조류는 제가 막연하게 이름 붙인 경건성 운동(곳에 따라서는 다와 운동da'wa movement[3]이라고 언급하기도 합니다.)입니다. 그 운동은 가난한 사람들(때로는 회교사원을 통해 지원되기도 하는데)에게 복지 서비스를 제공해주는 자애적인 비영리 단체의 네트워크로 구성되어 있을 뿐만 아니라, 평범한 무슬림들이 종교적으로 엄숙하고 독실하게 일상적인 생활을 영위하도록 하는 것을 목표로 하는 폭넓은 네트워크와 그룹을 구성하고 있습니다. 이 이슬람 운동의 특성은 선거나 국가 개혁에 목표를 두는 것이 아니라 오히려 정치에 앞서는 문화와 사회의 변화에 두는 것입니다. 제가 이러한 운동의 요소를 비정치적으로 보지 않는 이유는 윤리적이고 도덕적인 행동들은 정치가 현대 사회 내에서 어떻게 이루어지는가에 결정적인 역할을 하기 때문입니다. 중요한 것은 이슬람 운동이 포함하는 이러한 다양한 경향들은 단지 서구의 헤게모니나 무슬림 지도층에 대한 비판에서만 다른 것이 아니라 그들이 지향하는 사회적, 정치적인 목표들에서도 다르게 나타난다는 점입니다. 정리해서 말씀드리면 저는 서양의 영향력이나 탈식민지의 무슬림 정부에 대해 이슬람 운동이 한가지 목소리만 내고 있다고 보는데 반대합니다. 왜냐하면 서로 다른 다양한 구성 요소들이 그 안에 있기 때문입니다.

이슬람주의자들의 운동이 서구의 헤게모니나 탈식민 정부에 의해서 벌어진 부정의함에 대한 저항이라는 평가가 완전히 잘못된 것은 아니지만, 그 평가의 단순성은 이 다원적인 운동의 결정적인 면들을 놓치고 있습니다. 다원주의는 오늘날 지식인들의 편에서 보았을 때 진지

---

3) 1928년 이집트에서 하산 알 바나에 의해 설립된 수니파의 가장 오래되고 규모가 큰 이슬람주의 운동 조직.

한 고찰을 요구하는 것이지요. 예를 들어, 이슬람 정당들의 노력(무슬림 형제애단Muslim Brotherhood이나 나다 정당Nahda Party같은)이 국가의 정책이나 관행 변혁을 목표로 하는 사실을 생각해 보십시오(특히 단일정당제도의 폐지, 자유롭고 공평한 선거의 도입, 정치적 권리 회복 등등). 이 정당들의 대상은 사법과 분배 등의 모든 기능을 가진 국가입니다. 결과적으로 이들은 정치적인 신념이나 실천적인 차원 모두에서 그들의 대부분의 신랄한 비판자들과 전제를 공유합니다. 즉, 소속된 형태나 권리, 의무 등의 특정한 형태를 가진 대부분의 주민들처럼 시민-주체로써 그들은 세속주의적 민족주의자들과 민족주의적인 목표를 함께 공유하는 것입니다. 이는 경건주의자들과 대비되는 것인데 이들에게 민족주의적인 정치적 목표는 도덕적 행위의 주요한 목표가 되지 않습니다. 이슬람 신앙 공동체umma의 도덕적인 요구에 따라 도덕적이고 윤리적인 책임과 의무를 중시하는 그들의 실천행동의 규범이 되는 주체normative subject(시민 – 주체가 아니라)는 경건한 무슬림입니다. 이런 차이들을 보았을 때 이 두 구별되는 이슬람 운동의 특성들이 서로 긴장관계에 놓여 있다고 하더라도 놀랄 일은 아닙니다. 사실상 이슬람 민족주의와 세속주의는 이집트에서 보았듯이 경건성 운동에 대한 비판을 공유하며, 이 둘은 경건주의자들의 종교적 실천 활동을 퇴행적이며, 이슬람의 절대적인 영적 이념에 대립되는 하찮은 실천에 불과하다고 규정합니다.

따라서 이슬람 운동이 서구 헤게모니에 대한 저항의 표현이라는 주장은 이러한 복잡성을 놓치는 것입니다. 더구나 저항의 의미로만 축소시켜서 이슬람 운동을 읽어내면 이러한 이슬람 운동의 지형들은 서구 헤게모니, 탈식민성, 자유주의적인 민족주의의 어떤 특정한 면들에 반대하며 무엇을 목표로 하는지를 따져 묻는 데 있어 실패를 범하게 됩니다. 그들은 어떤 그들만의 윤리적인, 정치적인 기획을 가능하게 하거나 배제하는 것일까요? 명심하십시오. 이것은 단순히 강단의 논쟁거리가 아닙니다. 이것은 이슬람 운동에 비판적인 세속 무슬림들에게도 중요한 문제입니다. 제 주장은 만약에 비판의 관행이 단지 사람들이 비판하는 것만을 없애는 것이 아니라 참여와 토론마저 없애는 결과를 가져올지라도 "이슬람의 전환"에 대한 무슬림의 비판은 넓은 영역에 걸친 운동의 특수성과 그것의 다양한 기획과 희망의 다양성과 관계를 맺는 것이 매우 중요하다는 것입니다.

저는 진보적이고 자유주의적인 무슬림들(때로는 저 자신을 포함해서)을 단일한 집단으로서의 이슬람주의자로 특징지으려는 경향이, 미국과 유럽인들이 통상 "이슬람 근본주의"라 부르는 수사법을 재생산할까 걱정됩니다. 이 이슬람 근본주의라는 말에서는 차이가 없는 균일한 적을 유지하기 위해 모든 이슬람주의자들의 차이는 무시됩니다. 저는 이 제로섬 게임과 같은 사고방식이 잘못일 뿐 아니라, 어떤 점에서는 무슬림 사회의 미래를 위험에 빠뜨릴 수도 있다고 생각합니다.

●선생님의 주장은 파키스탄, 터키, 이집트와 같은 국가에서의 세속주의자들의 주장, 즉 대화와 참여를 배제시키는 것은 이슬람주의자들이 아니라 세속주의자들이라는 주장과 상반되는데요, 이에 대해 선생님은 뭐라고 답하시겠습니까?

네, 그렇습니다. 이것은 주장이며 자세히 따져봐야 할지는 모르겠습니다. 이 양자는 타협이 있을 수 없다고 봅니다. 한편에서는 현 이란과 사우디의 무슬림 사제들의 비타협이 존재하고, 다른 한편에는 정부가

1990년대에 자유롭고 공정한 선거의 결과 이슬람주의자들이 잡았던 정권을 세속주의 독재정부가 무효화했던 터키와 알제리의 경우가 있습니다. 이와 같은 경우는 이미 전례가 있습니다. 무슬림 형제애Muslim Brotherhood단이 이집트와 시리아에서 나세르Nasser와 알아사드Al-Assad 세속주의 정권에 의해 탄압당할 당시에 이미 각각 10,000에서 25,000정도의 사람들이 살해당했습니다. 지금 우리가 처한 특수한 지정학적인 맥락에서 보면, 세속주의자들의 의제가 어떻게 미국의 관심에 의해 수렴되는지를 깨닫는 것이 중요합니다. "테러와의 전쟁"이라는 이름 아래 미국은 이슬람 활동가들의 의제에 상관없이 폭넓은 목표를 설정해 두었습니다. 예를 들면, 무슬림 형제애단을 "근본주의자이며 테러리스트"로 규정하는 관행은 1950년을 전후하여 시작된 그들의 활동이 어떤 군사행동도 없었음에도 불구하고 서구 언론에서는 일반적인 것이 되어버렸습니다. 미국 행정부는 군사작전에서 더 나아가 광범위한 문화 미디어 선전을 통해 "내부로부터의 이슬람 세속화"를 분명한 목표로 하는 "이슬람 자유주의" 운동을 촉진하고 있습니다. 이 점에 대해서는 제가 다른 글에서 밝힌 바가 있기 때문에 이 자리에서는 더 말씀 드리지 않겠습니다.[4] 이 기획의 중요한 전략은 단 한 번의 붓질로 이슬람 운동들의 다양성을 획일화시켜 버리고 이슬람교의 비밀스러운 요소는 수상한 것으로 바꾸는 것입니다.[5] 즉, 외과적 수술을 통해 이슬

---

4) *사바 마흐무드, 「세속주의, 해석학, 제국 : 이슬람 개혁의 정치학Secularism, Hermeneutics, Empire:The Politics of Islamic Reformation」《Public Culture》 2006.

5) *관련해서 Rand Corporation에서 출판된 다음 자료들을 볼 것. 첫째, 미 정부가 위임하여 셰릴 버나드Cheryl Benard가 쓴 『시민 민주주의 이슬람Civil Democratic Islam: Partners, Resources, Strategies』 (Pittsburgh : Rand Corporation, 2003). 둘째, 미 공군에서 위임하여 엔젤 라바사 등이 쓴 『9.11 이후의 이슬람Muslim World After 9.11』(pittsburgh : Rand corporation, 2004).

람주의를 제거하거나 처벌하려는 것입니다. 세속주의적인 자유주의 무슬림 지식인들과 활동가들은 이런 실용주의적인 비전이 가능하도록 획일적이며 환원적인 가정을 재생산한 책임을 져야 합니다. 예를 들면, 무슬림 형제애단과 같은 그룹들은 이슬람의 호전성의 다른 얼굴이라는 반복적인 주장들입니다. 이러한 환원주의는 넓은 범위의 이슬람 자선단체들과 전통적인 이슬람 개혁 그룹들을 목표로 그들의 활동을 정지시키려는 현 미국 행정부의 악의적인 선전이 정당화되는 것을 돕고 있습니다. 그러한 전략의 의도치 않은 위험한 결과는 이슬람 전사들의 공감을 높여서, 제로섬 게임인 테러와의 전쟁에서 그 전략을 유일하게 가능한 선택으로 만들어 버렸습니다.

지금의 미국 정책은 사실상 중동의 독재정권들—이집트, 요르단, 모로코 같은—을 허가하여 이 지역에서 민주적인 변화를 요구하는 개혁주의자들에 대한 탄압을 증가시키고 있습니다. 미국 정부는 계속해서 중동에서 민주주의가 필요하다는 입바른 소리를 하는 반면에 이 지역의 인권 유린은 외면하는 위선적인 정책을 표준으로 채택하고 있습니다. 이는 2005년 이집트의 의회선거와 지방정부 선거에서 요란스러울 정도로 분명하게 드러났습니다. 무슬림 형제애단이 의회선거에서 두각을 나타내자 무바라크Mubarak 정부는 불량배들과 경찰을 동원해서 유권자들과 후보자들이 선거에서 승리하는 것을 가로막았습니다. 미국 정부는 이 폭력에 대해 이의를 제기하지 않았고, 미국 언론 역시 형제애단보다는 세속주의 정당인 키파야kifaya당에 대한 정부의 탄압을 더 비중 있게 다루었습니다. 키파야당이 무슬림 형제애단보다 훨씬 적은 의석을 차지했음에도 불구하고 말이지요. 이 모든 것이 앤터니 샤디드Anthony Shadid가 분석한 《워싱턴 포스트 *Washington Post*》의 최근 기사

에 잘 나타나 있습니다.[6]

●사람들은 종교 운동이 많은 국가에서(이슬람 국가를 포함해서) 막대한 역할을 하게 되었다는 사실을 놀라운 눈으로 보고 있습니다. 그럼에도 이슬람주의 운동은 종종 정치화된 종교라는 비판을 받습니다. 하지만 선생님은 그 비판을 다음과 같이 다시 비판하고 있습니다. "세속적인 자유주의적 모더니티라는 상황은 세계를 창조하려는 어떤 기획이든(그것이 영적인 것이든 어떤 것이든) 성공할 수 있고 또 효과적으로 만듭니다. 그것은 모든 현대적 통치체제를 구성하는 제도와 구조들과 관련되어 있습니다. 그것이 국가 권력을 열망하던지 아니던지 상관없이 말입니다." 이 말을 좀 설명해주십시오.

저는 오늘날 거세지는 종교정치—이슬람 운동은 단지 그것의 일부분입니다.—의 위세가 종교는 사람들에게 중요하지 않은 것이 될 것이라는 모더니스트들의 예측에 의문을 제기하게 했다고 생각합니다. 과거가 되어버린 이 근대주의의 예측은 여러 각도에서 다시 검토되고 있습니다. 그중 하나는 종교가 언제 그리고 어디서 사회와 정치 영역에서 중요한 역할을 하게 되었는가를 경험적으로 기술하는 것을 포함하며, 이를 통해 현대 사회에서 종교와 정치의 공존에 대해 의미하는 바를 보여주는 더욱 다양한 사회상을 제공해 줍니다. 두 번째는 오랜 시간동안 근대주의자들의 예측이 당연시했던 사상적인 배경을 다시 생각하도록 하는 결과를 가져옵니다. 여기에는 세속주의가 의미하는 바, 그것이 야기하는 개념적 · 실천적 변모, 그리고 세속주의가 자신에

6) *앤터니 샤디드, 〈미 관료들의 후퇴와 이집트의 봉쇄*Egypt Shuts Door on Dissent as U.S. Officials Back Away*〉, 《Washington Post》, 2007년 3월 19일자.

대립되는 종교와 관련되는 방식 등에 대한 재검토가 요구됩니다. 이 점에 있어서 탈랄 아사드Talal Asad 만큼 이 문제를 숙고하는 데 도움을 준 학자는 없을 것입니다. 그는 세속주의를 역사적인 특수한 과정으로 개념화시킵니다. 다시 말해 세속주의란 종교가 정치의 영역에서 멀리 추방되기는커녕(세속주의가 선언한 독트린과는 달리) 특정한 맥락에서 다시 언급되고 또 재정식화 되는 과정입니다. 모더니티에서 종교는 민간에서의 믿음의 문제로 개념화되었고 개인적(종교적 권위나 성서, 또는 전통이라기보다는)인 영역이 종교의 주된 무대가 되었으며, 종교는 세속적인 시간, 공간, 인과율 개념에 근거하고 있습니다. 근대의 개인은 국가에 충성을 받쳐야 할 의무가 있습니다. 만약에 누군가의 종교적인 신념이 이 의무에 개입하면 국가는 형벌을 통해 그 개입을 규제하게 됩니다.

세속주의 관점에서의 신앙은 현대 국가의 합법적 행정력에 의해서 구성됩니다. 이는 종교나 교회적 권위를 축소할 뿐만 아니라 종교 자체를 다시 규정합니다. 공간적인 귀속에서부터 세속적인 희망과 허가된 인식론적인 주장까지 말입니다. 종교적 삶에 대한 대중들의 인식은 세속주의화의 역사라는 관점에서 생각되어야 합니다. 현대 세속주의와 현대 종교는 동전의 앞뒷면과 같은 구조를 보여주기 때문입니다. 이런 관점에서 보자면, 현대의 정치와 종교, 또는 교회와 국가 사이의 관계는 세속주의가 선언했던 교조적 주장(둘 사이에는 방화벽이 있는 것 같은)과는 달리 서로 삼투하고 서로 얽혀 있는 관계로 보아야 합니다. 그런데 이것은 비서구 국가에만 적용되는 것이 아니라 비록 그 방식은 다르지만 유럽과 미국 같은 분명한 세속자유주의 국가에도 적용되는 것입니다. 역사가들은 미국 정치가 구조화되는데 청교도가 반복적으로 수행했던 역할과 복음주의적인 경건주의의 기묘한 형태가 어떻게 오늘날의 미국 세속주의를 특징지었는가 하는 방법들을 증명하고 있습니다. 마찬가지로 학자들은 영국에서 영국국교회가 했던 중심적 역할과 가톨릭이 프랑스의 세속성laicite[7]의 원칙과 관행을 정립한 역할에 주목하고 있습니다.

몇몇 비평가들은 이 종교와 정치의 얽힘을 불완전하고 적절하지 못한 세속화 과정으로 읽어내려 하며, 그들은 세속화를 정치적 영역에서 다른 어떤 종교적인 요소들을 모두 추출해내는 것으로 엄격하게 규정합니다. 저는 이러한 독해법에 문제가 있다고 생각하는데, 그러한 평가는 세속주의 역시도 적절한 신앙심이란 무엇이 되어야 하는가라는 아주 엄격한 개념을 요구한다는 사실을 무시하기 때문입니다. 다른 말로 세속주의란 단지 종교를 배제시키는 것이 아니라 현대 사회에서 특정한 역할을 하도록 인정하는 것입니다. 이 종교의 능동적인 개념이 바로 종교 운동의 대두를 연구하는 학자들이 반드시 해명해야 할 과제입니다.

당신이 제 책에서 인용한 부분을 설명하면, 오늘날 어떠한 종교적 행위라도 반드시 드러나게 되어 있는 현대 통치체제를 둘러싼 모든 맥락에 관심을 집중해야 한다는 것입니다. 이슬람교가 월권을 하고 있다는 비판은 관행적으로 당연시되는 반면에 현대 국가가 우리의 일상생활의 모든 면을—가장 공적인 영역에서 가장 사적인 부분까지—규제하고 있다는 사실은 무시됩니다. 이는 우리의 삶을 특정한 정치적 합리성에 맞춰 넣기 위한 것입니다. 저는 이러한 아이디어를 "정치적 이

---

7)프랑스 사회에서 불문율로 정해진 정교분리의 원리를 말한다.

슬람"이라는 용어에 대해 비판한 찰스 허시킨트Charles Hirschkind에게 얻었는데요, 그의 비판은 이 용어가 종종 이런 신앙의 비정상적인 성격을 나타내기 위해 사용된다는 점을 알리기 위해 처음 쓰인 것입니다. 즉, 온당치 않게 정치에 개입하고 그럼으로써 종교의 본분에 맞는 의미를 전복시킨다는 것입니다.[8] 허시킨트는 이러한 주장이 근대 이전에는 국가의 관심 밖이었던 삶의 영역에까지 국가가 확장되어 들어오는 것에 대해서는 적절한 주의를 기울이지 않도록 한다고 주장합니다. 그점에 대해서 생각해보면, 가족부터 학교와 사회복지, 신앙에 이르기까지 모든 종류의 제도는 규제적인 국가 장치 안으로 통합되어서 국가가 규정하는 절차를 통하지 않고는 출생, 장례, 건축, 사업 계약 등은 상상도 못할 정도가 되었습니다. 따라서 사회에 영향을 끼치는 어떤 종교적 행위가 현대 국가 권력에서 규제 역할을 하는 장치에 연관되어야 한다는 사실은 그리 놀랄만한 일이 아닙니다. 분석적인 관점에서 정치영역을 포함하는 것입니다.

예를 들어, 이슬람 운동을 포함해서 사회 복지 조직들—다와 집단과 같은—과 자선을 실현하는 폭넓게 조직된 네트워크를 보십시오. 앞에서 말한 바와 같이 이 집단들의 목표는 국가의 통제를 교란하려는 것이 아니고 다양한 봉사(가난한 이들을 위한 의료 활동, 사원 건설 등)를 사회에 제공하고, 공동체 생활을 통해 독실한 종교 활동을 가르치려는 것입니다. 허시킨트가 말한 바와 같이, 이 모든 활동들은 우리가 정치적이라고 부르는 영역과 두 가지 측면에서 관련을 맺고 있습니다. 첫째는 국가가 부과한 제한을 따르고, 둘째로는 국가가 선호하고 지원하

---

8) *찰스 허시킨트, 「정치적 이슬람이란 무엇인가? *What is Political Islam?*」, 《Middle East Research Project 27》 1997.

는 가정, 종교적인 경건성, 신앙, 여가, 자비심, 공동체 모델과 경쟁해야 한다는 것입니다. 따라서 비록 사회적 행동에 있어서 제도적인 대안을 추구하는 정신 운동일지라도 법에 의거하고, 관료조직 절차를 통해야 하며, 규율에 따라야 하고, 절차적인 기술에 따르는 것 등을 필수적으로 요구하는 현대적 권력의 방법에 복종해야 합니다. 이것이 바로 현대 사회를 형성시킨 현대적 권력입니다. 이는 사회적 효과를 발생시키는 모든 이슬람적인 행동은 반드시 정치적이며, 그것은 무슬림들이 정치와 종교를 구분하지 못하기 때문이 아니라 비록 종교적으로 사는 것을 목표로 한다 해도 현대 통치체제의 조건들은 정치 영역과 무관한 것을 허용하지 않기 때문입니다.

저는 이러한 주장이 일반적으로 말하는 이슬람에서는 종교와 국가 din wa dawla의 분리를 인정하지 않는다는 주장과 다르다는 것을 지적하고 싶습니다. 종종 반복되는 이 언사는 이슬람의 역사가 행정적인 면에서 다른 질서와 시민들이 요구하는 권력 질서를 수용했다는 사실과 현대 국가의 엄격함과 요구에 맞추기 위해 다른 종교들과 마찬가지로 이슬람 역시 중대한 이론적인 면에서 그리고 교의에 있어 변모를 거쳐 왔다는 사실을 외면하는 것입니다. 이러한 역사적 관점과는 별개로, 허시킨트 주장의 특징은 현대 세계에서의 종교에 대해 심각하게 생각할 것을 요구한다는 것입니다. 즉, 종교에 대한 현대적 사고는 규범적이고 규제적인 모든 장치를 갖춘 현대의 정치적 합리성이 자신의 강제력을 통해 종교의 세속 행위도 결정적으로 이 정치적 합리성에 의존하게 될 정도로 "종교"를 바꾸어 놓는다는 것입니다. 이러한 관점에서 보자면, 종교 또는 이슬람교가 계속해서 권력에 대한 의지를 가지고 정치 영역에서의 권리를 주장하는 것이 그들만의 초역사적인 본성 때문은 아닙니다. 오히려 현대적 권력이 사회에서 구현되는 양상에 따라 종교(그 교의에서부터 실천적인 면까지)는 어떻게 변형되는지를 이해하는 것이 요구되는 것입니다. 이 점이 현실에서 드러난 예가 세속주의의 이념과 구체적 실천들입니다.

● 세속주의는 종종 많은 제3세계 국가들, 특히 무슬림 국가들이 가지고 있는 문제에 대한 만병통치약쯤으로 여겨졌습니다. 이집트에 대한 선생님의 연구에서 선생님은 함께 일했던 사람들이 세속주의에 대해 다르게 이해하고 있음을 발견했는데요, 이러한 이해가 어떻게 세속주의를 해방이라고 보는 독해법을 복잡하게 만들고 있는 겁니까?

네. 지난 20여 년 동안 탈식민 사회에서의 종교와 일치된 정치religio-politics의 부상은 학계와 정책연구집단 내부에서 세속주의를 정치적인 윤리와 정치적인 교의로써 재설정해야 한다는 요구를 만들어냈습니다. 이 종교정치의 부상은 이 같은 사회들이 적절하게 현대화되는데 실패했다는 표시로 받아들여졌으며, 그 해결책은 세속주의 프로그램에 동참하는 데 있는 것으로 여겨졌습니다. 이러한 관점에서 세속주의는 이러한 사회들이 겪고 있는 질병에 대한 치료—그 원인이 아닌—로 여겨졌습니다. 이런 식의 이해는 제가 함께 일했던 사람들이 가지고 있는 이슬람의 부활이라는 관점과는 다른 것입니다. 그들은 세속주의를 서서히 이슬람적인 생활 세계와 윤리적 의무를 파괴하는 힘으로 보았습니다. 그것은 보존할 가치가 있는 것으로 여겨지는 것들이지요. 그들은 현대의 세속주의화된 신앙 개념—일상적인 실제 행동에 대해서는 관심을 두지 않는 민간화된 신앙체계—이 자신들이 윤리적이며 도덕적인 덕의 일관된 체계로 여기는 이슬람에 대한 생각들을 어떻게 조금씩 잠식하고 있는지에 대해 열띠게 논의했습니다. 종교의식과 실천의 전체 체계에 대한 참여―예를 들면, 이슬람교도로서의 의무, 개인적이고 사회적인 행동의 양식, 그리고 윤리-정치적ethico-political 공동체에 참여하는 것―는 현대적인 신앙의 규범적 관점에서 보면 퇴행적이고, 회귀적이며, 인습적인 것으로 보입니다. 공공연히 폭력적이지만 않다면 말입니다. 여기서 분명히 해두고 싶은 것은 저와 함께 일했던 분들이 국가의 통제에 대해 특별한 관심을 두는 사람들이 아니었다는 것입니다. 오히려 그들의 관심은 경건한 이슬람적인 교제를 늘리는 것에 있었습니다. 여기서 이슬람적인 교제란 이슬람으로 우리의 삶을 어떻게 살아갈 것인가에 중심을 맞춘 도덕 공동체라는 맥락 내에서 실천되는 것을 말합니다. 단순히 믿는 것이 아니라 말이죠. 그런 사람들에게 있어 세속주의란 말씀드린 방식으로 살아가는 것을 가로막는 해로운 요구로 받아들여집니다.

세속주의(통치방식에 있어서, 그리고 사회적이고 문화적인 논리로써의)에 대한 그들의 비판을 들어보면, 그들은 도덕과 정치 사이의 중대한 구별을 위반했다는 통치체제의 제재에 직면해야 했습니다. 그들의 세속주의 비판이 가정하는 구분이란 현대적 정치체재에서는 반드시 유지되어야 하는 것입니다. 하지만 이슬람 부흥Islamic Revival에서부터 함께 일했던 여성과 남성들은, 자유주의적인 정치적 합리성에서는 "당연한" 이러한 도덕과 정치의 구분을 그저 추정적인 즉, 종교의 통제를 목표로 하는 국가에 의해서 지속적으로 침해당해 온 구별로 인식하고 있습니다. 그 밖에 세속적인 규범들이 증식되고 유지되어 온 문화적 실천 과정인 이슬람에서의 종교 개혁의 역사를 어떻게 이해해야만 했으며, 그 과정에서의 이슬람 문화 정치 집단에 대한 박해를 어떻게 이해해야 했겠습니까? 세속주의 기획과 개혁에 고유한 폭력은 종종 세속적 자유주의 정치체제의 창조에 있어서 희생적인 필요악으로 세속주의자들에 의해 무시되어버린 것입니다.

여기서 이제는 퇴색된 마르크스의 자본주의에 대한 비판을 되새겨보게 됩니다. 자본주의가 가지고 있는 강력하고 해방적인 잠재력만을 인식해서는 안 되고 인간과 세계에 대해 행해지고 있는 자본주의의 폭력과 부정의를 폭로해야 한다는 비판은 시사하는 바가 깊습니다. 마르크스는 자본주의를 비난하면서 동시에 "전통적인 봉건적" 사회가 혁명의 가능성을 수용할 수 있도록 반드시 이 폭력적인 과정을 경험해야만 한다고 말했습니다. 그리고 잘 알려진 것처럼 마르크스는 궁극적으로는 공산주의 정치체제가 현실화되는 필수적인 과정이라는 점에서 인도의 영국 식민지화를 긍정적으로 보았습니다. 이와 유사한 태도가 세속주의 내부에 존재하는 폭력성에 대한 자유주의적이며 진보적인 관용을 설명해 준다고 생각합니다. 그것은 종종 "관용적인 자유주의적 정체"를 수립하기 위한 필연적인 희생으로 정당화되고 있습니다. 이는 걱정스러운 미래의 모습입니다. 오늘날 더 많은(적어지기는커녕) 폭력을 부르고 있는 현실을 보면 말입니다.

●선생님은 이슬람 부흥이 전부는 아니지만 인간의 본성에 대한 규범적이고 자유주의적인 가정을 거부하려는 데서 촉발되었다고 말씀하셨습니다. 예를 들면, '모든 인간은 자유에 대한 선천적인 열망이 있다.', '모든 인간은 자율성을 실현하려 노력하는 존재이다.', '구성 요소로서의 인간human agency은 사회적 규범들을 유지하는 데서가 아니라 도전하는 행위에서 발현되는 것이다.'와 같은 규정들 말입니다. 이러한 가정들이 이슬람 부흥의 과정에서 통용되지 않는 것은 무슨 까닭입니까?

제가 이슬람 운동에 관여하게 된 것은 일종의 세속적인 오만함의 산물입니다. 그리고 그것에 대해 과거부터 죄책감을 가지고 있었습니다. 제 책에는 지난 30년간 남아시아(제가 자란 곳)와 중동(제가 연구를 진행한 곳)에서 이슬람의 정치학이 우세해지면서 어떻게 저와 다른 사람들이 그 오만함에 대해 의문을 제기하게 되었는지가 설명되어 있습니다. 저는 이슬람 운동의 확장에 대한 설명에 만족을 느끼지 못했을 뿐만 아니라, 그 설명이 이슬람 지역 내에서 행하는 파괴적 역할에 대해서도 만족하지 못하게 되었습니다. 이 질문이 제가 종교와 세속주의에 대해 가지고 있던 의심의 가장 밑에 놓인 바탕이 무엇인지를 연구하도록 이끌었습니다. 염두에 두실 것은 제 페미니즘 정치학의 배경이 마르크스주의를 통해 계발되었고, 결과적으로 저는 자유주의를 적절한 양의 회의주의적 방부제로 본다는 것입니다. 하지만 종교에 대한, 현대적 태도에 대한 철학적 연구는 자유주의적인 계몽주의가 마르크스주의와 네오마르크스주의의 종교 퇴출 노력에 얼마나 깊은 영향을 주었는지만을 드러낼 뿐입니다. 종교는 성숙하지 못하고, 현실을 포착하는 감상적인 양식이며, 그 힘은 심리학적이거나 상징적인 관점에 의해서만 가장 잘 이해될 수 있다는 생각은 자유주의와 마르크스주의 전통에서 공통적인 것입니다. 자유주의가 종교를 개인주의화된 신앙의 사적인 영역 내에서 가장 잘 인정될 수 있는 감상의 차원으로 축소시켰다면, 사적 유물론은 종교를 억눌리고 종속된 의식의 정서로 축소시켰습니다. 마르크스주의에서 종교적인 진실은 항상 자본과 지배의 논리로 역추적될 수 있는 음모를 꾸미는 권력의 역할을 하는 힘으로 읽힙니다. 이것은 종교가 아닐지라도 힘에 대한 그리고 권력과 이데올로기의 관계에 대한 환원적 이해입니다.

이슬람 정치학을 연구하면 할수록 이슬람 운동의 실패(또는 성과)를 평가해주는 세속적이며 자유주의적인 가정들을 동시에 문제화하지 않고는 이런 형태의 정치학에 대해 온전한 논의를 할 수 없다는 것을 깨닫게 됩니다. 이것이 이슬람 정치학과 이슬람의 윤리적 기획들이 언제나 자유주의적이며 세속적인 전제들과 같은 잣대로 동시에 비교될 수 없다는 것을 의미하는 것은 아닙니다. 당신의 첫 번째 질문에서 답했듯이, 이슬람주의와 세속-자유주의와의 관계는 부정이나 대립의 관계라기보다는 근접하고 서로 겹쳐진 관계입니다. 예를 들면, 이집트의 경우에는 1920년대 이래로 선진적으로 착수된 정치적 생활의 현대적 형태—조합주의 정치, 선거민주주의, 공공의 인쇄 미디어의 이용, 대중 교육제도 등—를 제외하고 이슬람적인 정치학을 상상하기 힘듭니다. 앞서 말한 것들(자결권, 보통선거, 평등)은 이슬람 운동의 이데올로기와 자기 이해에 있어서의 결정적 일부입니다.

하지만 이슬람의 윤리학과 정치학의 모든 형태가 자유주의의 원리와 실천을 수용한다는 것은 아닙니다. 이슬람 운동의 여러 내용들이 자유주의적인 자율성과 자유와 평등의 통제와 긴장관계를 이루면서 도전하고, 재설정되고 그리고 버텨왔습니다. 정확히 이 운동이 현대 사회에서 정치와 도덕성은 분리되어야만 한다는 자유주의적인 전제를 문제로 삼으면서 말입니다. 제 관심은 이 긴장이 언제 발생하며 발생한다면 무엇인지, 그리고 이슬람적인 정치가 자유주의적이고 진보적이며 민족주의적 형식의 정치학에 대해 취하는 도전이 무엇인지를 이해하는 데 있습니다.

당신이 인용한 제 언급은 페미니즘 비평이, 구체적으로는 이슬람 운동에 대해, 더 나아가 전체로 일반화시키면 보수적인 종교 운동에 대해 가했던 비판에 만족하지 못한 결과를 나타낸 것입니다. 이러한 비판들은 여성들이 이슬람 운동에 참여하는 것에 대해 대략 두 가지의 이견을 보입니다. 첫 번째 입장은 이슬람 여성을 모든 페미니스트들이 이상적으로 여기는 여성의 정반대 표상으로 그려내는 것입니다. 여기서의 여성은 수단으로써 여성주의에 꼭 맞는 상징이자, 이미지, 언어이지만, 이 상징적인 수단들은 가부장제의 목적과 의도에만 봉사할 뿐입니다. 다른 한편으로는 애타게 "이슬람적인 페미니즘"을 찾아 나서 독자적 학문을 수립하려는 시도가 있습니다. 이러한 노력은 이슬람주의 여성 담론 내부에서 여성주의의 잠재력을 발굴해내려 노력합니다. 비록 이 담론들이 이슬람주의가 의도한 계획의 일부가 아닐지라도 말입니다. 제 생각에 이 두 가지 입장은 서로 마주보는 거울과 같습니다. 이 운동이 가지고 있는 정치적이거나 분석적인 가치는 오직 친페미니즘적이냐 반페미니즘적이냐라는 관점에 의해서만 평가되고 있는 것입니다. 이 평형 상태 내부에서의 변화가 페미니즘과 마주한 이슬람주의에 대한 평가가 될 것이지만, 우리는 이슬람주의 자체로써 목표하는 바, 계획과 실천에 대해서는 알지 못합니다. 이슬람 운동에서 여성들의 참여의 의미를 분석하는 데 페미니즘이 적절한 도구인지에 대해서는 누구도 의문을 제기하지 않았습니다. 이 세상에 인간다움이라는 것을 의미하는 또 다른 개념이 있습니까? 즉, 인간의 번영과 집단 및 개인을 위한 선善이라는 개념과 경쟁하는 개념, 그것의 논리가 페미니즘이 주장하고 옹호하는 개념과 일치되지 않는 그런 개념 말입니다. 이 운동들은 어떻게 그 전통들이 이미 알고 있는 것과 가치 있게 여기는 것을 넘어 페미니즘 정치학과 분석을 확장할 수 있습니까?

페미니즘은 분명 사회주의, 자유주의, 급진주의와 그 밖의 다른 해석 등 광범위한 영역을 포괄하는 학문적 전통을 가지고 있습니다. 하지만 이러한 전통에서 공통적인 것과 분석적이고 정치적인 성격의 일관된 내용은, 여성들은 어떤 사회에서든지 부차적인 존재들이며 페미니즘 학자들의 과업은 그 사회 내에서 이 부차적인 성격을 드러내고, 이 부차성이 전복되고 변화될 수 있는 방법을 제시하는 것입니다. 하지만 이 페미니즘 학문의 두 가지 측면 모두가 가치 있는 시도가 되어야 한다고 생각하는 반면에 저는 또한 페미니즘이 생동감 있고, 포용력 있는 전통이 되기 위해서는, 그 경계를 자유주의적인 가정과 목적을 재생산 해내지 않으려는 계획과 포부와 열망을 모색하는 차원으로 넓혀야만 한다고 생각합니다. 오히려 거기에 도전해야 되지요. 다른 말로 페미니즘 분석이 자신의 도덕적 우월성만을 되뇌지 않으려면, 페미니즘은 자유주의적이지 않은 운동으로부터 배울 수 있는 개념을 진지하게 숙고해보아야 합니다. 이 운동들은 페미니스트들에게 이 세계에서 인간다움으로 여겨지는 것에 대하여 무엇인가를 가르칠 수 있고, 반페미니즘과 친페미니즘 입장의 논리 위에 기록되지 않는 다양한 방식으로 산다는 것의 의미에 대하여 무엇인가를 가르칠 수 있을 것입니다. 자유주의적이지 않은 운동에 참여한다는 것은 우리가 역사적 · 사회적 지위와는 상관없이 모든 여성들은 언제나 그들의 자유를 확대하는 데 관심이 있다고 하는, 그들 모두는 사회와 문화적 규범의 제약에 대항해 자율적 개인이 되는 것을 추구하고 있다고 하는 생각에 의심을 던지는 것입니다.

●찰스 허시킨트와 함께 쓴 『페미니즘, 탈레반, 그리고 반란 진압의 정치학*Feminism, the Taliban, and Politics of Counter-Insurgency*』[9]을 보면 선생님은 아프간을 지배하는 사회적이고 정치적인 조건과 그것이 미국의 입장에서 재현되는 것에 대해서 논의하고 다음과 같은 질문을 합니다. "왜 전쟁과 군사화와 기아의 조건들이 교육, 고용의 결여와 특히 서구적인 의상을 입지 않는 것보다 여성에게 덜 해로운 것으로 간주되는가?" 선생님은 무엇이 후자의 상대적 중요성을 설명해준다고 보십니까? 전자가 후자처럼 여성을 목표로 하는 것은 아니지 않습니까?

저는 미국에서 탈레반에 반발한 페미니스트들이 결집하는 데 부르카나 베일이 결정적인 역할을 한 이유는, 서구에서 베일이 과잉된 역할을 해왔던 역사가 있기 때문이라고 생각합니다. 특히 식민지와 오리엔탈리즘의 유산은 베일을 "유럽의 문명"에 대한 이슬람의 열등한 지위의 상징으로 만들었습니다. 허시킨트와 제가 밝혀내려고 했던 것은 미국의 페미니스트들이 가지고 있는 편견은 아프간 여성들이 숙명적으로 받아들여야만 하는 전쟁과 기아에 무관심한 결과가 만들어 낸 것이라는 점이었습니다. 우리가 미국에서 보았던 탈레반에 반대하는 페미니스트들의 결집 과정은 다음과 같이 이루어졌습니다. 그들의 모임

---

9) *『Feminism, the Taliban, and Politics of Counter-Insurgency』, Anthropological Quartely 75.2, 339~354, 2002.

은 페미니스트 다수파가 주도했고, 그들이 기반으로 삼았던 선전은 대중적인 여성 잡지(《제인Jane》, 《글래머Glamour》, 《보그Vogue》와 같은)에 폭넓게 광고를 게재하는 형태로 나타났습니다. 또한 부르카는 텔레비전과 라디오에 의해 아프간 여성에 대한 주요한 차별의 상징으로 비난되었습니다. 이는 부시 행정부가 광범한 페미니즘 논리를 동원해 자신들의 아프간 폭격과 탈레반 전복을 정당화하기 이전의 일입니다. 당시에 이미 탈레반 정권 아래 곤란에 처해 있던 아프간의 여성 단체가 국제적인 관심을 끌어내려 했었지만, 그들의 방식은 주류 페미니스트들이 선전했던 규모나 그러한 방식—부르카를 강력하고 단일한 상징으로 사용했던—으로 미국의 상상력을 잡아내는 것은 아니었습니다.

여기서 탈레반이 정권을 잡았던 1995년으로 돌아갈 필요가 있습니다. 아프간 여성의 상황은 미국과 소련이라는 두 초강대국이 20년간 이 지역을 전쟁의 광란으로 몰아넣었던 결과 매우 절박했습니다. 미국은 소련을 약화시키기 위해 독자적으로 30억 달러를 아프간에 퍼부었습니다. 이 작전은 이 지역의 파트너였던 독재국가 사우디, 파키스탄과 함께 진행되었는데, 2차 대전 이후 미국 역사상 가장 은밀한 최대 규모의 작전이었습니다. 미국의 대규모 금융 원조가 아프가니스탄의 극단주의적인 군사 조직에 지원되었는데, "광신도"들이 무신론 공산주의자들과 훨씬 더 잘 싸울 것이라는 속셈에 따른 것이었습니다. 탈레반이 집권했을 때, 그들은 도시 지역 여성들의 상황을 더 어렵게 만들었지만, 당시의 대중매체들이 전달했듯이 그들의 상황은 농촌 지역 여성의 상황과 크게 다를 바가 없었습니다.

주류 페미니스트들의 캠페인이 절대적으로 부르카와 탈레반 정권에 집중되었던 까닭에 탈레반이 처음에 권력을 잡을 수 있게 해준 다른 이슈들과 전후 사정은 묻혀버렸습니다. 그를 통해 미국 정부가 탈레반과 같은 극단주의 그룹을 조장하고 여성들이 취약해질 수밖에 없었던 전쟁과 기근의 상황을 만들어낸 데 책임이 있다는 것을 미국의 자유주의 페미니스트들은 간과하고 있습니다. 주류 페미니스트들의 캠페인 자료에는 사실상 미국이 아프간 무자헤딘(탈레반은 여기서 나왔습니다.)을 만들어 냈고, 그 지역에서의 야만적인 역사에 연루되어 있다는 사실은 전혀 언급되어 있지 않았습니다. 부르카에 맞춰진 관심은 탈레반 관련 이슈를 선정적인 것으로 만들었고, 그것이 대중매체들의 관심을 끌었습니다. 가난과 기아에 대한 호소에는 움직이지 않던 유명인사들이 부르카라는 이미지에는 자극을 받았습니다. 이 주제에 대해 제가 묻고 싶은 질문은 아주 간단한 것입니다. '왜 20년간의 전쟁을 통해 황폐화된 여성과 아이들의 이미지는 부르카를 입은 여성의 이미지처럼 미국인들의 마음을 움직이지 못하는가?'

보통의 미국인들의 연민을 자아낸 것이, 베일이 무슬림 여성들에 대한 차별의 극단적인 상징이라고 하는 공유된 정의감이라는 것은 분명하고, 그들은 이것이 제거되면 아프간 여성들에게 그들이 원하는 것을 할 수 있는 자유를 줄 것이라 생각했습니다. 이 정의감은 잘못되었을 뿐 아니라, 베일에 과잉된 의미를 부과한 이미지가 발생시킨 환상입니다. 아프간 여성들의 자유가 복장 문제에 따라 결정되는 것이 아니라, 그녀들이 취할 수 있는 자원과 살고 있는 사회적 분위기에 따르는 것이라는 사실을 이해하는 것은 어렵지 않습니다. 간단히 말해서, 베일을 쓰지 않은 굶주리는 여성이나 베일을 쓴 굶주리는 여성이나 다를 바가 없는 것입니다. 더 나가서, 역사를 통해 몇 번이고 증명되었던 것처럼, 전쟁과 군사화와 기아의 조건에서 극도의 곤경에 처하는 집단은 여성, 아이들, 그리고 노년에 접어든 사람들입니다. 왜냐하면 그들이 사회에서 가장 취약하고, 공동체의 자원에 접근하는 것은 제한되기 때문입니다. 여성들이 희생되는 최악의 경우였음에도(수십억 달러의 미국의 금융 지원과 군사원조에 따라 벌어진) 미국의 페미니스트들과 미디어는 침묵했고, 그것은 우리들에게는 큰 충격이었습니다.

캠페인의 성공을 바라보면서, 베일에 대한 자유주의 페미니스트들과 서구 언론의 편견이 무슬림 여성들의 "해방"을 보장하는 것보다는, 오랫동안 유지되어 왔던 무슬림 여성들을 벗겨서 보고 싶어 하는 식민지적인 환상과 더 관계가 깊다는 결론에 도달하는 것은 어렵지 않았습니다. 이는 탈레반 축출 이후에 아프가니스탄에서 벌어진 일들을 보면 쉽게 알 수 있습니다. 미군들이 진주해왔을 때, 미국의 미디어에는 탈레반 전복이 어떻게 아프간 여성들 스스로가 베일을 벗는 결과를 가져올 것인가에 대한 희망에 찬 축하의 기사가 있었습니다. 돌려 말하면, 그것은 그들의 자유와 권리를 복원하는 행동으로 표현되었습니다. 그 후에 우리는 모든 여성들이 베일을 벗는 것을 원하는 것은 아니며, 부르카를 착용하는 관습은 아프간의 대다수 지역에서 지속될 것이라는 것을 알게 되었습니다. 더 중요한 문제는 여성들의 상황은 탈레반의 지배 아래 있을 때보다 더 나빠졌는데, 무법 상황과 부족 간의 교전 상황의 증대와 급속도로 진행된 빈곤화와 군사화 때문이었습니다.[10] 하

---

10) *휴먼 라이츠 워치Human Right Watch, 『우리는 인간으로서의 삶을 원한다 : 서부 아프간에서의 여성과 소녀들의 억압We Want to Live as Human' : Repression of women and Girls in Western Afghanistan』《Human Rights Watch Reports》, 2002. 엠네스티 인터내셔널Amnesty International, 『아프가니스탄 : '누구도 우리에게 귀 기울이지 않았고 인간으로 대우하지 않았다' : 여성에게는 부정되는 정의Afghanistan:[No One Listens to Us and No One Treats Us as Human Being' : Justice De nied to Women』 2003 엠네스티 인터내셔널 리포트.

지만 이에 대한 어떤 보도도 주류 페미니스트들과 언론계의 명사들 또는 대중매체들(이들은 모두 너무도 뻔한 "지속적 자유 작전"이라는 이름이 붙은 미군의 캠페인을 지원하는 데 결집했습니다.)이 아프간 여성 문제의 원인을 이슈화하도록 자극하지는 못했습니다. 미국 미디어들이 지속적으로 침묵하는 이유 중 하나는—탈레반 축출로 나타난 대혼란에 대해서는 모두가 귀를 닫았던—기아와 전쟁 상황에서 여성들이 희생양이 되는 것이 베일이 했던 것만큼 서구 언론의 상상력을 자극하지 못했기 때문입니다. 이것이 아프간 여성들에 대한 걱정이 줄어든 이유인 것입니다.

● 베일(히잡)이 발생시킨 분노는, 유럽에서 들끓었던 것처럼 이집트와 터키에서도 들끓었고, 이는 공히 서구와 비서구 사회를 가로질러 발생한 것으로 보입니다. 이 분노는 이 지역의 여성들이 강제로 베일을 착용했다기보다는 선택과 무관하게 착용해 왔다는 점에서 매우 흥미로운 일입니다. 선생님은 베일에 쏠리는 분노를 이해하기 위해서는 세속-자유주의적인 교제를 위한 규범들에 주목해야 한다고 말씀하셨습니다. 자세히 말씀해 주시기 바랍니다.

저는 베일의 압제적인 상징성에 대해서 혐오감을 드러내는 학생들에게 다른 복식의 경우들, 예를 들어 미니스커트가 1960년대와 1970년대의 페미니즘 운동의 중요한 국면에서 어떻게 보여졌는지에 대해서 생각해 보라고 말합니다. 기억하시는 것처럼 유럽과 미국의 많은 페미니스트들이 미니스커트를 비난한 이유는 미니스커트가 여성의 신체에 대한 남성적 평가를 상징하며, 미니스커트를 입는 것은 남성적인 가치를 무비판적으로 수용하는 것이기 때문이었습니다. 오늘날 그런 주장을 펼치는 젊은 여성이나 남성은 없으며, 미국과 유럽의 걸출한 많은 페미니스트들은 거의 정기적으로 그런 옷을 입습니다. 이는 여성의 옷차림이 매우 복합적인 문제이며 단순히 여성주의적인 의식의 바로미터로 다뤄져서는 안 된다는 것을 깨달았기 때문입니다. 또한 개인의 신체와 관련된 행위도 강압과 동의의 논리 위에서 쉽게 강요되어서는 안 됩니다. 미국과 유럽 사회에서 다이어트와 운동, 그리고 신체의 다양한 매력을 향상시키려 하는 여성들의 여러 행위가 단순히 허위의식의 표현입니까? 아니면 성적이고, 육체적인 개인적 가치의 기준들 같은 문화적 가치에 대한 개인의 관계가 허위의식 명제가 허용하는 것보다 더 복잡합니까? 허위의식이라는 개념은 박식한 자기 초월적인 의식을 가정하며, 억압의 "진정한 조건들"과 거기서 벗어날 수 있는 길을 드러내기 위해 이데올로기의 안개 밖으로 나올 수 있습니다. 그러한 비상한 통찰력은 어느 정도이든 결정적으로는 계몽된 존재의 계산법에 의존하며, 거기서 후자의 운명은 전자에 의해 결정되는 것입니다. 분명해진 것처럼, 그러한 정식화에 대한 제 반박은 분석적이며 정치적인 것입니다.

저는 "선택"이라는 개념이 여기서 그다지 유용할 것이라 생각하지 않으며, 이 용어가 베일을 둘러싼 논쟁에서 옹호하거나 비난하는 양쪽("나는 베일을 선택했습니다." 대 "베일은 문화적인 강요입니다.") 모두에서 쓰인다고 하더라도 마찬가지라고 생각합니다. 자유주의는 종종 선택을 자유의 척도로 공식화합니다("더 많은 선택"을 할 수 있는 사회는 "더 많은 자유"를 가지고 있으며, 적은 선택 기회를 가지면 더 적은 자유를 가진 것입니다). 하지만 선택이 자유주의적인 자본주의 사회를 지배해 온 방법이라는 점에서 그런 계산법은 분명히 거부될 것입니다. 이 자유주의적인 공식은 자율성의 고유 영역이라는 주제가 지닌 허구성을 부활시킬 것이며, 나아가 그런 주제를 생산해내는 힘과 과정에 대해서는 주의를 기울이지 못하도록 할 것입니다. 분명 베일이든 아니면 다른 형태의 옷차림이든 선택의 계산법 위에 덧씌어질 수 없는 것입니다. 왜냐하면 종교와 문화적 관습과 개인의 관계에는 너무도 함축적인 의미가 숨겨져 있으며 복잡하기 때문입니다.

서구에서의 베일에 대한 최근의 논의는 상대적으로 이런 기본적인 통찰에 의해 다루어지지 않은 것 같습니다. 베일에 관한 최근의 자료들을 읽어보면, 그 논의는 18세기에 베일이 식민지에 대해 떠올릴 때 이슬람의 여성 혐오와 여성에 대한 차별의 상징으로 보았던 것에서 거의 변한 바가 없습니다. 이런 관점이 어떻게 프랑스의 공립학교에서 베일을 금지시키도록 추천하는 스타시 위원회Stasi Commission 보고서에 채택되었는지 놀랍습니다. 아시다시피 베일이 무슬림 여성들을 가혹하게 차별하는 상징이라는 관점은 프랑스의 페미니스트들과 공식기관들뿐 아니라 위원회에 유리한 증언을 한 이슬람 여성들에 의해 지지되었습니다. 계속해서 저를 놀라게 하는 것은 많은 탈식민지의 이름난 세속주의적인 여성 작가들이 베일을 차별의 상징으로 너무도 쉽게 그리고 상시적으로 고발하는 것이었습니다. 나왈 알-사다위Nawal al-Saadawi가 여기에 해당되는 예입니다. 베일을 하는 것에 대해서 프랑스 여성들이 그 반대에 항의하는 것을 보면서 알-사다위는 다음과 같이 적었습니다. "정말 이상한 것은 파리나 카이로 다른 도시의 거리에서 젊은 여성들이 베일을 할 권리를 지키기 위해 프랑스 정부에 대항해 시위를 하는 장면이었습니다. 그리고 자신들의 노예 상태의 상징을 지킨다며, 신의 신성한 계율을 지키기 위한 시위를 하는 장면이었습니다. 이는 어떻게 '허위의식'이 여성을 자유의 적으로, 자신들의 적으로 만들어내는지를 보여주는 사례이며, 권력을 목적으로 하는 이슬람 근본주의자들에 의해 어떻게 정치적으로 이용되고 있는지를 보여주는 예입니다."[11]

알-사다위 같은 반제국주의자가 어떻게 이슬람 혐오증이 있는 프랑스 정부와 대중 여론의 관점을 그렇게 쉽게 따라할 수 있나요? 이 질문에 대한 답의 일부는 (서양과 탈식민지 사회에서) 페미니즘이 형성되는 역사적인 과정에 결정적 영향을 미친 세속주의적인 유산에 있습니다. 이 역사들을 고려해 보면, 종교는 현대 사회에서 민간의 영역에 속한 것이라는 자유주의의 규범적 입장을 무비판적으로 수용했다는 공통점이 있습니다. 종교가 공공화된 모습을 띨 때는, 겉으로 드러나는 모습은 세속주의적인 교제의 기호에 따라야 합니다. 자신들의 선언과는 달리 세속주의적인 이데올로기는 공적인 영역에서의 사회적 행위에 대해서는 일일이 간섭을 합니다. 오히려 세속주의적인 규범은 종교적인 관련이 나타날 때는 어떠해야 한다는 명령을 내립니다. 이러한 관점에서만 베일이 이질적인 프랑스, 터키, 영국, 이집트 같은 국가들에서 발생시킨 분노를 이해하는 첫걸음을 내디딜 수 있습니다. 유럽의 맥락에서 베일을 이해하기 위해서는, 이슬람에 대한 유럽 문명의 우위를 주장하는 담론과 만나는 지점에 어떻게 베일이라는 이슈가 놓이게 되었는가를 이해하는 것이 중요하다고 생각합니다. 한편에서는 그리고 또 다른 편에서도 세속주의적이고 자유주의적인 문화의 규범과 기호들이 이제는 "세속성secularity"이라는 이름으로 그럴 듯하게 표현되고

---

11) *나왈 알-사다위Nawal al-Saadawi, 「부정한 동맹An Unholy Alliance」《Al-Ahram Weekly》 2004년 1월 22일.

있는 것입니다.

●선생님은 또 몇몇의 국가에서는 이슬람주의 운동에 참여하는 여성이 늘어나고 있으며, 중산층과 그 이상 계층까지의 여성을 포함해서 확대되어 나가고 있다고 지적하셨습니다. 그렇다면 동일한 맥락에서 선생님이 하셨던 다음 질문에는 어떻게 답하실 생각이십니까? "왜 이슬람 세계의 그리도 많은 여성들이 자기들의 이익과 의제에 반하는 운동을 열성적으로 지원하는가? 특히 이 여성들은 자신들이 얻을 수 있는 더 많은 해방의 가능성이 있는 것으로 보이는 이 역사적 시점에……." 선생님은 여성들이 이 운동, 즉 자신들이 복속될 것이 분명하고 또 그것은 어쩌면 허위의식의 결과인 것이 분명해 보이는 이 운동에 참여하는 것에 찬성하십니까?

이전의 답에서 분명해진 것처럼, "허위의식"이라는 수사는 여기서 별 소용이 없는 것 같습니다. 여성들이 이슬람주의 운동을 지원하는 데 결집하는 것은 이 운동이 구현하는 가치가 반드시 여성들에게 해롭다는 여성주의자들의 가정을 재고하도록 한다고 생각합니다. 이슬람주의 운동에 참여하는 세계의 여성들(터키, 이집트, 인도네시아, 말레이시아 등 다양한 국가들에서)은 그 안에서 무언가 가치 있는 것을 찾은 것이 분명합니다. 이 운동들은 최소한 세속주의적인 삶에서는 얻을 수 없었던 형태의 풍요는 가능하게 해줍니다. 하지만 세속주의적인 페미니스트들은(저도 이 범주에 속합니다.) 여성에 대한 차별을 넘어서 이 가치들이 드러내는 것에 대해서는 따져볼 근거가 없습니다. 그리고 이 가치들이 어떻게 페미니즘 정치학과 페미니즘 분석의 핵심적인 신념과 가정들에 도전할 수 있는지 판단할 수가 없습니다.

제 책은 모든 여성(그들의 역사적이고 문화적인 지위에 상관없이)들이 지배의 관계―특히 남성의 지배―에서 자유로워지려는 열망에 동기화 되어 있다는 전제에 의문을 제기합니다. 페미니즘(다른 자유주의 운동과 마찬가지로)이 여성의 자유를 극대화하는 조건을 확보하려는 만큼, 페미니스트들 사이에는 지배관계로부터의 자유를 열망하는 것을 자연적인 것, 즉 여성들에게 생기를 불어넣는 것으로 보려는 경향이 있습니다(이것은 여성들이 사회에서 종속된 지위에 있기 때문이지요). 여성들이(이슬람주의 여성들처럼) 이 자유를 위한 열망을 실현하려는 것으로 평가되지 못했을 때, 그들은 종종 허위의식의 희생물로 이해되며, 그들이 저항해야 하는 가부장제 이데올로기의 덫에 빠진 것으로 이해됩니다. 이런 식의 평가는 역으로 다음과 같은 질문에 대한 답을 요구받습니다. 왜 우리는 여성들이(사회에서 부차적인 지위에 있는 모든 집단들도 마찬가지로) 반드시 무엇보다 자유를 향한 열망에 의해 추동되어야 한다고 가정해야 하는가? 그리고 자유에 대한 열망보다 우월한 또 다른 열망과 포부와 기획은 있는가? 만약에 있다면 우리는 이 기획들과 삶 속에서 이 기획들이 발휘하는 힘을 어떻게 이해해야 하는가? 궁극적으로 이 기획에 대한 숙고는 자유에 대한 열망이 현대와 현대적 과제에 한정되는 것이라는 우리들의 당연한 생각을 재평가하는 데 어떤 도움을 줄 것인가? 대부분의 일반인들에게서 분명히 알 수 있는 것처럼, 자유라는 이데올로기에도 불구하고 대부분의 우리 삶의 모습들은 그러한 이상 속에 살고 있는 것이 아닙니다. 뿐만 아니라 그 삶들의 근본 원리가 "강압"인 것도 아닙니다. 우리는 우리 삶은 그런 개념 틀에 집어넣으려 하지 않으면서 왜 수억 명의 무슬림들의 꿈을 그러한 단순한 개념들로 설명하려 하는 것입니까?

가야트리 스피박 Gayatri Spivak

컬럼비아 대학 인문학부의 아발론 재단 교수이다. 저서로 『포스트식민 이성 비판*Critique of Postcolonial Reason*』(갈무리, 2005), 『교육 기계 안의 바깥에서*Outside in the Teaching Machine*』(갈무리, 2006), 『Post-Colonial Politic』(Routledge, 1990), 『In Other World』(Routledge, 1987), 『Imaginary Maps』(Routledge, 1994) 등이 있다.

11

가야트리 스피박

● 선생님은 인도를 비롯한 식민 경험을 가진 국가에서 진행된 형식적인 탈식민화 이래(그리고 그 이전부터)로 교육제도가 "계급 차별class apartheid"을 발생시키고 있다고 말씀하셨습니다. 계급 차별이란 무엇이며, 그것이 초래하는 결과는 무엇입니까?

어떤 기준 이상에서는 본질material이 무엇인지를 설명하기 위해 교육이 생겨납니다. 어떤 기준 아래에서는, 교육의 목적은 이해 없이 단순히 외우고, 기억된 답이 정확히 반복되는지를 시험하는 것입니다. 일정 기준 이하의 계급에서 이런 교육은 적절한 것이 되며 어디에서나 벌어지는 일입니다.

이러한 기계식 암기 교육의 효과는 매우 어린 나이부터 자신의 지력을 사용하는 것, 다른 말로 지적 노동을 수행하는 것이 불가능하도록 하는 것입니다. 특정 계급은 오직 육체노동자밖에는 될 수 없음을 의미합니다. 무슨 일이든 할 수 있는 마음의 역할은 이제 사회적 안전장치와 신분 상승이 존재하지 않는 인생에서 스스로의 안전을 지키기 위해 부정한 방법이든 아니든 간에 무슨 일이든 잡다한 일을 하는 것뿐입니다. 직관에 의해 판단하지 않기 때문에 이런 상황은 계속됩니다. 즉, 이러한 교육이 가져온 전반적 결과는 기계식 암기 교육을 받은 특정 계급 이하의 사람들은 공적 영역의 존재를 꿰뚫어 보지 못한다는 것입니다. 왜냐하면 그들을 위해 존재하는 것은 어디에도 없다는 생각을 직관적으로 하는 것이 아니기 때문입니다. 그 밖의 모든 것을 잊음으로써—가난, 질병 등의 외부적인 환경들—극단적으로 수탈당하는 이들이 싸울 수 있는 유일한 무기는 이미 아주 어린 나이에 효과적으로 제거됩니다. 그것이 가장 주된 결과입니다.

● 선생님은 인문학 교육은 "욕망을 비강압적으로 재조정하기" 위해 노력하는 것이라고 말씀하셨습니다. 그렇게 규정된 교육이 가진 해방적인 잠재력은 무엇입니까? 미국의 강단에서 시행되고 있는 인문학 교육의 한계는 무엇입니까? 어떤 방법을 통해 이 관행이 전 세계로 확대될까요? 또는 확대되어야 할까요?

교육이란 교육될 수만 있다면 그 자체가 욕망을 비강압적으로 재조정하는 것입니다. 저는 "인문학"이란 말을 쓸 수밖에 없는데, 여기에는 수백 년간 자기 자리에서 해온 학술적인 노동으로 형성된 구분이 있고, 우리는 그 모델을 따르고 있기 때문입니다. 저는 이 점에서 그 잠재력이 해방인지 아닌지 알 수가 없습니다. 이런 교육이 교육 받은 자를 매개로 해서 시행된다면 무슨 일이든 다 벌어질 수 있습니다. 이는 첫 번째 질문과 관련될 텐데요, 교육은 어떤 목적으로도 쓰일 수 있습니다. 뿌리 깊은 고질적 부패를 위해서 욕망을 재조정할 수도 있기에 저는 이런 종류의 교육이 반드시 해방적이라고 생각하지 않습니다. 사실상 기본적으로 인문적인 교육cultural instruction이 이용해 온 교육적 노력은, 일반적으로 번식성을 가진 이성애규범성heteronormativity[1]을 위해 존재해 왔습니다. 비록 그 노력이 폭력적이지 않았더라도 말입니다. 그리고 그것은 해방적이지 않습니다. 따라서 저는 교육이 언제나 해방적이라는 것과 관련해서는 그다지 이상적이지도, 순진하지도 않습니다. 제가 말하려는 것은 하나의 형식입니다. 그것을 내용으로 채우는 것은 다른 문제이며, 어떤 형태도 취할 수 있습니다. 칸트I. Kant의 말을 인용하자면, 형식이 해방적이라는 생각은 그가 "변증법적 가상dialectical illusion[2]"이라 부른 것일 겁니다. 그는 우리가 실제로 할 수 있는 유일한 가정은, 논리는 우리에게 지식의 형식을 준다는 것뿐이라고 말했습니다. 헤겔에 대한 암시적인 비판에서 그는 실체가 즉각적으로 어떻게 될 것인지에 대해 말해 줄 수 있을 것이라 믿는다면 그것은 변증법적 사기라고 말했지요. 저는 그런 잘못을 범해서는 안 된다고 생각합니다. 좌파들은 그런 잘못을 저질렀고, 그로 인해 우리가 하는 일을 부적절한 것으로 보는 반발의 빌미를 제공했습니다. 따라서 다시 한 번 말씀드리면 이러한 형식의 교육이 반드시 해방적인 것은 아닙니다. 최하류층(일반 민중이 아닌)에 널리 퍼진 기계식 암기 교육은 파괴적인 것이며, 그럼에도 불구하고 제가 지지하는 교육의 형

---

1) 이성애만을 사회적인 규범으로 인정하여 이에 기반하지 않는 다른 모든 종류의 성애를 사회적으로 주변화시키거나, 의도적으로 무시하거나, 제재를 가하는 상황을 설명하는 용어.
2) 인간은 단지 경험적 세계, 단지 현상계만을 인식할 수 있을 뿐이며 신과 같은 초경험적인 대상은 인식할 수 없음에도 인식의 경계를 나타내는 범주의 경험적 사용으로부터 이를 변증법적으로 넘어서 인식할 수 있다고 보는 착각에 빠진다.

식이 꼭 해방적인 것으로 만드는 것은 아닙니다. 그 점을 반드시 아셔야 합니다. 교육하지 않는다는 것이 인간의 지성과 가능성을 파괴하는 것인 반면에 이런 형태의 교육은 해방적인 것을 보증하지 않고, 지성이 하고 싶은 모든 것을 하도록 해주기는 하지만 넘어서야 할 다른 과제가 있습니다.

두 번째 질문에 대해 말씀드리면, 인문학 교육의 한계는 많습니다. 설명했듯이 "인문학"이라는 용어는 사실상 쓸 수밖에 없습니다. 제가 특별히 인문학 교육의 한계에 관심이 있는 것은 아닙니다. 인문학을 담당하는 교수로서 자기 비판을 시작하기란 쉽지 않기 때문입니다. 제 역할은, 다른 모든 영역과 마찬가지로, 대학의 미래를 기업화하는 것을 통해 교육 모델은 점차적으로 경영으로 바뀌어 가고 있고, 또 인문학은 수익을 발생시키지도 않을뿐더러 꼭 기금을 발생시키는 것도 아닌 까닭에, 그것들은 왜소해지고 있다고 말하는 것이라 생각합니다. 인문학은 자본이 원하는 의제에는 중요하지 않은 품목입니다. 따라서 그런 교육 모델이 억지로 해방을 집어넣었다 하더라도, 물론 그렇지도 않지만, 인문학이 할 수 있는 일에 많은 것을 요구할 수는 없습니다. 비록 제가 그런 주장을 했더라도 인문학 비판을 통해서 그런 요구를 묶어세운다는 것은 있을 수 없는 일입니다. 우리는 지금 막다른 골목에 몰려 있습니다. 지금 우리는 타협하고, 스스로를 구조조정하는 등할 수 있는 모든 것을 하고 있으며, 이를 통해 대학 안에 간신히 협동조합에 의해 운영되는 정도의 자리를 차지하고 있을 뿐입니다.

그런 교육은 누가 확산시킵니까? 미국? 그것이 저의 첫 번째 답입니다. 우리의 모델이 전 세계로 확대되는 것에 대해 우리는 다시 생각해봐야 합니다. 그래서 저는 그 질문을 다시 생각합니다. 저는 인문학

교육은 전 세계로 확대시킬 무엇이라기보다는 사람들이 소규모로 그리고 탈중심화된 방법으로 작업하는 집단적 기획으로 봅니다.

● 선생님은 여러 훈련 교사들과 함께 서부 벵골의 농촌지역에서 작업을 진행해 오셨습니다. 즉, "개발도상국의 넓은 지역에 거주하는 미래의 유권자들──가난한 이들의 아이들"을 위한 교육에 헌신하려는 시도 말입니다. 이와 같은 실천적인 교육 방식으로 전달하고자 하는 것은 무엇입니까? 그리고 컬럼비아 대학에서 선생님이 했던 교육방식과 다른 점은 무엇입니까? 그 둘은 서로 관련이 있습니까? 아니면 각각 다른 의미를 전달합니까?

서부 벵골의 농촌지역에서 저의 주요 작업은, 함께 일하는 사람들에게 다르게 배우고 가르치는 것이 정말로 유익한 것이라는 점을 설득하는 것입니다. 어떤 면에서 본다면 과거의 방식인 "주제이해 연구aware-ness seminar"나 "의식 제고consciousness-raising"와 같은 방법을 통하지 않고 공공영역에 대한 직관력을 기르는 중이라고 말할 수 있겠습니다. 반대로 컬럼비아 대학에서는 전 세계에 자선을 "확산"하는 역할을 하는 매개로써의 공공영역에 대한 개념들이 지나치게 넘쳐납니다. 따라서 컬럼비아에서는 읽는 방법을 가르쳐야 하고, 읽는 것이 지식이 아닌 마음의 기질habit of mind이 되도록 가르쳐야 하며, 사람들은 이를 통해 장기적으로는 그 자체로는 해방적이지도, 그렇다고 비해방적이지도 않은 욕망의 재조정이 이루어지기를 기대합니다. 느끼셨겠지만 저는 지금 오직 가르침의 형식에 대해서만 말하고 있습니다. 그것이 누구든 말할 수 있는 전부이기 때문이지요. 가르침의 내용은 이 형식을 통해 무언가를 계발하거나 스스로를 계발합니다. 저는 "무엇"에 대해서는 말하지 않았습니다. 사람들이 교육을 통해 단지 많이 전달된 "무엇"이 실제적으로 의미를 가진다고 생각하는 것이 문제니까요. 가르치는 데 따른 불편은 더 이상 없습니다.

　말씀드릴 것은 그 "무엇"이 중요하지 않다는 것이 아닙니다. 저는 오랫동안 전 세계의 작업자들과 함께 고전canon을 보급하고, 나아가 전 세계에 확산된 고전을 지배적인 언어로 번역된 것을 가르치지 않아도 되도록 언어 교육을 장려하는 일을 했습니다. 여기서 말씀드리고 싶은 것은 "무엇"에서 끝낼 수도 없고, 특히 하위주체들과 함께 일할 때는 더욱 그럴 수 없다는 것입니다. 우리가 생각해야 할 것은 어떻게 가르칠 것인가 입니다.

　저는 의식 제고 방법을 적용했던 사람들이 떠난 서부 벵골의 농촌지역에 자주 가게 됩니다. 예를 들어, 공식적인 주제이해 세미나를 주최했던 사람들이나 글을 가르치는 사람, 또는 도시의 진보주의자들(실제로 제 학교가 있는 곳에 왔던 도시 급진세력은 없었습니다.)이 떠난 곳입니다. 그런 우선적 교육이 있었던 다음 날에 그곳에 가기도 합니다. 거기에서 의식 제고 방법으로 교육된 사람들이 무엇을 얻은 상태인가를 조사해보면, 제가 얻는 것은 아무것도 없거나 그보다도 안 좋습니다. 즉, 그들에게 존속되는 것은 잘 의도된 주제연구 세미나를 개최할 당시까지 그들이 해왔다고 생각하는 정신에 반하는 것입니다. 인간의 마음은 무엇을 가득 싣는 것이 아니라, 함께 작동하는 도구라는 사실은, 인지를 확장하여 사물을 확장하려는 사람들에게는 맞지 않는 것으로 보입니다. 이러한 확장된 의식은 풍족한 삶이 영양을 제공해주는 것 같은 명백한 지적인 활동mental theater에 기반하고 있는데, 그것은 결코 도움이 되지 않습니다.

그래서 이 지역(뭐라고 불러야 할 지 모르겠지만 "마을"이라고 할 수는 없습니다. 왜냐하면 이 사람들은 마을에 사는 것이 허용되지 않고 그들이 사는 곳을 가리키는 이름이 없기 때문입니다. 준 도시sub-urban나 탈 도시ex-urban를 가리키는 이름은 있지만 준 농촌sub-rural이나 탈 농촌ex-rural을 위한 이름은 없습니다만 어쨌든 바로 그것이 이 지역들의 상황입니다.)에서는 잘못된 교육 체제로 인해 비지성적이 되어버린 하위 계급으로부터 배우려고 합니다. 저는 그들로부터 어떻게 철학을 해야 하는지를 배우고 있습니다. 그리고 이곳 뉴욕에서는 사람들이 권력을 버리지 않는다면 만족을 배울 수 없도록 하고 있습니다. 당신이 좋아하신다면 "탈권력disempowering" 없이는 이라는 표현을 써도 되겠지요. 그리고 그 둘은 서로 밀접한 관련이 있습니다.

● 선생님의 작업에서 두드러지게 나타나는 구절은 "합법적 위반enabling violation"입니다. 특히 식민주의와 관련해서 이 용어를 사용하시는데 그 사용 범주가 꽤 넓어 보입니다. 이 개념을 통해 의도하는 바는 무엇인지 설명해주십시오.

저는 영국에 반대하는 것은 아닙니다. 영국의 식민지 정책에 반대하는 것입니다. 저는 권능enablement에 대해 말하려고 합니다. 우리는 철도와 일정한 통화제도, 학교, 병원, 교육 체제, 관료제, 군대, 그리고 당연히 지배적인 언어를 얻었습니다. 인도인 중에는 많은 수가 식민지 지배를 받았기에, 그것도 영국의 지배를 받았기 때문에 그 결과 많은 이득을 얻었다고 생각합니다. 저는 콜센터를 고안한 사람의 이름은 잊었지만 이 맥락에서는 적절하다고 생각합니다. 저는 이 이야기를 중국에서도 들었습니다. 저는 영어를 잘하는데 제가 영국에 소유되었었기 때문입니다. 그것이 권능입니다. 위반으로부터 오는 권능입니다.

예를 들어, 여성이나 불가촉천민Dalit들과 자애로운 식민주의의 관계는 매우 다른 문제입니다. 그것은 속임수며 양립할 수 없는 것입니다. 반면에 여기에는 위반이 있기 때문에, 위반을 되돌릴 수 있는 방법을 생각하거나 오히려 최소한의 위반으로 권능을 유지하는 것에 대해 생각해 볼 수도 있습니다. 이것이 "지속가능sustainable"의 진짜 의미입니다. 즉, 경제성장을 지속시키는 것에 대해 최대한 생각해 보는 것보다는 어떻게 최소한의 폭력으로 식민주의의 권능을 유지할 것인가를 생각해 보는 것입니다. 제 절친한 친구인 앤터니 아피아Anthony Appiah가 귀족적 관점에서 쓴 최근의 책은 위반은 없었다는 주장을 하는 것으로 보이기도 하는데요, 그 점에 대해서 저와 앤터니는 긴 대화를 나누었습니다. 그것이 진정한 문제가 되는 이유는 모든 자애로움은 "식민주의적"이기 때문입니다. 여기서는 다 말씀드릴 수 없습니다만 그것은 조상들을 위해서라도 깨달아야 할 매우 중요한 사실입니다.

● 반복해서 선생님의 글 「잘못 바로잡기Righting Wrongs」를 보면 모두들 알고 있는 유럽의 인권의 기원이 "식민지적 주체를 만들어낸 '합법적 위반'과 동일한 범주 안에 있다. 잘못을 바로잡는 것을 단념할 수는 없다. 권능은 위반이 재교섭된renegotiated 것처럼 사용될 것이다."고 나옵니다. 여기서 오늘날 작동하는 인권과 식민지 역사의 관계는 무엇입니까?

최근 《뉴욕 타임스》에는 이해는 되지만 동의할 수는 없었던 데이비드 리프David Rieff[3]의 글이 게재되었는데요, 저는 개인적으로는 그와 비슷하다고 생각하지만 그의 입장을 받아들일 수가 없었습니다. 그는 어떤 적은 수의 국가들이 세계의 잘못을 바로잡기를 원한다면 다른 지역 국가들은 그 행동이 19세기적인 식민주의와 관련되었다고 생각할지라도 이들을 비난해서는 안 된다고 주장했습니다. 냉전이 한창입니다. 그 점이 선의를 가진 대부분의 사람들이 오늘날까지 가지고 있는 생각입니다. 이전 답변에서 제가 드리고 싶었던 말은 누구도 식민주의의 파장에서 벗어날 수 없다는 것이며 그것이 그 같은 종류의 일들을 시도하기 보다는 어떻게 최소한의 차원에서 유지되는가를 지켜보는 이유입니다. 또한 당신은 당신이 일things을 주고 있는 사람들에게 고집스럽게 이에 대해 질문할 수단을 주었습니다. 그렇지 않다면 그것은 작동하지 않을 것입니다.

또한 백인 남성에서 가장 적합한 사람the fittest의 일로 교체된 것에 대한 당신의 질문은 식민지가 발생시킨 여파가 어떻게 최근의 현안에 맞게 스스로 교체되었는지를 보여주는 것입니다. 탈식민 과정의 초반 단계에서 브레턴우즈 체제가 형성되었을 때만 해도 어떠한 명분이나 인간적 국제 사회주의 건설과 같은 공식적인 목표는 없었습니다. 그들이 전체주의 문제라고 느꼈던 실제 존재하던 공산주의와는 다르게 말입니다. 사회복지를 도입하여 사회복지가 갖춰진 세계를 건설한다는 생각은 당연히 없었습니다. 그런데 세계은행과 IMF가 만들어진 뒤에 그들의 실제적인 목적은 아주 빨리 180도 바뀌었습니다. 실제로 벌어진 일은 오늘날 우리가 다시 보고 있는 것처럼 자본주의의 진전을 위한 구실이 되는 느슨하고, 유토피아적인, 사회주의 담론의 발생입니다. 오늘날의 세계화는 억지스런 치환과 같은 것인데요, 자본주의와 자본

---

3) *데이비드 리이프David Rieff "The Way We Live Now ; A Nation of Pre-emptors" New York Times Magazine(2006년 1월 15일).

주의 생산양식이 모두 변했기 때문입니다. 이 점에 있어서 저는 당신에게 아주 정통적인 마르크스주의적 관점에서 설명하고 있는 것입니다. 특히 실리콘칩Silicon chip과 냉전의 소멸, 이 둘의 도래는 자본주의 생산양식을 변화시켰습니다. 하지만 그래도 우리는 같은 일을 하고 있습니다. 세계화주의자들이 이를 통해 공평한 경쟁의 장이 열릴 것이라고 말하는데, 이는 거대담론이 아닌 현실 사회주의, 소문자 s가 약속했던 전 세계를 위한 복지의 공유인 것입니다. 즉, 우리가 젊은 날 외쳤던 평화적인 방법을 통한 국제 사회주의 말입니다. 하지만 당연히 그것은 근본적으로 지속적인 하위주체화를 수반하는 자본주의적인 세계화의 구실이며, 겉으로는 다양해 보이는 민족문화성원folks들에게 획일적인 사고방식을 전파합니다. 이것이 앤터니 아피아가 다양성이란 민족적인 근원에 존재한다고 쉽게 생각하는 실수를 범한 지점입니다. 우리는 마음속에 담아 둔 단종문화들monocultures에 대해 대화를 나누었습니다. 이것이 식민주의가 축적될 수 있는 치환의 동일한 연쇄입니다. 먼저 진짜 식민주의가 있습니다. 이를테면 그리스에는 식민 경영자colon가 만들어졌고, 그만큼은 아니지만 로마에도 확실히 있었고, 천천히, 천천히 남아메리카에서는 상업적인, 즉 싸게 사서 비싸게 파는 것을 속성으로 하는 자본주의 형태의 식민주의가 나타났습니다. 또 그 반대편에는 엄청난 규모의 다민족적 제국들, 즉 오스만 제국이나 러시아 등이 있습니다. 그들을 식민주의라고 부르지는 않지요. 이와 같이 제국주의는 구분되어야 합니다. 몇몇의 학자들은 포스트-소비에트 연구가 유라시아의 포스트식민 연구가 되어야 한다고 주장합니다. 그들은 그러한 제국주의 형태를 우리가 생각하는 식민주의와 연결지으려 하는데요, 그 시도는 독점 자본주의와 단일 민족, 식민지로의 시장 확대 연구에서 시작합니다. 그런 식으로 보게 된다면 거대한 치환의 사슬을 확인할 수 있습니다. 그 사슬 안에서는 20세기 중반에서의 다국적화의 요인들multinational agencies과 베를린 장벽이 무너진 후 21세기에 벌어진 일들의 단서를 볼 수 있습니다.

●선생님은 "탈식민성이 보여주는 인권의 양상은 새로운 민족국가들을 파괴하는[4] 것으로 나타났고, 그것은 국제적인 국가 공동체에 가입break-in한다는 명목하에 파괴되었다."고 주장하셨습니다. 국가들의 "파괴"를 통해서 얻는 것은 무엇입니까? 그리고 이것은 "국가 간 공동체"를 이해하는데는 어떤 의미를 가지나요?

민족국가들을 파괴하는 것으로 무엇을 얻을 수 있는지에 대해서 확실히 말할 수는 없습니다만, 국가들의 파괴를 통해서는 무엇을 얻을 수 있는지는 알고 있습니다. 세계화를 끌어내기 위해서는 국제적 교환을 위한 동일한 체제가 형성되어야 합니다. 따라서 장벽을 제거하고 국제 자본과 취약한 국가 내 자본 사이의 연속성을 만들어 내야 합니다. 이것은 아주 순수한 국가 경제 구조와 관계되는 것입니다. 현재 진행 중인 자유 시장으로의 세계화 모델은 자본주의입니다. 이 모델에서 국가의 책임과 역할은 무엇입니까? 저는 재구성되기 전의 국가가 완벽하거나 재분배에 관심이 많았다고 생각하는 그렇게 이상적인 사람은 아닙니다. 국가가 가진 문제를 해결하기 위해—그것은 아마도 선거를 통해서 하게 될 것인데—사람들이 국가 제도를 재정립하는 것은 별 효과가 없습니다. 국가의 모델은 국가보다는 작은 대학 모델처럼

---

4) 문맥으로 보아 약화되어 소멸될 것이라는 의미가 포함되어 있다.

재분배보다는 경영이 되었습니다. 두 모델은 시장에 의해서 이끌리지요. 이에 따르는 결론은 충분히 명쾌합니다. 하나의 예만 들어보면 시장은 결코 가난한 사람들이 요구하는 깨끗한 물을 제공할 수 없습니다. 따라서 국제 시민 사회에 이미 우리가 논의한 이 과제를 떠넘기게 됩니다. 이것은 명백히 국가 파괴가 초래하는 것입니다.

　민족국가 파괴와 관련해서 얻을 수 있는 것은 민족주의(파시즘으로 이동해가는)가 가진 문제에 접근할 수 있다는 것입니다. 반면에 비판적 지역주의critical regionalism[5]는 민족국가가 파괴되지 않는 방법이 될 것이라 생각합니다. 하지만 민족주의로 기울어지겠지요. 중국과 인도가 이란을 지원하거나 미국의 제재를 허용하지 않거나, 또는 최근 만모한 싱Manmohan Singh 인도 수상이 부시와 핵 파트너가 되는 것에 대해 대화를 가졌음에도 불구하고 인도와 파키스탄이 가까워진다는 사고, 이것들이 비판적 지역주의의 징후입니다. 이것은 이제는 오직 하나의 슈퍼파워만 있기 때문에 어떤 지역 단위에서 더 이상 힘으로 밀어붙일 수 있는 세력이 존재하지 않는 현실에서 유용한 것으로 보입니다. 어떤 경우에도 유엔에서 이란을 지지하는 국가는 오직 베네수엘라뿐이었습니다. 신흥 아시아 국가들도 해내지 못할 것입니다. 볼리비아의 모랄레스E. Morales 대통령이 쿠바와 인도, 중국을 방문하는 것을 보십시오. 좌파들이 집권한 새로운 라틴아메리카가 비판적 지역주의로 우리를 이끌어갈 것입니다.

---

5) 터키 출신의 중국 사학자 아리프 딜릭Arif Dirlick 등이 제안한 전 지구적 차원에서의 새로운 지역주의를 말한다. 과거의 일국 중심 지방주의가 아니라 전 지구적 시스템과의 연관에서 지역을 인식하며 비판적 지역주의에서 지역은 새로운 가치 생성의 공간으로, 전통적인 의미인 소외를 나타내는 표지이기보다 새로운 의미에서 창조를 가능하게 하는 진지이다.

●선생님은 국제적인 인권 관행과 관련된 단서 조항을 다듬는 과정에서, "책임에 있어서의 하위문화들subordinate cultures of responsibility"이라는 표현을 사용했습니다. 여기서 "하위"라는 말이 뜻하는 바는 이 문화들은 인권 보조금의 수령자이며 보조금은 "적절한 자가 지는 부담"이며 그것은 "선의를 가진 누구든 백인의 부담과 관련되어 있는, 공존 불가능한 합법적 위반을 부여하는 구조이다."라고 설명했습니다. 선생님은 어떻게 책임의 문화를 규정하겠습니까? 그리고 왜 그 특성이 이 문화들을 지금 인권 보조의 수령자로 결정하는 데 중요한 것입니까?

　제가 책임의 문화들에 대해서 말했을 때는 권리에 근거한 문화라기보다는 책임성에 근거한 문화를 의미하는 것이었습니다. 우리는 여기서 "책임"이라는 말을 다시 생각해보아야 합니다. 저는 그 논문에서 이 점에 대해 논의했다고 믿고 있는데요[6], 여기서의 책임이란 개념은 "당연히 해야 할 것"이 아닙니다. 그 당연한 책임은 부유한 나라에는 넘쳐납니다. 그것은 "관대함"에 대한 문화 전체입니다(쓰나미, 카트리나, 이라크, 아프가니스탄, 팔레스타인을 생각해보십시오). 이것은 지루하게 "우리의 책임"을 강조하는 것입니다. 하지만 이에 대해 말하려는 것은 아닙니다. 앞에서 이런 식의 교육—욕망의 재조정—이 반드시 해방적인 것은 아니라고 말씀드렸는데, 책임에 기초하는 것도 반드시 해방적인 것은 아닙니다. 저는 여기서 형식에 대해서 말하고 있습니다. 번식성이 있는 이성애규범성heteronormativity이 여기서도 작동하고 있다고 보아도 됩니다. 그 문화적 지형에서 개인은 근본적으로 다른 무엇인가에 응하는 존재로 규정됩니다. 제가 태어난 힌두교의 문화 지

6) *스피박, 〈잘못 바로잡기Righting Wrongs〉, 《South Atlantic Quarterly》 103(2/3)(봄/여름 2004).

형에서는, 그것을 'adrishta'라고 불렀습니다. '보이지 않는 것'이라는 의미이고, 씌어 있는 것입니다. 바르뜨Barthes식으로 말하면 그것은 읽을 수 있는 것readable이 아닌 오직 쓸 수 있는 것writable이라 할 수 있겠습니다. "주의 뜻 안에서 우리의 평화가"—단테Dante의 말이지요.—를 외는 모든 문명은 인간의 문제를 더 큰 내러티브에서의 단지 하나의 계기로만 이해합니다. 왜냐하면 그건 역할수행자인 인간human players이 파악할 수 있는 것을 넘어서는 것이기 때문이며 그 내러티브란 세상과는 또 다른 양식이라는 점에서 다르고, 그 자체로 이미 기록되어 있으며 바로 잡는 것입니다. 그것은 행위주체agency를 근본적인 다른 것에 맡기는 것이며, 개인에게 부과된 임무란 응하는 것뿐입니다. 아주 빈번히, 이것은 젠더화된 하위주체가 지칠 대로 지치게 된 후 자신이 감당할 수 있는 것보다 더 무거운 짐을 메어야 하는 것을 의미합니다. 여성 동성애자가 이 상황에 포함됩니다. 남성 동성애자는 철학적 유희를 위해 관대히 허용되거나, 신의 섭리를 깨뜨렸다는 것으로 경멸의 대상이 되는 둘 중의 하나입니다. 근원적 대타성radical alterity은 근본적이기에 잘 인식될 수 없습니다. 이는 증대된 자기 이익을 벗어날 때보다 그것에 잘 따르려는 데서 존재를 추정해 낼 수 있습니다. 자, 이것은 모든 사람들의 집단적인 상상입니다. 이것이 "실제로 일어난다."는 생각은 잘못일 수 있지만 개인주의나 집단주의로 구분하는 것보다 그룹을 서로로부터 더 잘 구별해낼 수 있습니다. 즉, 나는 다른 무언가의 뜻된 존재라는 것입니다. 그러한 관점에서 보자면 "나는 책임이 있고 따라서 그것을 해야만 한다." 등의 실체적의 개념보다는 구조에 대해서 말하고 있는 것입니다.

저는 방금 힌두 문화적 지형에서 유래된 어떤 것에 대해 말씀드렸지만 또한 동시에 말해야 될 것은 아주 순수한 힌두 문화 지형은 없다는 것이고, 최소한 우리가 성장했던 바드라록bhadralok[7] 계급에는 분명히 존재하지 않습니다. 제가 『지구를 다시 꿈꾸기 위한 요청Imperatives to Reimagine the Planet』에서 주장하려 한 것은 우리 벵골 지역에서는 'al-haq' 라고 불리는 말은 우리가 무엇을 해야 한다는 의미의 책임감보다는 타고난 권리라는 의미의 책임과 유사한 의미를 가진다는 것이었습니다. 이는 각 집단collectivities이 가지고 있는 아주 다른 기초입니다. 저는 공동체라는 말은 별로 쓰고 싶지 않습니다. 그 말은 발전된 사회라는 말의 반대의미로 쓰이기 때문입니다. 미국의 맥락처럼 책임감이라는 의미가 쓰이는 것은 전혀 아닙니다. 그 의미가 때로는 숙명론처럼 보이기도 하는데 그것은 마치 엄청난 기술적 진보와 과학의 위대한 진전이 우리들에게는 마술의 일종으로 변형되는 것과 같습니다.

● 선생님의 말씀은 우리가 오로지 "숙명론적으로"만 반응할 수 있듯, 즉 우리가 우리들의 특정한 문화적 지형에 반응하듯이 기술은 자신을 드러낸다는 것입니까? 근원적인 대타성으로써의 기술처럼 말입니다.

저는 "나는 무엇인가의 뜻"이라는 의미를 사용해서 기술이 우리에게는 마술처럼 보이는 이유와 비교하려는 것입니다. 저는 그 둘을 구분하지는 않습니다. 하지만 기술이 우리에게 더 넓은 세상을 볼 수 있는 시각을 제공해주었다는 생각, 예를 들어 유전자의 경우에 있어서는 우리들 안에 있는, 말 그대로 우리들을 기록하는 나노 세계를 포함할

---

7) 벵골어로 식민지 시기(1757~1947)에 생겨난 지체 있는 신분의 중간계급을 가리킨다.

수 있겠구요, 그것은 당연히 훌륭한 생각이며, 데리다J. Derrida가 이미 그라마톨로지Grammatology에서 했던 생각입니다.

따라서 저는 이들이 인권 장려금의 수혜자라고 말했을 때는 단지 무엇인가를 기술describing했던 것입니다. 제가 말하고 있는 그런 사회 형태와 계급적 지위는 정말 부수적이기 때문입니다.

●선생님은 "20여 년간의 권능부여로써의 식민화를 통해 유럽의 계몽Enlightenment에 접근하는 것을 생각해왔다"고 말씀하셨습니다. 그리고 "아래로부터의 계몽" 또는 계몽의 "오용ab-using"을 제안하셨습니다. 이것이 의미하는 바는 무엇입니까? 계몽사상의 어떤 점 때문에 그런 추천을 하게 되었습니까? 계몽주의를 전면적으로 거부하는 것이 왜 위험한 것이며 정직하지 못한 것이라 생각하십니까?

여기서의 계몽사상은 일종의 원래 의미와 다른 암호로 쓰인 것입니다. 제가 정말 그 단어를 은유적 개념의 의미로 생각했다거나, 그리고 다시 웨스트팔리아 조약Treaty of Westphalia을, 공적 영역의 성립을, 복지국가를, 또는 무슨 의미로 이해를 하든지 간에 이성의 공적인 사용을 염두에 두지 않았다면, 제가 그렇게 말 그대로 제안하는 일은 발생하지 않았을 것입니다. 왜냐하면 그런 종류의 일(오용)은 발생하지 않기 때문입니다. 매 세대마다 교육되어야만 한다는 것을 놓고 보았을 때 우리는 어떻게 일반적인 계몽이 일어나도록 할 수 있을까요? 그래서 공적 영역의 정식화와 유럽과 부속된 식민지에서 고전적인 마르크스주의자들이 봉건주의에서 벗어나려 한 것처럼 일종의 암호의 의미로 사용하자는 것입니다. 이것은 정확히 올바른 가설은 아닙니다. 하지만 제가 개요만 구성해 본 그 설이 맞다고 생각하는 많은 사람들에 의해 엄밀하지 않게 그저 받아들여지는 이 엄청난 개념을 가지고 말하고 있기 때문에 저는 이것이 실제로 일어날 수 있는 일이 아니라는 것을 분명히 말해두고 싶습니다. 저는 그것 때문에 아이자즈 아마드Aijaz Ahmad에게 싫은 소리를 들을 생각은 없습니다. 이는 절대로 일어날 수 없는 일이지만 세계의 여러 곳의 사람들은 이것이 일어나고 있다고 생각합니다. 그래서 저는 그 지점에서 이야기를 시작하려 합니다. 그것이 제가 "계몽사상"이라는 말을 사용하는 방법이기 때문입니다.

그 글에서 저는 영국이 우리에게 "주었다"고 말한 것의 맥락을 정리했습니다. 저는 인도도 중국처럼 빠르던 늦던 간에 스스로가 고안하는 것이 가능했던 인도만의 자본 형태로 발전해 왔었다고 생각하는 역사학자가 있다는 것을 알고 있습니다. 그건 어디까지나 가능성입니다. 하지만 저는 반대 사실에 근거한 가정에 대해서는 말하지 않으려 합니다("얼마나 많은 아이들이 레이디 맥베스를 가졌는가?"). 그보다는 대부분의 세상 사람들이 당연한 것으로 여기는 어떤 것을 묘사해보려 합니다. 사실상, 억눌렸던 소수자들이 시민권과 정치적인 권리를 요구할 때 그들은 우리가 계몽주의 담론이라 부르는 것—임시변통으로—내에서 요구하고 있는 것입니다. 따라서 우리가 계몽주의를 완전히 거부했다고 말하는 것은 정직하지 못한 것입니다. 따라서 아래로부터 계몽주의를 이용한다는 말은 저에게는 어떤 요소들을 통해 계몽이 만들어지는지를 들여다보고 만들어지는 형태를 생각해보는 것을 의미합니다. 이것이 제가 앞에서 칸트를 인용한 이유인데, 이는 마치 우리가 계몽 그 자체가 해방이라고 생각하기보다는 실체적 문제를 통해 사고하는 것을 이용할 수 있는 어떤 것과 마찬가지인 것입니다. 이것이 인문학 교육에 대한 제 생각이 그 자체로 해방적이라는 생각을 교정하게 된 이유입니다. 무엇이든 그 자체로 해방적이라고 생각하는 것은 잘못을 범하는 것이기 때문입니다. 따라서 다음에 우리가 할 일은 계몽을 자연적이며, 유기적인 실체적 내용으로 보는 데서 벗어나, 계몽이라 부르는 것을 발생시킨 질문의 형식을 살펴보고 우리가 그것을 어떤 다른 방법으로 사용할 수 있는지를 살펴보는 데 착수하는 것입니다.

●선생님은 왜 공간적으로나 다른 형태로 최중심부metropole에 위치한 사람들에게 "그들의 특권을 버리는 것unlearning one's privilege"의 중요성을 강조하십니까? 그 특권은 어떤 것이며, 어떻게 그것을 버릴 수 있을까요? 또한, 어떻게 하면 버리는 것이 가능할까요?

제가 처음 그 문구를 썼을 때를 돌아보셨으면 합니다. 그것은 아주 오래 전이지요. 저는 많은 인터뷰를 통해 그것이 의미하는 바를 분명히 하려고 애썼습니다. 제가 실제로 인쇄물로 출간을 했는지는 모르겠습니다. 저는 다른 분들과 달리 저의 지난 작업을 사람들이 어떻게 받아들이는지를 점검하고 꾸준히 고쳐나가는데 잘 신경쓰지 못하기 때문입니다. 그래서 이 내용을 인터뷰에서 말한 적은 있지만 실제로 집필을 통해 표현하지 않았을 수도 있습니다.

저는 이것, 즉 내 특혜를 버리는 것에 관한 뭔가를 하자마자, 그것들을 버렸습니다. 당신이 어떤 공식화된 표현을 원한다면 "하층민으로부터 배우는 것을 배우는 것"이라 말할 수 있겠습니다. 또 저는 사람들이 저의 공식화된 표현을 좋아하는 것에도 의문을 가지고 있습니다. 예를 든다면 "본질주의의 전략적 이용"이라는 말을 들 수 있습니다. 저는 그 말을 그만 쓰려고 했지만 사람들은 그러지 않았습니다. "자신의 특권을 버린다."는 말과 관련해 말씀드리면 저는 몇 가지 일을 해내기 위해서는 그 특권을 사용해야 한다고 생각합니다. 말씀드린 것처럼, 모든 자선은 식민지적입니다. 즉, 사람들은 모든 특권을 버릴 수가 없습니다. 무엇보다 사람들이 그것을 하나의 수단으로 봄으로써 버릴 수도 있을 것입니다.

제 말은 비록 "아래로부터 배우는 것을 배우는 것"이라도 그것을 어떤 공식으로 생각하는 것은 문제라는 것입니다. 저는 지금 형식에 대해서 말하고 있기 때문입니다. 저는 이 연구에 새로운 학생을 받고 싶은 마음이 있습니다. 어느 수준이든 사람들이 이것을 하기를 원하기 때문입니다. 전 그것이 괜찮은 아이디어라고 생각합니다. 그리고 도시에서나 시골에서나 아래로부터 배우는 것에 대해서 이야기를 하면 많은 사람들이 저에게 동의를 합니다. 그럼 그들은 다가오고 저는 일주일 내로 또는 사나흘 만에, 그 사람들 내에 그들이 인정하지 못하는 굉장한 봉건성이 있음을 봅니다. 왜냐하면 그들은 정말로 도와주기를 원하고, 자신들이 하려는 것을 알고 있기 때문입니다. 다른 사람들, 특정 계급 아래의 사람들이 자신들이 무엇을 원해야 하는지를 알고 있다고 가정하더라도 이것은 그 자체로 터무니없는 공상의 조각에 불과합니다. 당신은 수 세기간 사람들을 억압하지 않았고 그들의 지성이 상처받지 않고 유지되기를 기대하고 있습니다. 제가 말했던 계급 차별을 생각해 보십시오. 그들이 공적 영역에 대한 분명한 직관을 가지고 있고, 정확히 그들이 무엇을 필요로 하며 무엇을 원하는지를 알고 있을 것이라 생각하는 것은 잘못입니다. 이것은 가난한 이들에 대해 기독교적으로 생각하는 것입니다.

그래서 하나의 공식으로써 아래로부터 배우기 위해 버리는 것은, 제가 지금 배우고 있는 것처럼 동의하기 매우 쉬운 반면에 또 실천하기 무척 어려운 것입니다. 저는 잘못을 범하고 있고, 15~16년간 이것을 해오고 있습니다만, 이제는 방법을 터득했노라고 말할 수도 없습니다. 저는 이런 노력이 어떤 좋은 일이든 간에 장기간에 걸쳐 지속적으로 시도되어야 한다고 생각합니다. 그리고 비록 당신에게는 공식을 제시하기는 했지만, 제가 "네, 이것이 바로 지금 제가 하고 있는 일이에요."와 같은 조치로 받아들이기를 원하는 것은 아닙니다. 특권을 버리는 것은 너무나 불편했습니다.

데리다가 세상을 떠난 뒤에 저는 저널을 위해 다음과 같이 논문들을 읽어줄 것을 부탁받았습니다. "내 삶의 상황은 정확히 데리다의 이론이 실현된 예이다." 이것은 순전한 자기도취입니다. 따라서 이 공식 "아래로부터 배우는 것을 배우는 것"을 사람들은 자신들의 삶이 아래로부터 배우는 것에 꼭 맞는 예라고 생각하게 될까 걱정하면서도 제안합니다. 그것이 특권을 버리는 데서 벌어지는 일입니다.

●선생님은 종종 공모성complicity을 알아야 한다는 점을 강조합니다. 누구에게 이 의무가 적용되는 것입니까? 그리고 그것을 아는 것을 통해서 어떤 효과가 생기는 것입니까?

앎은 오직 끝없는 가슴의 고동으로만 인도합니다. 그것 역시도 극단적인 자기도취인 것이지요. 과거에는 우리의 공모성을 알지 못했을 때, 자신에 대해 글을 쓰는 데 시간을 할애했습니다. 다가오는 날에는, 우리가 우리의 공모성을 완전히 알게 되었을 때만, 우리 자신에 대해 기록하는 데 시간을 할애해야 합니다!

따라서 제가 비록 자신들의 공모성을 알아야 한다고 생각하더라도, 제가 강단에서 오랜 기간 머물렀던 지금은 지치고 냉소적이 되어 있을까 걱정이 되고, 앎을 통해 세상을 위한 필요한 선이 충분히 나타날지 알 수 없습니다. 반면에 공모성을 변형시킬 수 있는 방법이 있습니다. 저는 당신이 공모하고 있다는 것을 느낀다면 아마도 게임에서 졌다고 생각할 것이라는 것을 전제로 해서 이것을 제안합니다. 당신이 공모하는 것을 기층계층으로부터 지원받는다면 당신은 작동하고 있는 계급적 서사narrative로 그것을 간직해야 합니다. 하지만 있는 그대로가 여기에 있습니다. 당신이 함께 겹쳐져 있는 것으로 공모성을 생각한다면, 당신은 아주 조심스럽게 다른 사람의 기질에서 시작하는 것입니다. 그것은 직물textile을 은유로 한 것이기에 함께 접혀지는 것입니다. 문학을 하는 사람으로서 저에게 이는 하나의 노동의 성과입니다.

● 선생님은 『경계선 넘기 Death of Discipline』에서 "대도시 이주자들에 대한 인가된 무지sanctioned ignorance[8]에 따른 문화 연구의 대상으로써 남반구의 언어들을 연구하는 것이 아니라 능동적 문화 매체로 그것들을 대해야 한다."고 주장하고 있습니다. 선생님의 글을 보면 "인가된 무지"라는 표현이 자주 등장하는데요, 이에 대해 더 설명해 주시겠습니까? 그리고 제3세계 언어를 통해 능동적 개입이 가능해지고, 바뀔 수 있는 것은 무엇이 있다고 생각하시나요?

일단 저는 더 이상 "제3세계"라는 표현을 쓰지 않는다는 말씀을 드려야겠군요. 그 말이 현재 정확히 무엇을 의미하는지 알 수 없습니다.

---

8) 식민지배 엘리트층이 피지배자의 관념이나 문화에 대해 스스로 허용하는 오만한 무지를 가리킨다.

제가 문화적 매체로써 언어를 논의하는 이유는 승인된 무시가 우리들에게 일반화되어 있기 때문입니다. 어느 정도까지는 어떤 일에 대해서 모르는 것이 상관없을 수도 있습니다. 지금 당장은 어떤 좋은 예를 들 수는 없는데, 사소하지만 비근한 예를 들어보겠습니다. 컬럼비아 대학에는 왕닝Wang Ning 교수가 있습니다. 그는 자신의 이름을 "왕Wang"이라고 크게 블록체 대문자로 쓰고 소문자 필기체로 "닝Ning"이라고 적습니다. 왜 중국에서는 성을 앞에 쓴다는 것을 아는 것이 어려울까요? 왜 여기서는 사람들이 그런 실수를 내내 범하는 것일까요? 이것은 아주 터무니없는 것으로 보였습니다. 하지만 이것은 그리 좋은 예는 아닙니다.

다른 예를 들면 컬럼비아 대학의 언어연구소는 "필리핀어Filipino"라고 불리는 언어를 열거합니다. 언어연구소의 흠을 잡아서 유감이긴 하지만 이곳에서는 그곳이 가장 특권화된 성채와 같은 곳입니다. 하지만 그 권리 뒤에는 어떤 종류의 인가된 무지가 놓여 있는 것 아닙니까? 저는 노스이스턴 대학 출판부로부터 "인도어Indian"라고 불리는 언어를 통한 의사소통을 요청받았습니다. 이것은 허시E. D. Hirsch가 연구하는 것 같은, "문화 가독력culture literacy"이라 불리는 것도 아닙니다. 허시의 해결방법이란 모든 종류의 잡동사니들을 배우는 것을 통해 인가된 무지 문제를 해결하도록 하는 것입니다. 허시의 이론은 안타깝게도 여전히 정치적으로 반동적입니다. 저는 당신에게 언제든 아주 많은 인가된 무지의 예와 지금은 더욱 악화된 상황에 대해서 말씀드릴 수 있습니다.

또 다른 좋은 예가 있습니다. 간단히 말씀드리면, 저는 《진보철학 Radial Philosophy》지에 논문 하나를 발표했습니다. 저는 그 잡지에서 "언어는 지역적인가?"라는 질문에 대한 일종의 수사적인 답변으로 지금 의 언어 논쟁을 펼쳤는데요, 그것은 데리다의 장례 직후 방문했던 한 국에서 했던 강연과 같은 내용이었습니다.[9]

공상처럼 들릴 수 있는 이야기를 조금 더 하겠습니다. 현실적인 일 반성을 넘어서 사람들을 하나로 묶어주는 것은 이야기storytelling이며, 그리고 사소한 것을 만들어내는 것입니다. 만약에 당신이 이 대단한 통합자가 되길 원한다면 역설적으로 당신은 광대한 언어의 다양성과 마주해야 합니다. 언어를 놓치는 것은 의미의 모든 가능성을 놓치는 것입니다. 베커A. L. Becker를 인용하면 각각의 언어는 고도로 특화되고 오로지 숙련된 노동으로만 다가설 수 있는 자기 자신 내의 언어적인 기억을 전달한다고 합니다. 언어의 전문가가 되려는 각고의 노력을 통 해서 말입니다. 만약에 우리가 정확한 세상just world을 원한다면 우리는 이 기획이 중심화될 수 없다는 것을 인정해야 합니다. 누구도 모든 언 어를 배울 수는 없습니다. 언어적 기억에는 위계가 존재하지 않습니 다. 기계적인 언어 습득으로는 이를 잡을 수가 없습니다. 언어에서 벌 어지는 구체적인 사건들은 관례적 규칙을 뛰어넘습니다.

● 선생님은 "노동의 국제적 분업international division of labor"과 관련해서 빈번히 제국주의 가 가지고 있는 "인식론적인 폭력epistemic violence" 개념을 끄집어냅니다. 제국주의는 어떤 식으로 인식론적인 폭력의 형태를 취하고 있습니까? 그리고 그렇다면 이 폭력 은 형식적인 탈식민화의 과정을 따라 어떤 다른 방식, 또는 같은 방식으로 지속되고 있는 것입니까? 과거와 현재의 노동의 국제적인 분업은 어떤 관계를 맺고 있습니까?

---

9) *스피박, 〈Remembering Derrida〉, 《진보철학》 2005년 1~2월호.

노동의 국제적인 분업은 이제는 별 의미가 없어졌습니다. 세계화를 놓고 볼 때 특히나 금융 자본—즉, 자본시장과 외국환—을 생각해 본다면, 노동은 여전히 하나의 범주이기는 하지만 유령 같기도 하고, 아주 추상적인 범주이며, 과거와 같은 의미는 이제 거의 유지하지 않고 있습니다. 노동은 또 그 자체로는 공허한 통계적 자료의 영역에 속합니다(잠시 국제무역을 보류해두면 노동은 시대착오적인 실체의 의미만을 가지고 있습니다).

저는 데리다가 했던 아주 조심스런 구별에서 유령같은 이라는 개념을 따왔습니다. 유령같음이란 완전히 추상적인 것만은 아닌데요, 왜냐하면 유령은 어떤 기괴한 몸체는 가지고 있지만—은유적 표현을 하면—그것은 진짜 몸은 아닙니다. 그것은 유령이기 때문이지요. 그 형체는 시대적인 성격을 가지고 있으며 예측할 수 없는 것입니다. 그 안쪽은 그것이 변형될 가능성을 가진 데이터로 되어 있습니다. 돈이라는 것이 과거에는 자본으로부터 형상을 얻었는데, 지금은 실질적인 상황에서 형상화될 가능성을 지닌 통계적 자료인 것처럼 말입니다. 그것이 유령성인데요, 실제적으로 구현될 어떤 가능성이 있기 때문입니다(예를 들면, 교역의 상황에서). 반면에 그 시대적 성격은 필수적인 시대성이 아닙니다(그것은 3일이든 3시간이든 주기적으로 일어나야 합니다 ; 그렇지 않습니다). 그 은유적 개념은 정확히 유령성의 본질을 보여줍니다. 즉, 구현이지만 그와는 다른 어떤 것입니다. 데이터는 오직 그 자신만을 위한 것이지, 어떤 식으로 구현되든 그 구현태를 위해 존재하는 것은 아니며 당신이 임의적으로 알 수 없습니다. 제가 말하려는 것은 19세기의 마르크스에게는 위대한 발견이던 추상적 평균노동력 개념을 이제는 그것이 치환한다는 것입니다. 데이터의 파동이 치환입니다.—다른 치환들이 계속 있어왔지만 이것이 두 세기가 지난 후의 우리가 있는 모습이며, 왜 그것이 유령과 같은 것인가에 대한 이유입니다. 그것은 진지하게 구현되는 것은 아니지만, 어쨌든 구현됩니다. 그 실체성은 그것의 진지한 문제가 아니지만 데이터는 진지한 문제입니다. 그것은 진지하지 않게 구현되고, 시기적인 특징을 가지고 나타나지만 예측할 수는 없습니다. 따라서 노동의 국제 분업이라는 개념은 고려의 대상이 되며 그것은 이상하리만큼 충분히 설득력을 가지고 있고 또, 하위주체들에서 그리고 오랜 시간 동안 유지되지는 않겠지만 개발도상국에서의 어떤 영역에서는 고려할만한 것이 됩니다. 즉, 아웃소싱이나 콜센터와 같이 소프트웨어 작업이 이루어지는 중간 단계를 말씀드리는 것이며, 이 단계에서의 작업은 이런 아웃소싱 산업에서 일을 하는 것 자체가 사실상 계층 상승중인 노동자들에 의해서 이루어지고 있습니다. 저는 1980년대에 증권 거래가 전산화되는 것에 대해서 글을 쓰곤 했는데요, 저는 아무것도 몰랐고 그러다보니 제가 말하려고 하는 것이 세계화인 것도 몰랐지만 인문과학 분야에서, 그것은 꽤 일찍 전체적인 현상들을 검토하는 것이었습니다. 따라서 노동의 국제 분업은 재검토되어야 합니다. 그것이 재검토되어야 할 또 다른 이유는 아웃소싱이 가지고 있는 신비로운 현상 때문입니다. 아웃소싱은 당연히 포스트포디즘post-Fordism과 더불어 발생했고, 그 당시는 팩시밀리나 컴퓨터 등을 통해 공장의 작업장들이 다양화되던 때였습니다. 하지만 그러한 다양화는 영국의 사회주의자들에게 환영을 받았고, 우리는 지금처럼 다른 각도에서 그 노동의 국제 분업을 다루고 있습니다. 우리는 또 민중들의 지속적인 하위주체화도 생각해 보아야 합니다. 민중들의 하위주체화는 자본논리에 따르는 노동의 분업과 아주 관계가 깊습니다. 이 변화는 날짜 변경선과 같은 것이 아닙니다. 그렇게 표현할 수 있다면 말입니다.

인식론적 폭력에 대해서 말씀드리겠습니다. 어떤 점에서 교육은 인식론적인 폭력입니다. 그것은 생각하는 방식이 달라져서 지식의 대상을 다른 방식으로 구성해야 할 때 발생하는 것입니다. 다른 말로 하면 아는 방법이 바뀌는 것입니다. 마르크스가 노동자들에게 스스로 자신들에 대해 자본주의의 희생물이 아닌 생산인agent of production이라 생각하라고 요구했을 때 그것은 인식론적인 폭력입니다. 당신은 생각하는 방법을 완전히 바꾸어야 하며, 대상과 지식을 구성하는 방법을 완전히 바꾸어야 합니다. 저는 이 말을 쓰지 말았어야 합니다. "폭력"이라는 말은 뭔가 나쁜 것을 상기시키는 일종의 계보학적 고어 사용paleonymy[10]을 포함하기 때문입니다. 예를 들어, 나쁘지 않은 방식으로 폭력을 좋아하는 사람은 어떻습니까, 이를테면 사도마조히즘Sadomasochism과 같은 경우 말입니다. 폭력이 꼭 사람을 죽이는 것과 같은 것은 아닙니다. 폭력은 다른 모든 종류의 타자들other things입니다. 플러스가 있으면 마이너스가 있는 것과 같은 것이 아닙니다.

그 폭력이 노동의 국제 분업과 어떻게 관계된 것인지 확실히 말씀드릴 수는 없습니다. 그리고 노동의 국제 분업과 인식론적인 폭력 사이의 연속되는 관계를 어떻게 수립해야 할지 잘 모르겠습니다. 사실상 대부분의 시간 동안 인식론적인 폭력은 사람들이 계층 상승을 할 수

---

10) 데리다의 용어인 paleonymy는 옛 명칭을 고수하려는 것 혹은 옛 명칭으로 돌아가려는 것을 의미한다. 그라마톨로지에서 데리다는 이 용어가 특정 단어의 의미에 근본적 치환이 이미 일어나 그 단어가 사용되어 온 역사 속에서 변형된 함축의미들이 접목되고 있는데도 고어를 계속 준수하는 것으로 보았다. 태혜숙, 박미선 공역 『포스트식민 이성 비판』 164쪽.

있도록 해주었습니다. 인식론적 폭력은 주인을 위해 일하는 일꾼이나 민족주의자나 또는 산업의 책임자나 혁명주의자가 되는 식민지 백성을 만들어내지만 직접적으로 노동의 국제 분업의 희생자를 만들어 내는 것은 아닙니다.

인식론적 폭력은 어떻게 지속됩니까? 그것은 반다나 시바Vandana Shiva가 이름 붙인 "정신의 단종재배들the monocultures of the mind"을 통해 유지됩니다. 반다나 시바에 대해서 말을 해야겠군요. 미라 난다Meera Nanda와 같은 사람들은 말하려 할 것입니다. "가야트리 스피박은 신비주의적이야." 아닙니다. 저는 획일적 언어들로 획일적 교육을 제공할 때 벌어지는 일에 대해 유용하게 생각하는 방법으로써 이 말, "정신의 단종재배들"이라는 의미를 취하는 것입니다. 이것이 일종의 인식론적인 폭력입니다. 그것이 반드시 좋지 않은 것이라고 말할 수는 없습니다. 그렇다고 반드시 좋은 것도 아닙니다. 우리는 그것을 원하고 있습니다. 이것이 어떻게 작동되는 것인지 말씀드릴까 합니다. 제 가족에게 들은 오래된 이야기인데요(직계는 아니지만 제 시댁의 가족입니다). 그들 중 일부는 스코틀랜드에 살고 또 일부는 봄베이에 살았습니다. 봄베이의 가족이 스코틀랜드를 방문했을 때, 봄베이의 아이가 영어로 이야기를 하자 스코틀랜드 아이가 벵골어로 말했습니다. "집에서 영어를 쓰면 안 돼. 우리는 벵골 사람들이야." 그러자 봄베이의 아이가 벵골어로 "집에서 영어를 쓰지 않으면 영국 미디엄 스쿨에 입학할 수 없어"라고 말했습니다.

이것도 부정직의 문제입니다. 지금 우리는 대도시 이주민metropolitan diasporics들이고 서로에게 영어로 말하고 있으며, 인식론적인 폭력에 대해 세련되게 말합니다. 우리는 우리가 다다른 문제에 대해서 생각해

보아야 합니다. 중국어를 배우는 것조차도 내게는 무척 어려운 일이라는 것은 신께서도 아실 테지만, 중국어는 하위주체 언어가 아닙니다. 우리들 중에 누가 언어를 배우는 실제 노동에 더 관심이 있을 거라 생각하십니까? 에드워드 사이드Edward Said의 장례식에서 말했듯이 이민에 대한 동화와 통합 모델에서 여전히 동일하게 이어지는 것은, 그것이 비록 문화적 통합이 가능하다고 믿는 새로운 이주자들에 의해 꾸준히 의심받고 있기는 하지만, 변하지 않는 것은, 정확히 똑같이 이어지는 것은 아이들이 부모의 언어를 좋아하지 않는다는 것입니다. 결국 아무것도 변하지 않았습니다. 이 이주자들은 그들이 좋아하는 만큼만, 그들이 어떻게 다른지에 대해 말할 수 있습니다만 사실상 인식론적인 폭력은 지속되고 있습니다.

그리고 우리가 그것을 복원하는 것에 대해서는 어떻게 말해야 할지 모르겠습니다. 물론 그것은 진행 중입니다.

●선생님은 마하스웨타 데비Mahasweta Devi의 많은 작품들을 영어로 번역했습니다. 그녀의 작품에 관심을 가지게 된 이유는 무엇입니까? 그녀의 작품들이 영어권 국가들에서 어떻게 받아들여지고 있습니까? 선생님의 번역 자체로 특별한 독해가 가능한가요?

제가 마하스웨타 데비를 만난 것은 1979년이었습니다. 이 이야기는 제가 가끔씩 하던 건데요, 다시 한 번 하지요. 1981년에 저는 예일대학 프랑스 연구Yale French Studies를 간행하는데 프랑스 페미니즘에 대해 작업을 해줄 것을 부탁받았고, 《크리티컬 인쿼리Critical Inquiry》 발행에도 참여해 줄 것을 부탁받았습니다. 거기서는 해체론에 대해서 글을 써주기를 바랐습니다. 제가 유럽 태생이 아니라는 것과 정치적으로 많은 발언을 해대면서 어떻게든 요지부동의 대상에 맞서 싸웠고, 그리고 이 백인들만 일하던 영역에 참여해서 이 문제들에 대해서 언급하게 되었다는 사실에 기뻐하는 대신에, 당시 39살로 젊었고 또 그만큼 어리석었던 저는 "저런! 도대체 내 정체성에 무슨 일이 생긴 거야!"라고 생각했습니다. 허튼 소리였지요. 오늘날 누가 믿겠습니까? 예일대학 프랑스 연구서에는 「국제적인 시야에서 바라본 프랑스 페미니즘」을 기고했고, 《크리티컬 인쿼리》에는 데비의 작품을 번역하기로 했습니다. 왜냐하면 저는 이미 해체론에 빠져 있었고 그 방법을 통해 글을 읽었기 때문이었습니다. 그래서 저는 이 텍스트를 통해 해체론에 대한 글을 아주 쉽게 쓸 수 있다고 느꼈습니다. 재미있었던 일은 해체론에 관한 글을 청탁받은 제가 벵골어로 된 소설을 번역한다고 말했을 때, 그들은 도박을 하는 심정으로 제가 그렇게 하도록 두었다는 것입니다. 번역을 했고 그들은 그것을 실었습니다. 그것이 그녀의 작품을 번역하는 데 흥미를 돋운 내력입니다.

그녀의 작품에 대한 제 관심에 대해 말하자면, 저는 분명 그녀가 쓴 것을 좋아했습니다. 저는 규칙적으로 벵골어 소설들을 읽었고, 그녀의 소설을 좋아했습니다.

그녀의 작품들은 영어권 독자들에게 호평을 받았습니다. 그 이유 중의 하나는 제3세계 작품 중에는 진지한 작품들이 없었기 때문입니다. 말씀드린 것처럼 보통은 제3세계라는 말은 쓰지 않지만, 지금의 맥락이라면 누구나 사용할 것입니다.

●지금은 왜 그러한 용례를 구분하는 거죠?

왜냐하면 그것이 그녀의 작품을 분류하는 방법이기 때문입니다. 그것은 원래의 어떤 효과적 분류 의도와는 상관없는 완전히 인위적인 범주입니다. 사람들은 마하스웨타가 어디에서도 어떤 기반이 되는 작업도 하지 않았다고 논합니다. 제가 이것으로 드리고 싶은 말은 다음과 같은 것입니다. 플로베르Flaubert의 『감정교육L'Éducation sentimentale』은 1848년 혁명에 대한 글이고, 따라서 유럽 혁명이 어땠는지에 대해 알지 못하면 플로베르를 강의하기란 불가능한 것입니다. 아니면 혁명 그 자체에 대한 플로베르의 생각을 비판하게 됩니다. 하지만 플로베르를 감식력 있게 가르치는 것도 가능합니다. 플로베르를 아주 좋아하면서 말입니다. 하지만 그래도 그 자신만의 혁명 위치 짓기를 위치 짓도록 상황을 만들 수 있다는 것입니다. 자, 그것이 원주민에 대한 인도에서의 탈식민화의 복잡성을 전혀 이해하지 못하고 마하스웨타를 연구한 후, 현대어협회에 교수 자격 신청 서류를 제출하는 것과의 차이입니다. 이는 매우 다양하게 나타납니다. 저는 마하스웨타로부터 인도의 신생 주州인 자르칸드Jharkand에 있는 부족 동굴벽화가 파괴되는 것을 비난하는 내용이 실린 신문을 받았습니다. 마하스웨타가 제 인도 편집자를 통해 보낸 신문에는 분명히 공룡의 그림이 있었습니다. 어떻게 만 년 전의 공룡 그림이 있을 수가 있습니까? 차라리 마하스웨타의 소설 『익수룡Pterodactyl』[11]이야기 같습니다. 이 모든 것을 아는 것이 한 발 앞으로 나가는 것입니다. 마하스웨타의 텍스트와 나의 관계는 쓰여진

---

11) *『Story appears in Mahasweta, Imaginary Maps』, 가야트리 스피박 번역, Routledge, 1995.

텍스트 그 자체가 텍스트성이 광범하게 분출될 때의 계기와 같은 관계입니다. 그 반대편에 예의 교수 자격을 신청한 젊은 재능 있는 인물이 서 있습니다. 그는 어떤 자유로운 영역에서 교수 자격을 따기 위해 마하스웨타를 아무 것도 모른 체, 미친 듯이 강의하고 있을 것입니다.

최근에 컬럼비아 대학에서 열린 번역에 대한 회의에서, 제가 말한 것 중의 하나는 번역이 능동적 활동, 편안함에 머무는 것이 아닌 실천이 되어야 한다는 것이었습니다. 저는 제 마하스웨타 번역을 읽은 사람들이 반드시 벵골어를 배우려는 마음이 생겨야 한다고 생각하지는 않습니다. 사실 제 최대의 적이 될 수도 있는 인도 사람들은 제가 서문을 쓰지 말아야 했으며—이 점을 누군가가 《인디아 투데이*India Today*》에 올리기도 했습니다.—제가 쓴 서문이 너무 "설교적"이라고 비난하기도 했습니다. 그들은 또 이미 영어로 되어 있는 글들을 강조해서는 안되었다고 말했습니다. 그것은 제가 미래 연구에 관심이 있어서 했던 것이었습니다.[12] 이 점에 대해서는 어떻게 생각해야 할지 모르겠습니다. 그들은 유럽 밖에서 번역된 것을 읽은 것을 제외하고는 그녀를 어떤 것과도 비교해 본적이 없습니다. 예를 들면, 타옙 살리*Tayeb Salih* 등과 같은 제3세계 작가들을 제외하고는 말입니다. 참 어처구니 없는 일입니다. 저는 이것에 대해서도 기여를 해왔지만, 이것이 잘한 일이었는지 알 수가 없습니다.

자, 저는 사람들이 그녀의 소설을 읽는 것이 너무도 기쁩니다. 제 번역이 특별한 읽기를 가능하게 하는 것도 사실입니다. 그것이 제가 말

---

12) *원문에서 영어 단어를 강조하는 것에 대한 주장은 『Imaginary Maps』의 「Translator's Note」를 보시오. : "근본적으로 영어로 표시된 모든 계급(하위주체를 포함해서)의 실제적인 일상생활 언어는 단어와 구문들이 어휘화되어버릴 정도로 식민주의의 역사적 침전을 따라하고, 따라서 벵골어에서는 독립적으로 존재할 정도까지 되어버렸다.

씀드리려는 것입니다. 그녀를 번역하기 전에는 누구도 그녀의 작품들을 영어로 번역하지 않았습니다. 그녀는 많은 상을 받았고, 저는 그녀에게 말했습니다. "나는 당신이 이 망할 상들을 받기 전에 이미 당신이 뛰어나다는 것을 알았어요. 그들은 당신의 벵골어 작품은 읽지 않고, 나의 문제투성이의 영어 작품만 읽었다고요!"

● 선생님은 그녀의 작품 『드라우파디 *Draupadi*』의 서문에서 "내가 이 작품에 접근하는 방법은 '해체적 실천'에 영향 받은 것이다. 나는 급진적인 페미니즘 작품들과 맞서 지나치게 엘리트주의적이기도 한, 번역에 있어서의 아방가르드 이론이라고도 불릴 수 있는 불편함을 공유하고자 한다."고 하셨습니다. 그렇다면 해체적 실천은 무엇을 가능하게 했는가에 대한 선생님의 질문에는 이 맥락에서 어떤 식으로 답을 하신 겁니까?

그것은 부정직에서 비롯된 것이 아닌 부정직한 언급입니다. 왜냐하면 당시 처해 있던, 전반적으로 몹시 초조해있던 기묘한 상황에 대해 당신에게 설명했기 때문입니다. 그것은 어떤 작업으로 이어졌고 무의미한 것은 아니었습니다.

급진적인 페미니즘 작품에 대응되는 아방가르드적인 번역과 관련해 문제는 없었습니다. 오히려 사회적 상황 때문에 아방가르드 이론에 지나치게 집착했던 사람들과는, 그리고 그들의 나태함과는 문제를 빚었습니다. 이는 이론 자체와는 아무 상관이 없습니다. 실제로 샹디가르 대학에서 온 여성학 연구 동료는 저의 번역본을 사용하지만 자기 학생들은 제가 쓴 서문을 좋아하지 않는다고 말하는 것이 어렵다는 것을 알지 못했습니다. 나중에 두 번째에 가서, 그녀는 더 이상 제 번역본을 쓰지 않는다고 말했습니다. 사람들은 저도 사람이라는 생각을 하지 못하는 것 같습니다. 즉, 제게 어떤 말이나 합니다. 거기에 문제가 있다는 생각, 아마도 그녀 자신이 나의 서문을 좋아하지 않았을 수도 있다는 점이 그녀의 학생들의 반응과 어떤 식이든 관련이 있다는 생각, 제가 말하려 했던 것을 그녀는 학생들에게 보여주어야 했었다는 생각, 이것은 그녀가 말하려는 것이 아니었습니다. 하지만 정말로 제게 충격을 준 것은 그녀가 이것을 두 번이나 말했어야 했다는 것을 알게 된 것입니다. 다음에—이건 가장 나쁜 토라진 행동으로 보이는데—그녀는 제 번역본을 포함시켜도 좋은지 허가를 구하는 편지를 보냈고, 이를 통해 그녀가 제 친구인 찬드라 모한티Chandra Mohanty의 이론서들과 다른 것들은 포함시켰지만, 저의 번역서들은 전혀 사용하지 않았다는 것이 분명해졌습니다. 그 점에서, 저는 애초의 제 견해를 취소합니다. 저는 어디에서 이 이론이 받아들여지는지, 사람들이 이를 통해 무엇을 얻었는가를 알 수 있다고 생각합니다. 이는 살펴볼 필요가 있는 사회학적 현상입니다. 저는 또 니베디타 메논Nivedita Menon의 책 『전복의 복원: 법을 넘어선 페미니즘 정치학Recovering Subversion: Feminist Politics Beyond the Law』에서 그녀가 전설적인 존재인 에티앙 발리바르Étienne Balibar를 만났을 때 환희에 떨고 있는 모습을 발견했습니다. 특히 발리바르가 그녀에게 "나는 미셸 푸코Michel Foucault에게……"라 말하는 대목에서—저는 백인 남성이 책의 첫 머리에서부터 아무런 부끄럼없이 언급되는 이런 준 오르가즘적인 환희를 발생시킬 수 있다는 사실에 충격을 받았습니다.—말입니다. 이것을 이런 토라짐 위에 겹쳐 놓아 보십시오. 이는 사람들이 이해할 수 없는 사소한 것 안에 뭔가 유용한 것이 있을 수 있다는 것을 인정하지 않으려는 것입니다.

자, 저는 초창기의 글들에 나타나는 과장된 산문을 변명하려는 것이 아닙니다. 제 자신이 이론적인 집단의 일원으로 간주되지 못하는 것에 대해서 자존심이 강한 편이기 때문입니다. 따라서 시간이 흘러가면서 저는 저의 문장을 단순화시켰습니다. 하지만 그럼에도 불구하고 제가 더 쉽게 이해되는 글을 쓴다거나 다른 사람들의 토라짐이 줄어들었다는 것은 아닙니다. 전 친구들이 있고, 학생들도 있고, 세계를 통틀어 가장 지적인 집단에 있다고 말할 수 있는 것이 행복합니다. 따라서 그런 것은 문제가 아니지만 다른 의미로 제 작업에 반감을 갖는 지식인이나 활동가들이 있습니다. 특히 이론의 추상성과 극단적인 하위주체성 옹호 사이의 넓은 스펙트럼 끝에 양다리를 걸치고 있다는 비판이 있습니다. 그 점에 대해서는 저는 아무 말도 할 것이 없습니다. 제 어머니가 생존해 계실 때, 그녀는 모든 것을 상황에 따르셨지요. 하지만 2년 전에 돌아가시고, 그리고 그분이 평소에 하셨던 말씀은 거의 기억이 나지 않습니다. 그녀는 보수주의의 거두들에 맞서는 저를 지원해주었으며, 이런 식의 반감에 찬 사람들에 대해서도 마찬가지였습니다. 다른 모든 것을 떠나서 지금에야 깨달은 바지만 그런 식의 일상적인 대화를 갖는 것은 기계에 기름칠을 하는 것처럼 유용한 것이었습니다.

●하위주체 연구회에 의해 시작된 역사 기술 방식이 가지고 있는 중요성은 무엇이라고 생각하십니까? 이 분야에 기여한 선생님만의 공헌은 무엇이라고 할 수 있을까요? 선생님이 생각하는 이 연구회의 연구자들에 대해 미국의 학계가 보여준 유례없는 호응과 관심은 무엇으로 설명할 수 있을까요?

일단 저는 마지막 질문에 대해서는 답을 할 수 없을 것 같습니다. 그들은 서로 다른 사람들이며 각자 자신만의 연구 경력을 가지고 있기 때문이지요. 어쩌면이요. 그리고 또 우리는 비슷한 사람들이 아니어서 말씀드리기가 어렵습니다. 그게 그들의 잘못은 아니겠지요. 있는 그 자체로의 미국, 그리고 제가 일반화시키는 미국은 편하게 왕성해지고 싶은 열망이 있는 국가입니다. 따라서 하위주체론자들이 그것을 메워 주는 것이지요. 즉, 순수한 제3세계의 원료라고 할 수 있을 겁니다. 또 그들 중 얼마나 많은 사람들이 명시적이든 아니든 "이것은 유럽이 아니다." 또는 "이것은 미국이 아니다."라는 주장과 관련을 맺게 되게 되었는지도 흥미로운 사실입니다. 샤일 미야람Shail Mayaram은 아무 관련없이 자신의 길을 갔습니다. 그 점은 매우 흥미롭다고 생각합니다. 확실하지는 않지만 샤히드 아민Shahid Amin도 그렇구요. 그 이름들을 다 호명하지는 않겠습니다. 그들은 모두 제 친구들입니다.

반면에 질문의 첫머리로 돌아가 보면, 저는 학제적인 역사기술론의 영역 안으로 들어가지 못하고 있는 것들을 살펴보고 그것을 검토할 수 있는 방법을 고안해낸 것은 아주 중요한 의미가 있었다고 생각합니다. 이 점이 하위주체 연구가 보여준 의미 있는 공헌입니다. 이것이 아날 학파가 이루어낸 변화와 겨뤄 수위를 다투는 것입니다. 저는 여기에 더 의미를 두고 싶습니다.

저는 이 연구회에 기여한 것이 많지 않다고 생각했습니다. 초창기에 저의 얼마 안 되는 역할은 사람들에 의해 과장되었습니다. 처음에는 데이비드 하디만David Hardiman이었지만 다음에는 파니카K. N. Panikkar와 다른 사람들이었고 그들은 제가 그룹의 연구에 투여하는 것이 그들이 가지고 있던 역사기술에 대한 관심을 희석시킬 것이라고 말했습니다. 왜냐하면 모든 것을 허구화시킬 것이기 때문이었지요. 그랬습니다. 유감입니다만 그들이 말했던 것들을 요약하기가 불가능할 것 같습니다. 하지만 어쨌든 제 작업은 해로운 영향을 끼치는 것 같았습니다. 반면에 파르타 차테르지Partha Chatterjee는 나중에 『하위주체는 말할 수 있는가?』로 출간된 강연의 12주년을 기념하는 회의에서 고맙게도 제 개입이 재현의 문제를 그룹에 도입했다고 말을 했습니다. 그것은 과장된 것입니다. 저 자신은 그 논의에서 많은 것을 하지 않았습니다. 저는 아마 성원들이 그 안에 페미니즘의 요소가 있다는 생각을 가능하게 했던 것 같습니다. 그리고 지금 수지 따루Susie Tharu와 같은 인물들이 집단의 일부가 되었습니다. 정말 좋은 일입니다.

●선생님은 논문 〈하위주체의 문학적 재현: 제3세계로부터 온 여성의 텍스트A Literary Representation of the Subaltern:A Women]s Text from the Third World〉에서 "만약에 '하위주체 계급을 그 자신들의 역사의 주체로 만들어 내려는 필요가 최근의 현대 인도의 역사와 사회에 대한 글쓰기 작업에 신선한 비판적인 요구를 제공'해 준다면, 하위주체 젠더를 자신들의 이야기의 주제로 만드는 것의 (불)가능성에 대한 텍스트는 타당성을 갖는 것으로 보인다."라고 말했습니다. 어떻게 하위주체 여성을 자신의 이야기의 주체로 만드는 것에 관련된 독특한 어려움에 대해서 설명하시겠습니까? 하위주체 여성을 역사 안으로 넣는 것의 어려움 말입니다.

저는 이것이 그리 어렵지 않다고 생각합니다. 왜냐하면 매개자는 제도적으로 정당성을 얻은 행위이기 때문입니다. 지불할 것, 즉 어떤 실제적 제도 내에서 매개자에게 이의를 제기할 권력을 가지고 있지 못한 사람들에게, 의지할 수 있는 것이란 전 세계에서 가장 오래되고 가장 넓은 제도로 후퇴하는 것밖에는 없습니다. 즉, 번식성이 있는 이성애규범성 말입니다. 따라서 여성과 동성애자가 이야기의 주체가 되도록 하는 것에 대해 모든 것이 음모를 꾸밉니다.

● 선생님이 번식성 있는 이성애규범성이라는 용어로 말하려고 하는 것이 무엇인지 설명해주시겠습니까?

번식성이 있는 이성애규범성이란 간단히 말해 이성애자로 재생산을 하는 것이 정상인 것을 의미합니다. 그것은 사회는 구성된다는 규범에 따른 것입니다. 거기에는 법적인 구조, 종교적 구조, 정서의 구조, 거주의 구조, 모든 것이 포함됩니다.

이성애규범성은 그 구조의 구석구석으로 전치되어 들어갈 수 있습니다. 하지만 이는 매우 질긴 생명력을 가지고 있습니다. 그것은 어디로 사라지는 것이 아닙니다. 그것이 결코 사라지지 않는 이유는 그것이 인간을 기술writes하는(그리고 권리rights를 부여하는) 것이기 때문입니다. 그것은 마치 죽음이 사라질 수 없는 것처럼 사라지지 않습니다. 하는 일은 그 규범으로부터 편안함에 불과한 것 이상의 어떤 것을 만들어 내는 것이 아닙니다. 이를 부정하는 것은 어리석은 것입니다. 거기에서 이리가라이Irigaray는 레비나스Levinas에게 그녀가 했던 질문의 답, 여자들의 사랑은 남자와 여자가 하는 사랑과 다르다는 것을 깨달았습니다. 제가 가르치는 세대는 이 점에서 어려움을 가지고 있습니다. 왜냐하면 그들이 원하는 것은 그와는 반대되는 것, 차이를 평평하게 한 후 그것이 같다고 말하는 것이기 때문입니다. 하지만 이리가라이는 당신이 그 규범을 인지할 것을 알 만큼 영리했습니다. 규범이란 도구이며, 방법이며, 자신의 한계를 가지고 있고, 그리고 그 자체로 마지막으로 여겨져서는 안 된다는 것을 인지하는 것 말입니다. 우리는 제도의 마지막 보루인 이것과 맞서 싸워야 합니다. 우리는 윤리학과 도덕성의 근거와 혼동을 일으키는 이것에 맞서 싸워야 합니다. 하지만 이것이 영속적인 제도라는 것을 인정하는 것과는 상관이 없습니다. 그것은 우리가 번식을 하고 배설을 하는 것을 부정하는 것과 같은 어불성설입니다. 예이츠W. Yeats는 "사랑은 자신의 집을 배설의 장소에 지어요"[13]라고 노래했습니다. 우리는 똑같이 번식을 하고 배설을 합니다. 그리고 우리는 그 점을 성애eros에도 적용시켜야 합니다. 그것에 빠져들어 탐닉하는 사람들을 바라보는 것, 그리고 벌어지는 일들을 바라보는 것은 흥미로운 일입니다. 그것은 완전한 언어입니다. 뿐만 아니라 당신이 해야 할 일은 그것을 부정하는 실수를 저지르는 것이 아닙니다. 그런 실수를 저지른다면 당신은 시민적인 구조, 즉 이른바 통치성governmentality 역시도 하나의 도구라는 점을 망각하는 것입니다.

손익만을 따지는 비판이란 없습니다. 번식성 있는 이성애규범성을 단지 하나의 수단으로 만들어 낼 수 있는 것은 간단히 "이해한다Down with it"고 말하고 그것을 지속적으로 이용하는 것보다 어렵습니다. 그것은 나는 부모로부터 태어났다는 것입니다. 그것을 우회할 수는 없습니다. 그것을 피해갈 이유도 없습니다. 멜라니 클레인Melanie Klein은 그녀가 생물학적인 것 그 자체를 일종의 기호론적인 요소로 만들었다는

---

13) 예이츠, 〈미친 제인이 주교와 얘기하다Crazy Jane Talks with Bishop〉.

점에서 매우 흥미롭습니다. 이 점에 대해서는 더 설명할 필요를 못 느끼는데 이미 다른 저술에서 충분히 설명을 했기 때문입니다.

당신의 마지막 질문에 대해 답하겠습니다. 하위주체 여성들이 역사적 내러티브에 포함되기 어려운 이유는 분명합니다. 하위주체로 존재한다는 것은 사회적 이동의 모든 관계를 끊어내는 것입니다. 그러면 어떻게 자신을 역사에 집어넣을 수 있겠습니까?

저는 하위주체 역사가가 된다는 것은, 그건 참 멋진 일인데요, 하위주체를 역사 안으로 집어넣는 것이 아니라는 점을 밝혀두고 싶습니다. 그것은 하위주체를 역사기술 안으로 집어넣는 것입니다. 하위주체 역사학에는 두 가지 과업이 있습니다. 하나는 생각하는 것이고 다른 하나는 행동하는 것입니다. 그 점을 명심해야 합니다. 둘은 명쾌하지만 동일한 것이 아닙니다.

●선생님은 어떤 인터뷰에서 "개발이 착취의 변명이라는 것을 알아야 하고, 전 세계의 모든 악에 대한 책임은 남반구의 가장 가난한 여성들의 다리 사이에 있다는 말은 사기라는 것을 알아야 한다."고 말씀하셨습니다. 선생님은 왜 최근의 개발이 착취라고 생각하십니까? 또한 여성들이 주된 개발 지원의 대상자라는 점을 두고 볼 때 왜 그들이 특별히 취약하다고 보십니까? 다른 글에서는 인도의 부족민들은 개발의 짐을 지나치게 지고 있다고 말씀하셨는데 여기에 대해서 더 설명해주시겠습니까?

어디서 이 내용을 보신거지요?

● 《크리티컬 센스Critical Sense》에 수록된 피터 오스본Peter Osborne과의 인터뷰에서 인용한 것입니다. 인구와 개발에 대한 유엔의 카이로 회의에 대해서 논평한 부분이고, 선생님은 거기에서 "코미디 같은 카이로 회의에서 자애로운 1세계 여성들이 이 점(여성에 대한 초과착취)에 대해서 무지할 때 벌어지는 일을 보았다. 다국적성transnationality에 대한 어떤 이해도 없었다. 개발이 착취의 변명이라는 것을 알아야 하고, 전 세계의 모든 악에 대한 책임은 남반구의 가장 가난한 여성들의 다리 사이에 있다는 말은 사기라는 것을 알아야 한다."라고 말씀하셨습니다.

어떤 점에서는 박식하게, 또 어떤 점에서는 악의적으로 나타나지만, 사람들은 제3세계 국가의 여성들이 아이를 갖지 않으면 모든 세계의 문제가 해결될 것이라 생각했습니다. 정말 놀라운 일이었습니다! 유럽과 미국의 아이들은 제3세계 아이들의 183배를 소비한다는 사실은 고려되거나 언급되지 않습니다. 아마도 이 점에 대해서는 이전 인터뷰에서 말한 바가 있을 것입니다. 다음으로 역시 언급되지 않는 것은 의약품 덤핑과 강제적인 소독 등에 의해 발생하는 전체적인 인권 침해입니다. 결국 그들은 아이를 갖는 것이 사회적 안전과 관련이 있다고 생각하지 않은 것이며 따라서 원조를 통해 변화는 생기지 않았으며, 실제 생길 수가 없었던 것입니다.

당시에는 말하지 못했던 것을 지금은 말할 수 있을 것 같습니다. 사람들은 제가 박식하며 몽상적이라고 생각을 합니다. 당시에 저는 다보스에서 국제노동기구ILO의 사무총장이던 후안 소마비아Juan Somavia의 이야기를 들었습니다. 그는 꼭 한 번 인터뷰를 했는데 반면에 반론을 가진 사람들은 반복해서 같은 이야기만 했다고 합니다. 사람들은 프랑스에서 일어난 폭동 때문에 유럽의 정체성 문제에 대해서 이야기를 했습니다. 소마비아는 정치가 바뀌어야 경제가 달라진다고만 말했습니다. 국제 자본이 통일성을 유지하는 데는 문제가 없습니다. 하지만 지역 경제가 원기를 유지해서 사람들 대다수가 떠나지 않도록 해야 합니다. 소마비아를 인터뷰했던 여성은 주어진 문제들에 대해서만 간신히 아는 분이었고, "그것이 사하라 이남 지역처럼 사람들이 기아로 죽는 곳에서는 작동하지 않을 것"이라고 말했습니다. 그래서 그는 반대로 단지 원조만을 행하는 것보다 정말 이것이 시도되어야 할 곳이 바로 사하라 이남 지역이라고 말했습니다.

저는 최근에 에릭 포너Eric Foner의 책을 읽었습니다. 포너는 재건의 진짜 문제는 모든 사람들이 가난한 나라의 흑인들이 전체 인류들만큼 잘 해내지 못할 것이기에 그들의 미래는 백인들의 손에 맡겨져야 한다고 생각하는 것이라고 지적하고 있었습니다. 그리고 지금 우리가 그런 모습을 보고 있는 것이지요. 그래서 저는 여성들의 다리 사이에서 조금 더 나아갔습니다. 하지만 결국 같은 것입니다. 저는 분명히 여성들의 다리 사이라고 말했었는데, 저는 당시 인구와 개발에 대한 국제회의ICPD에서 온 사람이었기 때문입니다.

개발은 우리가 지속가능성이 최대치의 경제 성장을 유지한다고 이해하는 것만큼 착취에 대한 합리화가 되는 것입니다. 그리고 어쨌든 간에 저는 소수자로서 이 말을 하는 것이구요. 수많은 주류 경제학자들은 경제성장이 재분배 문제를 해결하는 것은 아니라는 것을 보여주는 많은 연구들을 발표했습니다. 이에 대한 고전적인 텍스트로는 아마티아 센과 장 드레즈Jean Dréze의 책 『기아와 공적 행동Hunger and Public Action』이 있습니다.

물론 우리는 미국에서의 이러한 사실에 대해 잘 알고 있습니다. 최저 임금은 10여 년간 오르지 않았습니다. 그리고 CEO들의 연봉은 노동자들의 400배에 이릅니다. 즉, 재분배가 경제성장과 연동된 것이 아니라는 점은 분명합니다.

●선생님은 〈탈식민주의 비판 A Critique of Postcolonial Reason〉에서 "제국주의는 자신을 정당화하기 위해 여성들에게 자유를 부여한다. 그것은 여성을 이용하는 것이다." 고 적었습니다. 선생님이 여러 곳에서 주장하셨듯이 서구의 페미니즘은 어떻게 식민지적 자비의 형태를 띠게 되는 겁니까?

우리는 어디서든 개입에 대한 동일한 정당화를 보게 됩니다. 자유주의적인 자본주의에 대해 저술한 브루스 액커만 Bruce Ackerman 역시도 동일한 이유, 즉 여성을 해방시킨다는 명분을 댔지요. 『하위주체는 말할 수 있는가?』에서 제가 했던 주장은 여성 해방이 나쁘다는 게 아니라 사티 sati[14]를 좋은 풍습으로 생각하는 여성의 생각에 개입하려는 실제 노력은 계급적으로 고정된 방식을 제외하고는 받아들여지지 않았다는 것이었습니다. 받아들여진 것도 사티와는 관계가 없었는데 왜냐하면 중산층 여성들은 어떤 식으로든 사티에 처해지지 않았기 때문입니다. 여성을 해방시켜야 한다는 주장에도 여러 가지의 경우가 있습니다.

제가 어디에서 서구의 페미니즘이 식민지적 자애의 형태라고 말했는지는 모르겠지만, 저는 보통 서구의 어떤 것을 말하더라도 분명하게 말하려고 노력합니다. 설명을 위해서 일화를 하나 들지요. 지금은 이

---

14) 죽은 남편의 장례를 치를 때 남편 시체와 함께 살아 있는 아내를 화장하던 인도의 풍습. 스피박은 여성이 스스로 죽음을 선택한 것이라는 황인종 남성 담론과 황인종 남성으로부터 여성을 구해낸 것이라는 백인 남성의 담론 사이에서 침묵하는 여성을 통해 하위주체의 재현 가능성을 논한다.

름을 잊어버렸지만 인도에서 기차 여행을 할 때 한 여성을 만났습니다. 그 기차는 진보적인 동료들조차도 타지 않을 만큼 열악한 것이었습니다. 거기서 저는 이른바 서구 페미니즘 개념을 완전히 내면화한 인도 여성을 만났습니다. 저는 너무 놀라서 꼼짝을 못했는데 이 논의의 핵심에 다가서는데 걸리는 단계를 전혀 몰랐기 때문입니다. 비록 제가 젠더 트레이닝과 의식 제고와 같은 것들에 대해서는 알았지만 말입니다. 그녀는 하나, 둘, 셋, 넷 모든 단계를 말했습니다. 그녀는 터놓고 이야기를 했는데 우리는 대화에 몰입했고 제가 외국에서 가르치고 있다는 것을 알게 되자, 매우 기뻐하며 젠더 트레이닝을 위해 실제적으로 이 단계들을 따르고 있다는 말을 했습니다. 서양인은 그녀의 시야에 없었습니다. 그래서 저는 서구와 비서구로 나누는 것과는 다른 기준을 가져야 한다는 생각을 하게 되었습니다. 이는 아주 최소한만 교육 모델과 관계를 가지고 있습니다. 거기에는 외부로부터 주어진 구조를 성급히 따르려는, 그리고 이러한 이슈들과 내부적으로 분리된 여성들에 다가서려는 국제적인 페미니즘이 존재하고 있습니다. 그 여성은 빈곤이나 질병 퇴치, 소액 신용micro-credit이나 성 갈등gender struggle에서의 승리에 대해서는 말하지 않았습니다. 지금 제 이야기는 문제가되는 것은 서양의 페미니즘이 아니라, 이런 요소들이 일반적인 것으로 받아들여지는 지점에서의 사고의 변화가 문제라는 것입니다.

●무엇이 일반적인 것으로 받아들여지는 것입니까?

이른바 올바르게 교정되었다는 것들입니다. 사실상 그것을 정말로 받아들이려 한다면 이런 식으로 (바른 길로) 교정하는 사람들에게서

조차 이런 요소들이 많이 내면화 된 것을 볼 수 있습니다. 이는 그저 원 패스 마일One Pass miles과 같은 광고만 보아도 알 수 있습니다. 두 명의 백인 남녀가 사진복사기 앞에서 대화를 나누다가 남자가 여성에게 데이트를 청합니다. 그러자 여자는 그 여자는 원 패스 마일을 더 가지고 있는 누군가와 사라졌다고 말합니다. 이런 식의 상업화된 성적 선호가 거래되는 자유 시장은 이런 것을 전파하는 사람들에 의해 내면화 되었습니다. 이것이 첫 번째입니다. 다음으로 그들은 자신의 이익을 위한 것이 아니라 실상 도덕적으로 가난한 자를 위해 분노하고 있다고 생각합니다. 그리고 그들은 이런 시장 안으로 들어가 사람들에게 자기 이익을 위해 살라고 가르칩니다. 이것이 뭘 의미합니까? 자신이 생각하는 것을 사람들에게 가르치는 것이 좋지 않은 일이라고요? 그들을 (자기 생각과) 다른 영역으로 끌어가는 것은 편하지가 않습니다. 그래서 저는 서구 페미니즘이 식민지적인 자애라고 생각하지 않습니다. 저는 그것이 일종의 성찰되지 않은 선의라고 생각합니다. 여기서 다시 한 번 예이츠를 인용할 수도 있을 겁니다. 이는 모든 문제들이 그 안에서 해결될 수 있다고 생각하는 사고방식입니다. 들어가서 문제를 해결하는 것보다는 실제적으로 문제를 해결하는 일을 해야 합니다. 만약에 이 여성들에게 다가가 "무슨 일이 생겼나요?"라고 묻는다면 별로 다르지 않다는 것을 알게 될 것입니다. 그 점에서 저는 서구의 페미니즘, 식민지적인 자애가 문제가 안 된다고 생각합니다. 단지 문화적 차이에 대해 말하는 것이 아니라면 그것은 오히려 어떤 지적인 활동 개념이 없는 국제적 페미니즘과 같은 것입니다. 여기서 문화적 차이에 대해서 말할 필요는 없습니다. 저는 이곳의 사람들과 문화적으로 완전히 다르지만 조정하는데 아무런 문제가 없습니다. 제가 조정할 수 있는 입장에 있기 때문입니다. 그것이 문제가 되는 것은 아닙니다.

●그러한 페미니즘의 기원들 역시 적절하지 않은 것 아닙니까?

오늘날 무엇이 서양입니까? 모든 교육은 서구 모델을 따르고 있습니다. 극히 적은 수의 일반적이지 않은 모델들, 예를 들면 샨티니케탄 Shantiniketan과 같은 진보적인 학교들을 제외하면 다른 도처의 대학과 학교들은 모두 서구적인 모델을 따르고 있습니다. 그리고 그조차도 지금까지의 과정을 살펴보면, 그것은 착상에서 문화적으로는 서구적이었기 때문에 타고르R. Tagore 사후에 전적으로 서구식 모델을 따라가는 것이 어려운 일이 아니었습니다.

역사적으로 어떤 것은 승리합니다. 그렇다면 질문은 무엇이 승리하도록 했는가,가 되어야 할 것입니다. 패자로부터 무엇을 배울 수 있습니까? 뭔가 얻은 것을 아무렇게나 취급하거나 모르는 것으로 넘어가서는 안 됩니다. 예를 들어, 결국 인도에서 보자면 인도−유럽어가 승리했습니다. 그래서 우리가 하려는 것은 무엇이지요? 시계를 뒤로 돌리나요? 물론 저는 인도 북부에 대해서 말하고 있는 것입니다. 우리는 동화 같은 이야기나 탈역사적인 유토피아를 다룰 수는 없습니다. 맨 처음부터 저는 합법적 위반enabling violation으로써의 식민주의에 대해서 말했습니다. 그것은 모험이었습니다. 놀라운 것은 누구도 저를 그 문제에 연관 짓지 않았으며, 누구도 그 주장을 이슈화하지 않았다는 것입니다. 모든 이가 저를 인식론적 폭력과 관련지었음에도 말입니다. 저는 그럼에도 위반을 가능하게 하는 것으로써의 식민주의는 인정되기가 더 어려운 것이라고 생각하곤 했습니다. 누구도 저를 비판하지 않았고 그들은 그것에 주목하지 않았거나 거기에 끼어들지 않았습니다. 미라 난다Meera Nanda와 같은 사람들은 권능enablement만을 주목했습니다. 비록 그녀가 최근의 저서에서 이 개념이 문제적이라 이해하고 있고, 저는 그것에 감사했지만 말입니다. 그럼에도 불구하고 그녀와 다른 여성들이 저를 비판한 것은 제가 완전히 반식민주의적이었고, 그래서 제가 종교를 좋아하게 된 것이라는 것과 같은 등등의 이유 때문이었습니다. 그들은 처음부터 합법적 위반에 대해 말하려 했던 저의 용기를 보지 못했습니다.

당신의 질문으로 돌아오면 제가 서구 페미니즘이라 불리는 것을 비판하는 데 관심이 있는지 확신할 수가 없습니다. 특히 오늘날 세계화의 상황에서 인구통계학적으로 큰 이동이 있을 때는 말입니다.

● 현대와 기획된 경제 분배에 대해 이야기할 때 선생님은 빈번히 "지구의 금융화"라는 표현을 사용합니다. 이러한 경향의 특징과 그 함축된 의미가 무엇이라 생각하십니까?

물론 우리는 기본적으로 세계무역이란 무엇인가라는 개념을 가지고 있습니다. 지구의 금융화와 관련해서 저는 먼저 아주 간결하며 좋은 책 아미트 바두리Amit Bhaduri의 『지적 인물의 자유화 안내Intelligent Person's Guide to Liberalization』를 소개하고 싶습니다. 출판사는 펭귄penguin입니다.

마르크스는 19세기에 자본은 생각의 속도로 이동하기를 원한다고 말했습니다. 왜냐하면 그것은 추상적인 것이기 때문입니다. 지금 그것은 좋지도 나쁘지도 않습니다. 당신이 동일한 교환의 체계를 전 세계에 걸쳐 구축한다고 한다면 당신은 취약한 국내 자본과 국제 자본 사이의 벽을 없애야 하고 국가의 성격state-ship을 재분배에서 관리—공상적인—로 바꿔야 하고 그리하여 제도적인 개정이란 불가능해질 것입니다. 그런 상황에서 우리는 일반적으로 세계 교역이 어떻게 작동되고 있는가를 발견하게 됩니다. 하지만 물론 더 큰 일이 벌어지고 있는데 들뢰즈적인 용어로 말씀드리면, 그 이유는 생각의 속도로 움직이려는 자본 내에서의 추상적인 욕망 때문입니다. 이는 실리콘 칩과 더불어 발생하는 일입니다.—바이오 칩은 이와 같은 방식으로 작동하는 것은 아닌데요, 여기서 논할 바는 아닌 것 같습니다. 즉, 외국환 거래와 거래 수단에는 막대한 시장이 존재한다는 것입니다. 그것이 금융자본이며 하루 동안에 그것은 세계 무역보다 50배나 많이 지구를 돌아다니고 있습니다. 제가 세계화라 부르는 것은 그러한 것입니다. 그것이 단지 부수적이 되어버린 세계 무역의 위기관리 현상보다 더 문제가 되는 것입니다. 저는 그 점을 말하려 했던 것입니다.

●2007년에 출간된 『다른 아시아*Other Asia*』에 대해서 말씀해주십시오.

오늘날 필요한 것은 우리가 장소의 개념을 어떻게 사용하고 있는지 생각해 보는 것입니다. 거기에는 탈장소의 인식소postplace episteme, 또는 카스텔Castells식으로 말하면, 공간-인식소space-episteme와 같은 종류의 우리가 작동시키는 개념이 있습니다만 저는 그렇게 생각하지는 않습니다. 어떤 종류의 제도적인 변화는 연속적인 인식소의 변화를 표현한다는 생각은 주체는 무엇인가에 대해, 그러한 주체의 형태에 대해서는 매우 단순하게 사고하는 것이라고 저는 생각합니다. 하지만 그렇다고 한다면 장소의 개념이 왜 필요하겠습니까? 왜냐하면 그 이면에는 잔

인한 개인정체성주의identitarianism가 놓여 있기 때문입니다. 저는 그에 대해 반대하지는 않습니다. 그것은 지나치게 문제를 쉽게 푸는 것입니다. 그래서 저는 계속 이어서 아래로 내려가 보았습니다.—우리가 중고등학교 시절에 공책에 적었던 것처럼 발리간즈Ballyganj(제가 사는 지역입니다), 캘커타, 서부 벵골, 인도, 아시아, 그리고 나서 곧장 우주 이렇게 적어가는 겁니다. 그리고 아시아에서 갑자기 멈췄습니다.—왜냐하면 그 이면에서 지금은 우주에 대한 생각을 하는 것이 아니라 어떻게 지구가 그런 사고에 저항할 수 있는지를 생각해야 하기 때문입니다. 저는 태국의 한 대학으로부터 정체성면에서 어떤 인도인이었는가 하는 질문을 받았고, 제가 기술 가능한 그런 인도인이 아니라는 것을 깨달았습니다. 그래서 저는 제가 어떤 일들을 했었는지에 대해서 생각해보았고, 내가 추상적이며 어디에도 자리 잡을 수 없는 단어 "아시아"를 살펴보기를 원한다는 것을 알게 되었습니다. 그 사람들은 일반적으로 아시아의 그들의 지역 이름으로 불립니다. 서아시아, 중앙아시아, 남아시아 이 세 지역은 서로 별 관련성이 없습니다. 다음으로 하나의 덩어리를 형성하는 동아시아가 있습니다. 이 지역은 서남아시아가 관련을 맺는 것과는 조금 다르게 동남아시아와 관계를 맺고 있습니다. 그리고 새롭게 아시아 태평양이라는 중요한 지역 단위가 부상하고 있습니다. 동아시아 연안과 미국의 서안, 건너뛰어서 태평양, 오세아니아, 폴리네시아, 미국의 50번째 주 하와이와 더불어 신비한 이스터 섬을 포함한 타이완에서 뉴질랜드까지의 모든 지역이 여기에 포함됩니다.

그래서 저는 아시아가 허깨비 같은 느낌을 갖는 단어이기에 주목하고 있다는 것을 깨달았습니다. 그래서 저는 방글라데시, 아프가니스탄, 인도, 아메리칸 원주민, 홍콩, 아르메니아, 그리고 마지막 한 조각까지 이들을 조합하고 싶었습니다. 그것은 특별히 아시아만이 아니라 포스트식민지의 모델에서부터 시민사회의 현대적인 다양한 모델로 확실히 저를 이끌 것이라 생각했습니다. 기본적으로 그것이 제가 말할 수 있는 것들입니다.

● 어떤 독자들을 대상으로 글을 쓰십니까? 아니면 어떤 독자들을 대상으로 글을 쓰시기를 바랍니까? 선생님이 다루었던 많은 주제들이 언제나 공적인 영역에 속한 것만은 아니었고, 그것들은 학술적인 견지를 벗어나 광범하게 참여했던 주제 아닙니까? 미국에서의 공적 지식인public intellectual의 역할은 무엇이라고 보십니까? 그리고 선생님은 그 맥락에서 어떤 위치에 놓여 있다고 보시나요?

저는 모든 일반화가 가장 가난한 부족들의 영역에 수용될 수 있도록 글을 씁니다. 그들은 아이들의 부모이며, 그 아이들의 선생님들은 제가 최근 16년 동안 훈련시킨 사람들입니다. 그것은 롱기누스Longinus가 숭고한 형식을 찾고 있던 그의 제자들에게 암시적인 죽음을 마음속에 담아두면 숭고하게 쓸 수 있을 것이라 내린 가르침의 다른 면입니다. 저는 영어를 이해하거나 세련된 단어를 이해할 수 없는 이러한 부재하는 대담자를 가지고 있지만 반면에 그들을 진보된 일반화를 판단하는 판단으로 그려낼 수 있습니다. 그들이 제가 글을 쓰는 대상입니다.

어떤 독자들을 원하느냐고요? 아마도 숨겨진 인종주의자나, 성차별주의자는 아닙니다. 저의 평론 〈세 여성 작가의 텍스트와 제국주의 비판〉에 대해 빅토리아 시대 문학에 대한 비평의 결과는 "무서운 여성She who must be obeyed"이라고 말했던 누군가가 연상되었습니다. 그리고 저는 메논Nivedita Menon의 책 『전복의 복원Recovering Subversion』에서 제가 제 자신을 해체의 "여사제장priestess"으로 생각하고 있다는 것을 읽었습니다. 다른 말로 하면, 당연히 저는 강한 여성들의 주장에 두려워하지 않는 독자들을 위해 글을 쓰고 싶습니다. 또 저는 정치적으로 중도나 진보적인 사람들을 위해 글을 쓰고 싶습니다. 이런 것들은 이미 충분히 예상했던 것인가요? 그리고 저는 인가된 무지sanctioned ignorance로 가득찬 사람들을 위해서는 쓰고 싶지 않습니다. 그리고 생각하지 않으려는 사람들입니다. 최근 프린스턴 대학에서 만났던 한 작가가 했던 '하루 중 좋은 식사를 하고 나서 세 번 책을 읽더라도 어렵다면 그것은 그 책이 문제를 가지고 있는 것'이라는 말이 생각납니다. 그때 앤터니 아피아가 제 귀에 낮은 목소리로 "칸트는 어때?"라고 말했고 저는 칸트 역시도 그렇다고 생각했습니다. 어휘와 전문어들의 차이를 구분할 수 있는 능력을 양성하려 하기보다는 글이 자신들의 지적인 용량에 일치되도록 쓰여야 한다는 사고를 가진 사람들을 대상으로 글을 쓰고 싶지 않습니다. 저는 이해할 수 없는 것을 거부하는 것이 아니라 이해하려 노력해야 한다는 생각을 가진 고리타분한 독자들을 생각하고 있습니다. 마지막으로 저는 1개 국어만 하는 것이 아닌 사람들에 의해 읽히고 싶습니다. 이는 아주 일반적인 것입니다.

저는 어떤 특정한 독자를 위해서 글을 쓰고 싶다는 생각을 해본 적이 없습니다. 저는 독자들에 대해서 생각하면서 글을 쓰지 않기 때문입니다. 좀 전에 말한 판단 건만 제외하고 말입니다. 하지만 당신이 묻고 나서 뭔가를 생각해 보았습니다. 그래서 그에 대해 더 묻지는 말았으면 하는데, 제가 원하는 그런 독자들에게 계속해서 양질의 글을 주려한다는 점을 확신하기 때문입니다. 당신에게는 아주 일반적인 것만 말씀드렸습니다.

공적 영역에 대해서 질문하신 것은 맞는 말입니다.

"공적 지식인"이라는 말은 지나치게 전문적인 용어가 되어버렸습니다. 미국에서 권력이 집중화되는 방식을 보면, 지식인들은 할 수 있는 것이 거의 없습니다. 권력이 집중화되는 것뿐만 아니라 선거를 하는 일반인들과 지식인들 사이에는 엄청난 간격이 존재합니다. 가장 기본적인 수준에서 진짜 지식인들은 선거에서 어떤 점에서나, 전 국가차원에서 영향력을 미치지 못합니다. 그래서 제 생각에 공적 지식인, 영원한 설득자인 그람시적인 의미에서는 유기적 지식인organic intellectual[15]의 역할은 우리들로부터 떨어져 나갔습니다. 그리고 저는 그 맥락에 속하지 않는다고 믿고 있습니다. 왜냐하면 제가 미국의 공적 지식인이라면, 저는 뉴욕 보이스를 가졌을 것입니다. 저는 뉴욕 보이스를 가지고 있지 않다고 믿고 있습니다. 내가 왜 그렇지 않은가에 대해서는 저만의 생각이 있지만 그에 대해서는 말하고 싶지 않네요. 따라서 이 불만족스런 답변이 당신의 눈치 빠르고 흥미로운 질문들의 마지막 질문의 답이 될 것입니다. 감사합니다.

---

15) 그람시의 유기적 지식인이란 자신들 계급이 가진 집단의지를 결집/확산시키는 특수한 성격의 집단을 의미한다. 이와 대별되는 전통적인 지식인은 현존하는 사회 계급과 무관하게 존재하는 지식인을 말한다.

PART 4

세속주의와
이슬람

탈랄 아사드 Talal Asad

뉴욕대학 대학원 인류학 전공 특훈 교수distinguished professor이다. 저서로 『Genealogy of Religion : Discipline and Reasons of Power in Christianity and Islam』(Johns Hopkins University Press, 1993), 『Formation of the Secular : Christianity, Islam, Modernity』(Stanford University Press, 2003), 『On Suicide Bombing』(Columbia University Press, 2007) 등이 있다.

12

탈랄 아사드

● 선생님은 『종교, 민족-국가, 세속주의*Religion, Nation-State, Secularism*』에서 종교라는 말은 종종 시대착오적으로 쓰이고 있다고 말씀하셨습니다. 종교는 왜 포괄하는 모든 구성요소—실제적인 모습, 존재하는 양식—들을 다 드러내지 못하는 걸까요? 이런 식의 이해는 어떻게 생겨난 것이며, 선생님이 그 용어에 대한 대안적인 개념을 강조하는 이유는 무엇입니까?

여기에는 약간의 오해가 있는 것 같습니다. 저는 종교를 다르게 규정하는 것에 별 관심이 없습니다. 저는 더 설명력 있고 또 역동적인 개념을 얻을 수 있다는 말도 별로 관심이 없습니다. 제가 유일하게 지적하고 싶은 것은 종교의 개념이 사회적·역사적 맥락 내에서만 규정되고, 사람들이 그런 식이거나 아니거나 간에 일방적으로 종교를 규정하려는 특별한 이유를 가지고 있다는 사실입니다. 종교는 다양한 경험과 다양한 제도와 다양한 운동과 주장 등과 관계를 맺고 있습니다. 그 점이 제가 말하고자 하는 부분입니다. 다른 말로 하자면, 제 흥미를 자극하는 것은 추상적인 규정이 아닙니다. 종교에 대해 추상적인 규정을 사용하는 사람들은 매우 중요한 것을 놓치는 것입니다. 즉, 종교는 사회적이며 역사적인 사실이라는 것이고, 법적이고 내국적이며, 정치적인 차원과 경제적인 차원을 가지고 있는 것입니다. 따라서 반드시 보아야 될 것은 마치 환경이 바뀌듯이 사람들은 지속적으로 자신들이 종교 개념에 속한다고 하는 요소들을 종합적인 방식으로 검토해야 하는 것입니다. 사람들은 사회적인 삶에서는 종교를 특수한 개념으로 사용합니다. 이것이 제가 관심을 가지고 있는 부분입니다.

『종교의 계보학 *Genealogies of Religion*』에서 저의 관심사는 어느 사회에나 적용될 수 있는 비교문화적인 관점에서 종교를 규정하려 했다기보다는 역사적으로 구성되는 몇 가지 방법을 추적하는 데 있었습니다. 이것이 제가 말씀드리려고 하는 것입니다.

●근대화의 과정은 종교를 사적인 영역으로 퇴각시키는 데서 정점을 찍어야 했고, 그래서 공적 영역에서 종교가 자신의 존재를 증명하는 곳마다, 이는 근대화 기획의 불완전함이나 실패로, 또는 현대의 불가피한 승리에 앞서가는 전통의 흔적으로 귀착될 수 있다고 혹자들은 주장합니다. 이에 대해서 어떤 입장이신가요?

네, 분명히 그것은 가설이기는 하지만 오랫동안 역사는 이처럼 진행되는 것은 아니라고 인식되어 왔습니다. 사실 이른바 종교의 퇴각이 19세기 이래로 쉽게 이뤄졌다는 것도 확정적인 것은 아닙니다. 사람들이 세속주의에 대해서 생각하는 방식은 나라마다 실제로는 매우 다르게 나타났습니다.

서양에서 자유주의적이고, 민주적이며 세속적이라고 가정되는 프랑스, 미국, 영국 세 나라의 예를 들어보겠습니다. 프랑스에서 볼 수 있는 것은 개략적으로 말해서 세속적인 국가와 세속적인 사회입니다. 영국에서는 국교적인 종교가 있고, 세속적인 사회가 만들어졌습니다. 미국에서는 매우 종교적인 사회와 세속적인 국가를 볼 수 있습니다. 이를 통해 종교와 정치는 서로 다른 방식으로 스스로를 조정해 나감을 확인할 수 있습니다. 이와 같은 세 개의 근대 국가와 사회에도 각각 다른 차이들이 있으며, "세속적" 원리를 거스르는 것에 대해 다른 종류의 반작용이 있는 것입니다.

예를 들어서, 그런 감수성은 프랑스에서 무슬림 여학생이 베일을 하는 것을 허가해야 하는가를 둘러싸고 벌어진 논쟁에서 확인할 수 있습니다. 좀 다른 이야기지만 이것이 세속주의자들에 의해 수동적인 행동으로 주장되었고, 반면에 남성의 야물커yarmulke[1]는 그렇지 않았다는 것은 흥미로운 관찰입니다. 베일을 걸치는 것이 정치의 세속주의적인 규칙을 위반하는 것이고 야물커는 그렇지 않은 이유는 무엇입니까?

제 논점은 불공평한 차별에 있는 것이 아니라, 세속주의 사회에서도 공공 영역에서 "종교적 상징"의 정치적 중요성을 평가하는 세속주의 국가의 일반인들의 방식에는 차이가 있다는 것입니다. 미국에는 국가와 종교의 분리에 대한 명백한 규칙이 있지만, 정치와 현 정권에 "비세속적인" 개입이 이루어지는 것을 막지는 않습니다. 우리가 다 아는

---

1) 유대교 정통파의 남성이 기도를 할 때나 성경을 읽을 때 쓰는 테 없는 작은 모자.

것처럼 기독교 우익 세력이 부시 정부의 중심입니다. 그들은 미국에서의 시온주의Zionism 조직의 반유대주의 동맹이며 그들의 정치적 상상력은 아마겟돈Armageddon을 향해 한 발 나가는 이라크 전쟁을 정책으로 채택하는 것이었습니다. "세속적인" 전쟁은 "종교적인" 이유로 그들에 의해 지지되었습니다. 다시 말씀드리지만, 이것은 제가 종교적 권리(비록 저는 그것들을 좋아하지 않기는 하지만)를 부정한다는 것을 말하려는 것이 아닙니다. 오히려 세속주의 국가가 그러한 정책을 수용하는데는 아무런 어려움이 없다는 사실을 지적하려는 것입니다.

그러면, 다시 무엇이 근대이며 또 아닌가, 자유주의적이며 근대적인 국가에서 궁극적으로 기대되는 것은 무엇인가의 문제로 돌아가 보지요. 무엇보다 근대적이라 불리는 방향으로의 사회 변화는 모든 종류의 수용과 변화, 재조정을 포함합니다. 단지 양허하는 것만이 아니라 말입니다. 그렇게 나타나는 "세속주의" 정책은 부분적으로는 이러한 변화의 결과입니다. 그런 점에서 보면 근대화/세속화는 간단한 이야기가 아닙니다.

저 스스로가 근대성은 모든 이에게 동일하게 적용되는 직접적인 운명이라는 생각에 대해 아주 회의적입니다. 모더니티Modernity란 일시적인 것으로, 역사적인 시대 구분으로 생각될 수 있는 반면에 또 사람들이 그 안에서 살아야 하는 특수한 방식인 것입니다. 저는 이른바 자유주의적인 세속주의 국가의 어딘가에 속한, 사람이 원하거나 생각하는 모든 것을 "근대"가 전제한다고 보지는 않습니다.

●세속주의는 언제나 근대화의 과정에서 결정적인 요소로 생각되어 왔습니다. 선생님은 종교와 세속주의의 관계를 어떻게 규정하십니까?

저는 『세속주의의 지형*Formations of the Secular*』에서 감수성, 경험, 주체의 감각중추에 떠오르는 개념 그리고 진리의 공공적 이해 문제 등을 연구했습니다. 또 세속주의 그 자체의 정치적 교의도 살펴보았고, 근대화된 국가에서의 법과 도덕성의 세속화에 대해서도 검토해보았습니다. 이것은 매우 복잡한 문제들입니다. 우리는 세속주의 정치학에 있어 일상적 삶의 세속주의적인 양식이 가지고 있는 모든 함축된 의미들을 완전히 이해할 수는 없다고 생각합니다. 우리는 그러한 문제에 대해서 지금까지 해온 것과 달리 인문과학의 방법론을 통해 깊이 생각해보아야 한다고 생각합니다.

정치적 교의로써의 세속주의는 종교적 지형 그 자체와 매우 밀접하게 관련되어 있다고 봅니다. 종교적 질서의 "타자"로서 말입니다. 본연의 종교는 무엇이며, 그 적절한 범위는 어디까지인가가 국가에 의해 끊임없이 규명되어야 할 곳은─종교와 완전히 분리되었다고 가정되는─세속주의 국가입니다. 다시 말씀드리면, 국가는 분리되지 않았습니다. 역설적으로 현대의 정치학은 분리되어야 한다고 주장─종교와 정치는 각각 자신의 영역이 있다.─하는 통속적 종교의 형태와 분리되지 않는다는 것입니다. 국가(단일한 실체/영역)는 "종교"의 수용 가능한 공적인 면을 규정하는 기능을 가지고 있습니다.

●다시 그 책을 보면 다음과 같은 부분이 나옵니다. "전쟁과 평화의 교의로써 세속주의가 가지고 있는 난점은, 그것이 유럽적이라는 것이 아니라 자본주의 민족국가 체제의 등장과 밀접하게 관련되어 있다는 점이다. 이 체제는 권력을 갖거나 번영하는 데 있어 서로를 의심하며 동등하지 않고, 그리고 각각은 상이하게 매개되는 집단적 특성을 가지고 있고 따라서 상이하게 보장되며 위협된다." 세속주의 국가들의 전 세계적인 세속주의 정치학이라는 관점에서 이 불균형한 결과를 어떻게 특징지을 수 있겠습니까?

제3세계, 특히 아랍어권에서의 세속주의에 대한 공통적인 비판은 세속주의가 외국의 것이기에 적용되기 힘들다는 것이었습니다. 저는 이 입장이 그리 타당하다고 생각하지 않습니다. 이 국가들은 "외부"의 생각과 관행을 도입하고 적용하여 만들어진 나라들입니다. 실상 우리가 알고 있는 이슬람 세계란 것은 이미 존재하던 제도와 사고와 행동 방식과 생각을 종합하여 발전한 것이며, 사고와 관행들은 지속적으로 차용되어 왔습니다. 자, 그렇다면 "세속주의"가 해결해야 할 것은 어떤 문제인가요? 제가 세속주의를 검토하는 데 있어 어려운 점은 세속주의는 근대 초기에 민족국가가 새롭게 부상하는 가운데 권력의 문제를 제기하는 데서 나타났다는 것입니다. 국가의 중앙집권화, 폭력의 독점—내적으로는 국가만이 합법적으로 물리력을 사용할 수 있고, 외적으로는 국가만이 전쟁을 수행할 수 있다는 가정—국민들을 통제하는 것을 통해서 이들에게 질서를 부여하려는 시도 등 이 모두는 세속주의가 성장해 왔던 하나의 전체적 과정이었습니다. 우리는 서구 유럽의 중앙집권 국가들이 처음에는 자신의 국민들에게 단일한 종교만을 강요했다는 사실을 알고 있습니다. 이것이 실패했을 때의 해결책이 종교적 믿음을 민간화privatization하는 것이었습니다. 이 과정은 국가마다 다르게 나타났으며, 다른 제도와 담론을 통해서 이루어졌습니다. 반면에 각국에서 본인들의 의도와는 상관없이 모두가 다루는 "재료"들— 그들이 부딪히는 주요한 문제들—은 "국가" 내에서 사회적 권력과 권위를 재조정하는 것이었습니다. 하지만 이 과정은 단일한 정치 단위 내부에서 독립적으로 발생하지 않았습니다. 한 국가 내의 정치 사상가들과 당사자들은 다른 나라의 사상가 및 당사자들과 상호작용을 했습니다. 사실상 그들 중 많은 이들이 자신의 국가에서 어려움에 처했을 때 다른 나라로 피해 다녔습니다. 그리고 왕자들은 스스로 동맹을 만들고 서로 싸웠으며, 자국의 부를 늘리기 위해서 자신들의 상업을 외부의 책동으로부터 보호했습니다. 국제법의 발전은 유럽 내에서의 민족국가들 간의 상호작용에서 생겨난 것이며, 또한 식민지 자산과 상업적 제국이 만들어진 아메리카 대륙과 아시아로의 확장과 특별한 관계를 맺고 있습니다. 유럽인들이 아프리카에 다다른 것은 나중 일입니다. 국제법을 창시한 위대한 인물인 위고 그로티우스Hugo Grotius는 외국 시장을 개척하는 데 있어서 "합법적"인 조건에 관한 논쟁에 참가했습니다. 기독교 유럽 국가들과 비기독교 국가들 사이의 상업적 목적에 따른 합법적인 조약이 성립되느냐의 여부가 이 논쟁의 주요한 지점이었습니다. 세속주의 원칙이 논쟁—어떻게 그리고 무엇을 위해 국가는 이 종교적 차이를 무시할 수 있는가?—의 한 부분을 차지했습니다. 19세기부터 20세기 초반의 서구 제국에서 "현지native" 신앙과 기독교적 사명에 있어서 국가의 "중립"의 필요를 이해한 것은 식민지 정부가 전개되는데 아주 중요한 역할을 했습니다. 현재 세속주의에 입각한 미국은 세속주의가 자유와 민주주의 양자를 보장해준다는 토대 위에서, 적극적으로 어떤 정치적 원리("종교적 신앙의 자유")를 제3세계에 이식하려 모색하고 있습니다. 저는 『세속주의의 지형』에서 미국이 1998년 발효한 국제종교자유법IRFA[2]이 국제 정치학에서 가지는 의미에 대해서 논의했으며, 세속주의와 정치적 구원의 기획 사이의 관계에 대해서도 논의했습니다.

● 근대성과 세속주의가 공동으로 형성되어 있는 것으로 보임에도 불구하고 선생님은 "세속주의화"라고 불리는, 종교가 자기만의 영역으로 민간화되는 과정이 근대성에 있어 본질적인 문제는 아니라고 말씀하셨습니다. 선생님이 중요하다고 지적하신 것은 오히려 종교가 어떻게 공적 영역으로 들어오는가 하는 것입니다. 선생님은 이런 맥락에서의 식민주의를 강조하시는데, 이 점에 대해서 설명해주시기 바랍니다.

당신은 제가 호세 카사노바Jose Casanova의 주장에 대해 논평한 것을 참조하신 걸로 보이는데요, 카사노바는 근대 사회에서 종교의 민간화를 필수적인 것으로 보지 않았습니다. 고전적인 세속화 이론이 주장하듯이 말이죠. 카사노바는 종종 종교가 근대성과 민주주의를 앞당겼다고 보았습니다. 폴란드에서 가톨릭이 공산주의 정권의 토대를 침식한 것이나, 미국에서 기독교 교회가 종종 "진보적인" 정치적 입장을 지지하는 것처럼 말입니다. 저는 그 점이 자유화되고, 세속화된 종교가 "말썽거리"가 아닌 긍정적인 예로써 제시되는 유일한 형식이라고 지적하는 것이 걱정스러웠습니다. 다른 말로 하자면, "근대성"의 옹호자들은 종교가 세속국가에 도전하지 않는 한 그리고 반대로 세속국가가

---

2) 종교의 자유가 특별히 우려되는 국가에 대해 상황이 개선될 때까지 광범한 외교적·경제적 제재를 가할 것을 규정한 미국의 특별법.

장려하는 가치들을 옹호하는 한은 공적으로 모습을 드러내는 것을 허용해 왔다는 것입니다. 하지만 최근에 보았듯이 프랑스는 세속주의 문제를 이처럼 다루지는 않습니다.

●자각self-understanding이란 관점에서 본다고 하더라도 "세속화"는 서구에서 발생했던 것 아닌가요? 세속화 시대 전반에 걸쳐 그러한 예들은 "유대인 문제"로부터 계속 나타나고 있고, 유럽에서 유대교인들이 기독교로 대규모로 전향을 했습니다. 또한 "세속화" 시기와 거의 일치하는 식민주의 시대에 문명화와 같은 의미로 서양은 전 세계로 전도사들을 보냈고, 지금까지도 이어지고 있습니다. 다른 말로 하면 사라지는 것과 무관하게 기독교와 기독교 신학은 중요성을 유지하고 있고, 현대에는 실제로 극적이며, 큰 변천을 겪고 있지 않습니까?

아니요. 저는 첫 번째 것에는 동의할 수 없습니다. "세속화"는 진행되는 것이지 끝난 상태가 아니라는 것을 기억하시기 바랍니다. 그리고 그 과정은 "서구의 자각"에 따라 분명히 발생한 것입니다. 하지만 그것은 나라마다 다르게 이루어졌고, 따라서 각각 다른 모순과 긴장을 발생시켰습니다. 저는 최근에 쓴 프랑스의 세속주의에 대한 글에서 단일하며 순수한 세속주의 따위는 없다는 것을 좀 더 자세하게 밝혔습니다. 따라서 당신의 질문에 답을 하면요, 예, 그렇습니다. 기독교는 아직 존재하고 있으며(국내와 국외에서 복합적인 역할을 하고 있습니다), 또한 기독교 신학은 현대에 근본적으로 재형성되었습니다. 하지만 그것이 서양에 세속주의가 없다는 것은 아닙니다. 저는 『세속주의의 지형』에서 많은 이론들이 수용하는 서양의 세속주의 국가는 진정한 세속주의가 아니라는 주장을 거부했습니다. 저는 "진정한" 세속주의 같은 것은 존재한다고 생각하지 않습니다. 오직 역사적으로 부과된 세속주의의 각각 다른 형태만이 존재합니다. 이를 통해 보면 역사적으로 현대 사회에서 중요한 권력 문제에 대한 각기 다른 답이 존재하는 것입니다. 그것은 정치적 자유와 진보에 대한 공적인 종교의 도전이라 할 수 있겠습니다.

● "공적 영역에서의 단순한 믿음이나 사소한 담화를 꿈꾸는 어떤 운동조차도 세속주의 세계에서의 국가 권력에 무관심할 수는 없다."고 말씀하셨는데, 그것이 사실이라면 이슬람주의자들은 왜 빈번히 "정치화된" 종교를 주장하는 겁니까?

정확히 말씀드리면 이슬람주의자들은 국가 권력에 무관심하지 않기 때문입니다. 그들은 그들의 종교운동이 단순히 개인의 신앙 문제에 머물러 있기를 바라지 않습니다.

● 또 선생님은 "세속주의 국가는 관용을 보장할 수 없다. 그것은 희망과 공포의 다른 구조들 안으로 들어가 작동하게 된다."고 주장하십니다. 이러한 통찰이 어떻게 세속주의 사회가 종교국가보다 덜 갈등과 폭력을 일으키는 경향이 있다는 가정을 흔들 수 있는 것입니까? 종교 갈등을 관리하고 피해 나가는데 있어 세속주의 국가의 역할은 무엇입니까?

모든 국가들과 마찬가지로 세속주의 국가들은 어떤 것들은 잘 참고 견디지만 또 어떤 것에는 그렇지 못합니다. 그 국가들은 국민들이 어떤 종교든 허가나 방해 없이 믿을 수 있고, 종교 활동을 할 수 있는 권리를 보장해 줍니다. 종교가 국가의 통합을 위협하지 않는 것으로 보이는 한에서는 그렇죠. 하지만 후자(방해)가 위협한다고 하는 특정한 느낌에만 존재하는 것은 아니고 나아가 "국가의 통합"을 구성하는데 (이것이 훨씬 어려운 문제입니다.) 더 큰 관련을 끼칩니다. 세속주의 국가가 갈등과 폭력을 덜 일으키는 경향을 가지고 있다고요? 당신은 세속주의 국가가 덜 폭력적이라는 주장이 얼마나 문제적인지를 보기 위해 세속주의 국가가 내적(인종, 성, 계급 등)으로 외적(신제국주의의 지배, 영향력을 끼치는 영역의 생성과 유지, 반란 진압전쟁 등)으로 특징짓는 공인된 폭력과 억압의 형태만을 조사하셨습니다. 자유민주국가에서의 정치는 근본적으로 국내외에서의 노동과 결혼, 제한과 폭력과 갈등의 문제들과 관련을 가지고 있습니다.

●종교부흥 운동이 실제로 원시적이거나 전근대적인 것은 아니지만, 이 운동들의 가능성의 조건은 전적으로 근대라는 주장이 있습니다. 이 주장에 동의하시는지요?

어느 정도까지는 사실이라고 생각합니다. 만약에 "가능성의 근대적 조건"에 민족국가와 민족국가의 희망을 넣는다면 저는 동의합니다. 군사 운동과 19세기 이래로 나타난 이슬람의 자유주의적인 형태, 이 두 종류의 운동은 국가는 삶과 죽음에 있어서까지 문제들의 형태와 전체 주민들을 통제하려는 기획을 가져야 한다는 관점의 연장에 있는 운동들입니다. 그 기획은 이전에는 다양한 다른 수행자agencies들―종교를 포함해서―의 관심사이거나 전혀 그런 기능이 없었습니다. 하지만 지금은 근대 민족국가라는 단일한 정치적 구조가 그 문제에 관여하려 합니다.

저는 종교운동의 급진적 형태뿐 아니라 자유주의적 형태 역시도 근대국가에 도입되고 있다고 생각합니다. 자유주의적인 형태들은 무엇보다 중요한 정치권력과 그것이 관장하고 있는 공간에 적응하려는 모습으로 나타나기 때문입니다. 가능하고 정통성을 부여받는, 개인적이며 자율적인 형태까지도 말입니다. 급진적 형태 역시 똑같은 근대 세계에 속하는데, 국가가 과거에는 통제되지 않은 상태에 있던 모든 종류의 문제들을 결정짓는 위치에 올라선 이래로 급진적 운동들에게 관건이 되는 것은 국가이기 때문입니다.

따라서 그런 점에서 보면 이 운동들은 근대적입니다. 그 운동들에는 사용 가능하고 채택 가능한 모든 종류의 근대적 기술들이 존재한다는 점에서 근대적입니다(소통에서의 전자 기술, 지식의 과학적 형태, 지식이 생산되고 유통되는 다양한 수단 등). 따라서 다음은 모두 사실입니다. 이 운동들의 다양한 방식들은 근대적인 방식으로 구성됩니다. 동시에 잊어서는 안 될 것은 그 운동들은 인용되고 재해석되는 과거 역사의 일부인 전통의 개선과 재해석을 발생시킨다는 것입니다.

● 현재의 이슬람주의 운동들이 세속주의적 근대성에 대한 서구적 개념들을 재고할 수 있게 해야 한다는 것입니까?

전반적으로 급진적인 이슬람주의 운동이나 자유주의적인 운동 모두는 사람들이 세속주의적인 근대성의 서구적 개념들을 따져볼 수 있게 해주지는 않는 것으로 보입니다. 우선 그것들이 근대적인 한에서 그들의 많은 계획들은 정치에 있어서 근대성의 가정들을 받아 안았기 때문입니다. 또 한편으로 서구에는 이슬람과 이슬람 전통에서 유래한 사고방식에 대한 질긴 반감이 존재하기 때문입니다. 그리고 당연히 명백히 성공적인 서구 사회와 분명히 미약한 무슬림 사회는 힘에 있어서 엄청나게 불균형하다는 이 단순한 사실이 작동하고 있는 것입니다.

하지만 전체로서의 현상과―즉 이슬람주의―나아가 세계 여러 곳에서 벌어지는 비교 가능한 종교운동들은 의기양양한 세속주의와 자유주의적인 가정을 받아들이는 것에 대해 다시 생각하게끔 하고 있다고 생각합니다. 이 현상들은 근대성에 대한 우리들의 가정을 다시 생각하게 합니다.

●이슬람은 자유민주주의와 그것이 남긴 것들(평등, 개인주의, 인권, 다원주의, 관용 등등)과는 배치된다고 주장됩니다. 이러한 주장에 대해서는 어떻게 말씀하시겠습니까?

당신이 변화하지 않는 본질적인 어떤 것으로써의 고정된 이슬람이나 이슬람 전통이 있다고 생각한다면, 이슬람은 자유민주주의에 반대되는 것으로 주장하는 것이 낫습니다. 즉, 근대적인 것은 실제로 이슬람적인 것이 아니며, 이슬람적인 것은 진정으로 근대적인 것이 아니라는 주장 말입니다. 그것이 많은 평론가들이 무슬림을 집어넣으려고 하는 진퇴양난의 상황입니다.

물론 이슬람의 전통을 자유민주주의와 비교해가면서 여러 가지로 다시 생각해 보려는 사람들이 있습니다. 하지만 저는 이슬람 전통은 자유주의적인 범주에 대한 문제제기 그 자체로 이어져야 한다는 점에 더 흥미를 가지고 있습니다. "우리는 당신들처럼 될 수 있습니다."라고 말하는 것보다는 자유주의적 범주 자체가 의미하는 바를 질문하고, 역사적으로 무엇을 대표해 왔는가를 따져보아야 합니다. 예를 들어,

개인주의는 온갖 문제들로 가득 찬 질문입니다. 서양에서의 개인주의의 전통을 주의 깊게 들여다 본 사람들을 잘 아시는 것처럼 말입니다. 평등의 문제 역시 마찬가지입니다. 우리는 자유민주주의가 제안하는 평등이 경제적 평등이 아닌 순전히 법적 평등이라고 알고 있습니다. 그리고 평등의 두 가지 형태가 서로가 물샐 틈 없이 정확히 구분되는 것은 아닙니다. 정치적 평등조차도 반드시 모든 시민들에게 참여할 수 있는 기회나 또는 정책의 공식화에 기여할 수 있는 동등한 기회를 주는 것은 아닙니다. 개인주의와 평등 등에 대한 이슬람의 사고는 우리에게 서구의 자유주의적인 개념들에 대해 무엇을 말해 줄 수 있습니까?

이것은 해볼 만한 가치가 있는 질문들입니다. 그래서 비약하자면, "우리 모두는 자유로워질 수 있다."고 말하는 대신에 "관용이라는 것으로 자유주의는 정확히 무엇을 하려는 것인가?"를 질문하는 것이 더 중요하다고 생각합니다. 크게 문제가 되지 않는 것에 관용을 베푸는 것은 어려운 일이 아닙니다. 그것은 자유주의적인 사회에서 하나의 규칙으로 자리잡는 경향이 있습니다. 당신이 무엇을 믿든지, 국내에서 무엇을 하든지, 물구나무를 설지 안 설지 결정하는 것은 자유주의 국가에서는 개인에게 달려있습니다. 아무도 신경 쓰지 않습니다. 자유주의는 이런 것에 관용을 베풉니다. 왜냐하면 자유주의는 그런 것에 관심이 없기 때문입니다. 하지만 관용은 정말로 문제가 되고 있는 일에 관계될 때만 의미가 있는 것입니다. 보통 우리가 "참을 수 있는 고통"이라 말할 때도 그렇습니다. 다른 말로 하자면 정말로 문제가 되는 관용이란 반드시 따져 보아야 할 것입니다. 그리고 이슬람적인 관용의 의미는 그러한 질문을 던지는 데 도움을 줄 것입니다.

따라서 우리는 쉽게 "이슬람의 전통에는 자유로움이 있다. 우리도 자유로워질 수 있다."라고 말하기 보다는 다음과 같은 질문에 더 흥미를 가질 것입니다. "관용이나 다원주의로 무엇을 할 수 있지? 개인주의는 온전히 명료한 것, 전적으로 바람직한 것인가? 이슬람의 전통을 조사해보면 개인주의나 관용, 다원주의에 대해서 더 깊은 이해를 할 수 있지 않을까?" 등을 질문하는 것이 더 흥미로울 것입니다. 자신들의 자유주의적인 전통을 증명하려고 하는 것보다는 이런 종류의 질문이 더 의미 있다고 생각합니다.

● 근대적인 권력 형태와 종교와 인권에 대해 의문을 제기하는 방식, 그리고 세속주의가 질문되는 방식 사이의 관계는 무엇이라 생각하십니까?

이는 광범위한 질문입니다. 자유주의적인 관용에 대해서는 많은 문제제기가 있어야 한다고만 말하고 싶습니다. 자유주의적인 감수성을 받아들이게 하려는 다양한 협박과 강제가 있습니다. 권력은 사람들이 발언하거나 하지 못하도록 하는 것만 허용하는 것이 아니라, 감성적으로 통할 수 있는가 아닌가에도 행사되는 것입니다. 표현의 자유와 한계의 관점에서만 권력에 대해서 생각하기 보다는 피지배자들의 말을 경청하는 지형에 대해서, 자신들의 마음을 이상하고 불편하게 하는 듣고 싶지 않은 것에 자신을 열 수 있는 사람들에 대해서 관심을 가질 필요가 있습니다.

저는 사람들이 허튼소리로 여기는 것과 그들이 마음을 열려고 하는 것에 더 많은 연구를 할 필요가 있다고 생각합니다. 세속주의는 종교적 전통을 일반적인 지식에 대한 터무니없는 주장으로, 그리고 그들이 정치 영역으로 들어오는 것을 허용했을 때 매우 위험한 의미를 가지는 것으로 보는 경향이 있습니다. 예를 들어, 윌리엄 코놀리William Connolly는 그의 여러 저술에서 세속주의의 정치적 질서를 역사적으로 자비롭고, 개방적인 태도가 현대 정치학으로 들어올 수 있도록 이해되는 것으로 재정식화 했습니다.

●알제리나 파키스탄의 어떤 이슬람교도들은 논란을 일으킨 이슬람 율법 샤리아 shari'ah를 여러 방식으로 채택하려고 시도하고 있습니다. 샤리아는 "퇴행적"이며 전근대적이라는 생각이 우세한데요, 선생님은 이 생각에 동의하십니까? 근대국가에 있어서는 너무도 결정적인 중앙집권적이고 강압적인 법 제도 안으로 샤리아가 들어와 수용되는 것이 가능할까요?

샤리아가 수용될 수 있다고요? 샤리아의 여러 면들은 19세기 이래로 수용될 수 없었고 그러지도 않았습니다. 특히 상법과 절차법 등은 대부분의 이슬람 국가에서 폐기되어 왔습니다. 다른 어떤 자유주의적인 가치보다는 현대 자본주의 국가가 작동하는 것과 덜 관련을 맺고 있는 형법 역시도 마찬가지입니다. 자유주의적인 정서에 비추어 보았을 때 저주와도 같이 끔찍한 신체형은 거부되었습니다. 저도 같은 정서를 가지고는 있지만, 논리적으로는 샤리아가 "근대국가에 너무도 결정적인 중앙집권적이고 강압적인 법률 체계"와 부조화를 이루는 것은 아닙니다.

가족법과 관련해서는 이것이 모든 면에 걸쳐 근대국가에 그리고 근대국가에 의해 수정되고 받아들여진 것은 명백한 사실입니다. 그리고 여성의 입장에서는 그들을 차별하는 특정한 법들에 관련된 평등을 요구하고 있습니다. 샤리아는 압박을 받고 있는 중입니다.

저는 자유주의적인 가치를 샤리아에 도입하는 것에 민감한 여러 사람들 중에는 지속적으로 샤리아를 재해석하려는 움직임이 있다는 사실을 강조하고 싶습니다. 그들은 샤리아를 근본적으로 다시 쓰고 싶어 하고 그를 통해서 역사적인 전통에 부합되어 있지만 동시에 서구인의 입맛에 맞추려 하려는 것입니다. 원칙적으로 저는 이것이 불가능하다고 보지는 않습니다. 그리고 어느 정도까지는 그렇게 될 것입니다. 예를 들어, 리치몬드 대학의 여성 법학교수인 아지자 알－히브리Azizah Al-Hibri는 이 나라에서 샤리아의 자유주의적 해석에 큰 관심을 가지고 있습니다. 분명 이런 식의 움직임이 있으며 그들의 작업은 자유주의 국가에 의해 수용될 수 있을 것입니다.

● 9.11 이후에 미디어들은 폭력에 대한 신(코란적인)의 명령에 대한 논평으로 가득합니다. 무슬림들에 의해 벌어진 폭력적 행위들이 종교 교리에 의해서 가장 잘 이해될 수 있다는 믿음은 어떻게 설명할 수 있겠습니까? 이러한 믿음이 다른 일신론적인 신앙에까지 확장될 수 있을까요? 아니라면 왜 그럴까요?

많은 개별 서구 작가들의 공감 가는 작품들에도 불구하고 저는 오랫동안 이어진 이슬람에 대한 적의가 서구 안에 널리 퍼져 있다는 것을 알게 되었습니다. 그것은 단순히 9.11 때문만은 아닙니다. 최근 슬로베니아의 역사학자이자 정치이론가인 토마즈 마스트낙Tomaz Mastnak의 탁월한 연구서인 『평화십자군 : 기독교권, 이슬람 세계, 그리고 서구 정치질서Crusading Peace:Christendom, Muslim World, and Western Political Order』가 출간되었습니다. 이 책은 중세에 대한 아주 해박한 지식을 통해 가까이서 역사를 들여다보고 있습니다. 그런데 저는 권위 있는 오리엔탈 리스트들과 지식인들이, 대부분의 무슬림들의 대부분의 역사를 기술 하지 않고, 1500년간 코란이 어떤 경과를 거쳤는가에 대해 질문하지 않고도 코란에 나오는 "선동적인" 부분들을 끄집어내 제시한 사실에 의아해하지 않을 수 없었습니다. 그들은 묻지 않았습니다. 왜 몇몇 무 슬림 군사조직이 지금 그들을 불러내고 있는가? 이 질문에 대한 답은 현실에서 자신들의 자아에 혼동을 느끼지 않는 지식인들에 의해 제기 되고 있습니다. 종교 텍스트가 해석되는 방식과 인용되는 경우, 그들 이 정당성을 부여하는 행동들은 오늘날 존재하는 것과 같은 세계와 관련되는 것입니다. 자, 왜 다른 유일신 신앙은 이슬람이 해왔던 것처 럼 폭력에 대해 책임을 지지 않는 것일까요? 바로 미국과 유럽동맹에 직접 대항한 것은 오직 이슬람 군사조직밖에 없었기 때문입니다. 우 간다의 무장 기독교 운동과 레바논의 기독교 민병대, 팔레스타인의 무장한 유대인 조직은 서구인들의 시선을 끌지 못했습니다. 왜냐하면 그들은 서구 권력을 목표로 삼지 않았기 때문이지요. 더구나 관용적 이지 않은 것으로 알려진 유일신 종교에 대한 비판도 차츰 높아지는 추세입니다. 그것이 그 신앙체계가 가진 정확히 경계를 가르고, 내적 통합성을 유지하는, 전체론적인 특성입니다. 그리고 그 점이 유일신 사상으로 하여금 차이에 대해 적개심을 느끼게 하고, 그 추종자들의 충성심에 질투를 느끼도록 하는 것입니다. 하지만 "비관용성"이 수행 과 신념에 따른 것이며, 또 합법적인 차별 또는 공공적 증오에 따르는 것이라는 사실과는 별개로, 이 명제는 통일적인 교리 개념(즉, 전체 모 두를 동의하든지 거부를 하는 것)과 통일적인 교리 내용(예를 들어, 삼위 일체설, 신성한 권위와 사람의 위계 또는 유일한 원리에 대한 믿음, 다신론,

무신론에 반하는 엄격한 유일신 사상)을 동일하게 보는 데서, 그리고 그 둘이 함께 어느 상황에서든 모든 백성들이 충성할 것을 요구하는 통일적인 정치적 권위에 반드시 부속되어야 한다는 가정에서 잘못을 범하는 것입니다. 결론적으로 관용적이지 않은 다신론 공동체의 실천적 모습이나 또는 관용적인 유일신 신봉자들의 실천적 모습에는 주목하지 않는 것입니다. ―"관용"이 표현되고 존재하는 다양한 행위에 대한 관심은 별개로 하고. 그리고 누구도 진실로 관심 갖지 않는 신앙의 공식적 표현에 대한 무관심이 종종 신앙의 용인과 동일한 것으로 여겨집니다. 간단히 말하면, 일신론에 대한 뿌리 깊은 비판은 일반적으로 많은 다신론 또는 무신론 사회들이 행위적 범죄의 형태들에 대해서 관용적이지 않았다는 사실과 그 반면에 일신론자들의 정치체제polities가 신앙의 다양성에 관용을 베풀어 왔다는 사실을 무시하는 것입니다.

●선생님은 "그것이 세속주의자들이 관심을 가질 만큼 고통스러운 것인지 또는 종교적 폭력이 발생시킨 고통과 고난인지 언제나 불분명하다. 왜냐하면 그것은 근대적인 이미지가 불필요하게 상상해온 고통이기 때문이다."라고 말씀하셨습니다. 인도주의적이건 아니건 간에 이러한 국제적 개입에 대해 생각해보는 데 있어서 그 차이가 갖는 중요성에 대해서 설명해주시겠습니까? 종교가 개입을 정당화하는 담론에 내재해 있거나 숨겨진 요소로 남아있다고 생각하시나요?

세속주의는 차별화된 근대국가 안에서 그에 따르는 자유와 감수성의 특수한 구조와 관계를 맺고 있습니다. 그런 점에서 세속주의는 자신이 "종교"라고 판정하는 인간을 넘어서는 과잉된 것을 억누르려 시도하는 반면에 사회적 효용에 대한 세속적 계산, 또는 행복에 대한 세속적 희망에 의해 정당화될 수 있는 잔혹함은 허용해줍니다. 세속주의는 전근대적 고통과 처벌의 패턴을, 기묘하게도 그 자신의 것과 대치시킵니다. 예를 들면, 동맹국들이 2차 대전 중에 일본과 독일의 도시에 폭격을 가해서 고의적으로 문명화된 사람들을 파괴한 것이나, 미국의 무자비한 교도 시스템, 유럽연합 국가들에 의한 비유럽 정치망명자에 대한 처우 등 자유민주주의에 의해 벌어지는 이 모든 행동들은, 종교적인 교의나 분노에 의한 것이 아니라 세속적인 고통과 유익의 계산법에 기반한 것입니다. 국가 전복을 막기 위해 쓰이는 모든 행위는 정치적 기술로 정당성을 획득합니다. "예외적 국가State of Exception[3]"에서 자유민주주의는 "법에 의한 통치"를 공적인 소요를 제거하기 위해 행정적인 명령을 발동해서 방어할 뿐 아니라, 사법제도 밖의 암묵적인 폭력을 통해서도 유지합니다. 다만 그 모순되는 면이 공적인 스캔들로 발전되지 않는 한에서 말입니다. 천천히 현대 전쟁과 정부에 부과된 고통은 신자유주의 경제의 정치체제에 의해 발생된 광범위한 사회적 곤궁과 혼합됩니다. 그리하여 현대 기술 때문에 강화된 넓게 퍼진 고통은 차치하고라도, 사람들의 고통의 특성은 달라진 관계와 생각 때문에 나타나기도 합니다. 사람들은 그들이 자유롭고 평등하다는 가르침을 받지만, 그렇지 않다는 것을 발견하고 고통스러워합니다. 그들은 그들이 모든 "평범한" 희망을 이루어 나갈 수 있다고 격려를 받지만, 그들이 발견하는 것은 할 수 없다는 것과 그렇지 않다는 것입니다. 고통은 언제나 세속적이거나, 또는 그것이 더 이

---

3) 이탈리아의 정치학자이자 철학자인 조르지오 아감벤Giorgio Agamben의 2005년 출간된 동명 저서에 사용된 정치 철학 용어이다. 이 글에서 아감벤은 국가가 위기의 상황에서 채용하는 권력 구조의 증대에 대해 탐구한다.

상 어떤 도덕적인 중요성도 가지지 못한다는 생각은 아마도 고통을 쉽게 감내하도록 해줄 것입니다. 그건 그렇다 치더라도 현대의 빈곤은 더욱 더 불평등한 것으로 경험되고, 결국 참을 수 없는 것이 되어 갑니다. 저는 현대의 권력에 의해 발생하는 고통의 사회적 분배가 전근대보다 더 나빠진 것이 아니라, 조금 다른 것일 뿐이라고 말하고 싶지는 않습니다. 또한 바보같이 어떤 어려움도 나아지지 않았다고 말하고 싶지도 않습니다. 다양한 질병의 치료와 공공 보건과 복지의 향상은 부정할 수 없는 사회적 사실이며 고통들을 개선시켰습니다. 하지만 그것 때문에 다른 사회에 대한 어떠한 종류의 인도주의적인 개입도 정당화되지는 않습니다. 그것이 어떤 것이라도 정당화한다는 것은 어려운 문제이지만 저는 회의적입니다. 저의 주된 논점은 인류를 위한 동정과 현대의 민주적인 삶의 보장보다 더 많은 것이 세속주의에서 문제가 된다는 것입니다. 현대 사회에서 파멸로 이끄는 갈등을 피하도록 하고 평화를 정착시킬 수 있는 결정적인 방법이 세속주의라는 주장보다 덜 그럴 듯한 주장은 없습니다.

● 서구 세계보다 "제3세계"에서 인권 침해가 훨씬 더 많이 보고되는 이유에 대해서 설명해주시겠습니까?

여기에 대한 하나의 이유는 당연히 제3세계에 아주 많은 독재자들이 있다는 사실입니다. 이는 언론에 나타나는 것처럼 이슬람 세계만 그런 것이 아니라, 남미나 아프리카, 중국 등에도 적용되는 사실입니다. 하지만 저는 인권 문제에 있어서는 다른 것에 관심을 가지고 있습니다. 인권을 지탱하는 전제들은 보통 서구에서처럼 인식되는 삶의 방식과 관계를 가지고 있습니다. 제3세계에서 많은 것들이 참을 수 없는 것으로 보이는 이유는 오직 제3세계 안에 있기 때문입니다. 서구에서는 그렇게 참을 수 없는 것으로 나타나지는 않습니다. 왜냐하면 그것들은 다른(더 특권적인) 삶의 방식의 한 부분이기 때문입니다.

저는 이 사실을 《크리스천 사이언스 모니터*Christian Science Monitor*》를 다시 읽으면서 느끼게 되었습니다. 거기에는 카타르가 비교적 자유스럽고 관용적이라는 긴 기사가 실려 있었습니다. 카타르는 비교적 개방된 사회이고 따라서 중동지역에서는 흥미로운 사회 중 하나라고 묘사해놓았습니다. 거기에 나오는 사례들이 무의식적으로 나타내는 것은 도하에는 스타벅스가 있고, 사람들은 서브웨이 샌드위치를 먹으며, 쇼핑몰이 있다는 것입니다. 그리고 사우디가 이라크와의 전쟁에 발이 묶여 있을 때 카타르는 당연히 미국의 중요한 동맹국이라는 것입니다. 저는 카타르를 얕잡아 보려는 것이 아닙니다. 제가 말하려는 것은 여기에 자동적으로 그리고 무의식적으로 나타나는 생각은 "그들은 우리와 같아지고 있습니다."라는 것입니다. 여기서 "우리"는 절대적으로 미국이지 유럽은 아닙니다(유럽은 지금 자신들의 처지에 매우 좌절하고 있는 중입니다).

이러한 인권 문제에는 국제적인 측면이 존재합니다. 제3세계에서 공민권이 박탈되는 인권 유린의 상황이 흔하게 나타나는 것은 단지 잔혹한 독재자 때문만은 아닙니다. 그것은 나아가 이 사회들이 세계 체제와 맺는 관계의 방식에도 이유가 있습니다. 제 요점은 국가 내부의 상황은 (국가 내의) 누군가의 책임만으로 존재하는 것이 아니고, 오히려 국가의 책임으로 생각해야 한다는 것입니다.

인권 유린을 살펴보는 데서 나타나는 난점은 그 침해들은 그 국민들이 겪는 모든 고통에 대한 법적 책임을 독립적인 한 주권국에만 부과한다는 것입니다. 여기에는 역사적일 뿐만 아니라 정치적이기도 한 몇 가지 이유가 있기는 하지만, 이런 생각이 점차 인권 침해가 인정되어야 한다는 넌센스를 불러일으키고 있기도 합니다. 교육의 결여, 여러 형태의 궁핍과 고난이 오직 한 국가만의 문제라는 관점은 터무니없는 것입니다. 물론(폭넓게 인정되고 있는데요) 서구는 원조를 해야 할 의무를 가지고 있고, 제3세계는 국제통화기금이나 세계은행의 요구에 따라 건전한 정치체제를 유지해야 할 의무가 있습니다. 하지만 그것을 넘어 제3세계는 자신들의 비탄에 대한 책임이 있습니다. 그리고 인권 탄압에도 책임이 있습니다.

다른 말로 제3세계의 인권 유린과 관련되는 한에서는 그 책임이 서구 국가들에게 있을 수 없습니다. 따라서 그것은 마찬가지입니다. 사람들이 인권 문제에 대해 구체적으로 생각하도록 하는 것에는 여러 가지가 있습니다.

● 세계인권선언을 보면 "누구도 고문과 잔혹하고 비인간적이며 모욕적인 조치나 처벌을 받아서는 안 된다."고 나옵니다. 하지만 이 조항은 전쟁 중에는 적용되지 않습니다. 선생님이 "현대적인, 첨단기술에 의한 전쟁은 그 수나 종류에 있어 유례없는 고통의 형태와 관련된다."고 말씀하신 것과 다르게 말입니다. 이 모순에 대해서 어떻게 설명할 수 있을까요? 역사적 기원이 있습니까? 그리고 기술을 제외한다면 현대의 특수성은 어떻게 나타나고 있습니까? "세속주의적" 폭력이 가시화되도록 하는 특별한 구동원리는 무엇입니까?

전쟁(즉, 독립적인 주권 국가 사이의 폭력)은 합법적입니다. 반면에 제정된 정치권위에 대한 반대행위, 폭동은 그렇지 않죠. 적십자사가 생겨난 19세기 중반 이래 전쟁의 잔혹함—주로 유럽 국가들 사이의—을 교정하기 위해 여러 종류의 조약이 체결되었습니다. 식민지 전쟁은 거의 대부분이 폭동진압 전쟁이었기에 달랐고, 전쟁 중의 많은 일들이 용서되었습니다. 하지만 사람들이 지난 세기 동안 벌어진 전쟁에서 국제협정이 잘 지켜지지 않았다는 사실을 알고 있다는 점이 저는 걱정스럽습니다. 군사력의 "필수적"이고 "적당한" 사용이 합법적이라는 사실은 모든 종류의 잔혹함이 일어날 수 있다는 것을 의미합니다. 결국, 히로시마와 나가사키에서의 파괴가 지속되는 전쟁에서 "더 많은 생명을 지켜내기 위해" 필수적이었다는 논리로 정당화될 수 있다면(지금까지 정당화되어 온 것처럼), 무슨 말을 더 할 수 있을까요? 이런 종류의 폭력은 오로지 세속국가들에 의해 수행되고, 세속주의 주장에 의해서만 정당화된다는 점에서 세속적인 것입니다.

● 더하여 선생님은 "공중 폭격을 통해 이루어지는 시민에 대한 과잉 군사력 행사는 희생자 개인에 대한 특정한 공권력이 행사하는 폭력과는 다른 것이다. 그것은 인권 유린에 대한 문제가 아니라 군사작전에 의한 민간인 피해의 문제이다."라고 말씀하셨습니다. 왜 이런 일이 생기는 것이며, 그 중요성은 무엇입니까?

이는 다시 "폭력적인 법"의 문제로 돌아옵니다. 근대적인 국내법과 국제 사법private law은 전쟁에 대한 세속주의적인 개념이 생겨난 것과 비슷한 시기에 발생했습니다. 전쟁은 더 이상 "정의의 전쟁"처럼 기독교적인 교의에 의해 정의되지 않았습니다. 전쟁은 호전적인 국가가 권리와 의무를 소유한 능동적인 조건으로 생각되었지만, 이는 인권과 관런해서 혼동을 일으키지는 않았습니다. 그것은 적용이 분리된 영역이었습니다. 고문처럼 특정한 개인에게로 향한 폭력은 전쟁의 익명적인 폭력과 구분되었으며, 전쟁 속의 폭력이 정당화되듯이 정당화되지는 않았습니다. 비록 군사적으로 의심스런 용의자를 심문할 때 폭력의 남용에 대한 논의들이 제기되기는 했지만 말입니다. 그리고 역으로 그런 상황에서의 "불필요한 고통"에 대한 비난은 어떤 고생은 필수적으로 생생한 정보를 보장해준다는 것을 의미하기도 합니다. 어쨌든 제가 말하고 싶은 것은 자유주의는 직접적인 대면 폭력을 거리를 두고 저지르는 폭력보다 더 혐오한다는 사실입니다.

● 선생님이 지적하셨듯이 단지 군사 행동만이 다른 나라의 정세에 강대국이 개입하는 주요한 형태는 아니었습니다. 다양한 다변적 금융기구들에 의해 채택되고 강제되는, 그리고 미국에 의해서 옹호되는 세계적인 경제 어젠다는 수혜국에서 개인의 중요성을 파괴합니다. 그러한 개입이 수많은 개인들의 삶을 포함해 광범위한 궁핍화를 낳는다면 이러한 일들은 왜 인권 침해로 이해되지 않는 것입니까?

그것은 외국과 다국적 기업, 제3세계의 부패한 통치자들이 그들의 경제적 행위가 사람들에게 미치는 곤궁에 대한 책임을 지도록 해야 하기 때문입니다. 그것이 자본주의 세계 안에서 가능하다는 생각은 완전히 환상입니다. 다른 나라에 속한 개인에게 직접적인 물리적 폭력을 입힌 개인이 국제범죄재판소ICC에서 재판을 받도록 하는 것은 쉬운 일이 아닙니다. 미국이 국제형사재판소 설립에 서명하는 것을 거부해온 것은 다 아는 사실이며, 개별 국가들과 90개의 상호 협약에 서명함으로써 국제범죄재판소 설립을 막으려 하고 있습니다. 세계 전역의 사람들은 분명히 신자유주의적 정책에 의해 손해를 보고 있다는 생각을 하고 있으며, 이것을 정의롭지 못한 것으로 여기고 있습니다. 하지만 인권 유린으로 느끼는 것과 국내외에서 그 요인들에 대해 합법적으로 행동을 취하는 것은 다른 문제입니다.

●선생님은 원주민 보호주의, "이슬람 근본주의" 등으로 감성을 자극한다는 비판을 듣곤 합니다. 최근에는 한 정치평론가가 선생님이 "진본의 아우라aura of authenticity"를 풍기고 있다고 비판했는데요, 여기에 대해서 뭐라고 말씀하시겠습니까?

제 첫 번째 반응은 '나는 오직 법정에서만 책임을 지겠다!'입니다.

솔직히 저는 이 점이 실망스럽습니다. 그런 비판은 최근에 인문과학 주변에서 나도는 매우 부주의한 사고를 반영하는 것입니다. 이는 좀 안타깝고 걱정스러운 도덕적인 의미를 가지고 있습니다. 그렇게 말하는 사람은 부시와 다를 바가 없다고 생각하는데요, 그 사람은 "너는 우리편이거나 아니면 반대편이다."라고 말하고 있는 것입니다. 또한 어지러운 사건들을 이해하려는 시도를 단순히 책임을 면해주려는 것에 불과하다며 비난하는 사람들과 다를 바 없습니다. 저는 제 책을 조심스레 읽은 누구도 저를 근본주의(이론적이고 정치적인 이유로 별로 쓰고 싶지 않은 용어지만)와 관계된 비이성적이고 광적인 것을 지향하는 사람으로 생각하지는 않을 것이라 생각합니다. .

저도 한 평론가가 제가 "진본의 아우라"를 조장한다고 말한 것을 알고 있습니다. 그것은 저에게 있어서 큰 정치적인 실패입니다. 이 점에 대해서 제가 말씀드릴 수 있는 것은 단지 그분이 제 책을 주의 깊게 읽지 않았을 뿐 아니라 발터 벤야민Walter Benjamin 역시도 주의 깊게 읽지 않았다는 것입니다. 이 말은 벤야민의 논문 〈기계복제 시대의 예술작품 *The Work of Art in the Age of Mechanical Reproduction*〉에서 사용한 것이지요.

많은 문화연구 이론가들과 인류학자들은 벤야민이 "진본authenticity"에 대해 매우 모순된 태도를 보인 것을 간과했던 것으로 보입니다. 다시 그 논문을 읽어보면, 우선 그는 어떤 권위가 무너져 내리는 시대가 인정되기를 기대했던 것으로 보입니다. 특히 그는 종교적 권위가 광신적 분위기의 붕괴와 더불어 종결되기를 희망했고, 기계적인 복제를 통해 가능해지는 자유의 고양을 꿈꾸었습니다. 물론 우리는 이 낙관론이 정당화되지 않았음을 알고 있습니다.

동시에 벤야민이 진본과 아우라에 대해 가지고 있는 사고는 매우 복잡한 것입니다. 이 개념은 역사성, 진본의 역사성과 관계가 있습니다. 그것은 정확히 어떤 것이 진짜라는 것 때문에, 그리고 그 동일한 사물은 시간의 흐름을 통해서, 어떤 고고함과 진정성의 상태, 즉 아우라를 획득합니다. 벤야민은 모순적으로 아우라의 소실이 역사성의 소실을 의미한다는 것을 인식하고 있었습니다. 이리하여 벤야민은 어떤 고문서가 진짜 문서라는 사실은 그 역사적 경험의 마멸을 보여주며, 그것은 그 문서들이 어떤 사물에 대한 신뢰할 수 있는 역사적 설명을 할 수 있도록 해줍니다. 다른 말로 벤야민은 아우라 개념을 단지 역사성에 대한 현대적 개념의 본질로 볼 뿐만 아니라, 전통의 고유한 것으로도 보았던 것입니다. 이는 그의 작업이 생산적인 긴장으로 넘치도록 해주는데, 그것이 무조건적인 진보주의를 옹호하는 것이 아니기 때문입니다.

저는 벤야민이 그 논문에서 말했던 것이 종종 진보주의자들에 의해

천박하게 여겨지는 것보다 훨씬 더 복잡하고, 변증법적이며, 함축된 바가 많다고 생각합니다. 따라서 저는 제가 근본주의를 통해 대중을 자극한다는 비판을 한 누구든지 제 책을 피상적으로 읽은 것뿐 아니라 벤야민도 피상적으로 읽었다고 말하고 싶습니다.

●제국주의 역사학자 프랭크 푸레디Frank Furedi는 '반식민주의 민족주의의 등장과 궁극적으로 탈식민 국가의 등장은 서구의 우월성이 더 이상 절대적으로 운위될 수 없는 가정을 요구한다. 따라서 과거의 편견을 사실상 그대로 유지하는 "더 품위 있고" 공격적이지 않으며, 더 외교적인 방식이 창안되었다.'고 말했습니다. 실제로 "개발국가와 저개발국가"로 특징 짓는 것은 2차 세계 대전에 따르는 새로운 구분으로 보일 수 있습니다. "세속화"에도 역시 이와 같은 과정이 작동하고 있다고 말할 수 있을까요?

푸레디가 쓴 글을 읽어보지는 못했지만 그가 맞다고 생각합니다. 덧붙이면 그 품위는 이제 사라지기 시작했다고 말할 수 있을 것입니다. 그리고 "세속화"라는 국제적으로 통용되는 언어에도 그와 유사한 과정이 작동하고 있으며, 세속화는 인권을 말할 때도 필수적인 요소가 되고 있습니다.

●선생님은 중동 내부에서의 자기 비판에 대해서 말씀하셨습니다. 미국은 전략적 이유로 이슬람 전통을 독해하는 것을 복잡하게 만들고 있습니다. 미국은 이슬람이 복수성(또는 퇴행과 현대의 이중성)을 가지고 있다고 말하고 있으며, 이슬람이 더욱 현대화되도록, 즉 민주화되도록 북돋는 것을 목표로 한다고 공언하고 있습니다. 무슬림 전통의 복잡성에 대한 선생님의 평가와 미국의 도식화된 진단의 차이점은 무엇입니까? 미국이 민주화를 장려하기 위해 모색하는 추진력과 선생님이 나타내려는 비판의 근거 사이의 공통점은 존재합니까? 선생님은 가능한 해방적인 정치학을 어디에 위치 지으려 하며 어떻게 읽어내려 하십니까?

먼저 미국의 정책과는 별개로, 미국은 중동과 이슬람에서 그들과 정치적으로 동맹을 맺을 수 있는 경향만을 찾으려 한다고 말씀드려야 할 것입니다. 저는 당연히 그것에 관심이 없습니다. 둘째로 미국의 정책 입안자들은 지역의 발전에 대해서 목적론적인 개념을 가지고 있으며, 그 점에 대해서는 벤야민을 말할 때 말씀드렸습니다. 바꿔 말하면, 애국적인 언론인 토마스 프리드먼Thomas Friedman[4]과 같은 사람들은 이 움직임들을 우리가 미국에 있다는 것만을 참조해서 평가하려 합니다. 왜냐하면 그것이 모든 문명화된 인류가 되어야만 할 것이기 때문입니다. 만약에 이 점이 세상 모든 사람들에게 명백하지 않다면, 그 사람들에게는 뭔가 엄청난 잘못이 있는 것입니다.

저는 그런 식으로 문제를 보지 않습니다. 그리고 상황이 그렇게 되는 것을 바라지 않습니다. 비관적으로 생각하면, 사람들이 원하는 것과 무관하게 누군가는 이 나라의 프리드먼과 같은 사람들이 원하는 그

---

4) 뉴욕 타임즈의 칼럼니스트이며 『렉서스와 올리브나무The Lexus and the Olive tree』, 『세계는 평평하다The World is Flat』의 저자.

런 세계로 끝날 수도 있습니다. 다른 말로 하면, 우리는 경험의 다양성이라고는 거의 없이 우리를 한 방향으로만 나가도록 강제하는 단일한 힘이 지배하는 세계를 보게 될 것입니다. 저는 점점 강화되어 가는 힘을 봅니다. 저는 개인들은 더 많은 것을 소비하게 되었음에도, 향유할 수 있는 더 많은 방법이 있음에도, 개인적인 삶을 꾸릴 수 있는 더 많은 방법이 있음에도 문화적인 선택권이 점점 좁혀지는 것을 봅니다. 저는 뭔가 다른 것을 보고 싶지만 제가 바라는 것은 어디에도 없으며 그래서 바람직한 것과 가능한 것을 구분합니다. 이 점이 제가 느끼는 두려움입니다. 그것은 미국 정책입안자들이 마음속에 그리는 어떤 특정한 종류의 세상이 승리하는 것으로 이끌려 갈 수도 있는 획일화이기도 합니다. 따라서 그런 점에서 프리드먼과 저는 의견을 같이 합니다만, 그 사실로 인해 그는 기쁨에 들떠 있고 저는 매우 우울함을 느끼게 됩니다.

하지만 역사는 놀라움으로 가득 차 있고 그것이 제 스스로를 위로하는 하나의 방법입니다. 신중하게 결정한 계획도 수포로 돌아가고, 역사적 발전으로부터 특정 이익을 얻을 것이라고 자신만만하게 예측했던 인간도 곧잘 실패를 합니다. 저는 저 역시도 잘못하기를 바랍니다. 이 세기가 지나감으로서 무엇이 나타나느냐는 매우 말하기 어려운 것입니다. 해방적인 정치가 이루어지느냐 하는 것은 무엇이 나타나느냐에 달려 있습니다. 어떤 정치가 해방적인지 자신 있게 말할 수는 없습니다. 우리는 많은 계획들이 있었지만 쓸쓸한 실패를 겪었습니다. 분명, 누군가는 여러 방법으로 강압적인 힘에 대항할 것이고, 혹자는 도덕적으로 혹자는 정치적으로 저항할 수 있을 것입니다. 하지만 학술적인 영역이 정치에 큰 영향을 끼치지는 못할 것이라 생각합니다. 당신이 갑자기 키신저가 될 경우를 제외하고는 말이지요. 그렇게 되면 당신은 지배 체제로 편입된 공적 지식인이 되는 것입니다. 글쎄요, 솔직히 제가 이 주제와 관련해서는 별로 할 말이 없는 것 같습니다. 제가 할 수 있는 말은 정치는 분명 반대되는 측면을 가지고 있다는 것입니다. 따라서 우리는 어쨌든 거만한 지배자들이 편치 못하게 하고, 불안정하게 해야 합니다. 우리가 제가 의심하는 것보다 더 많은 것을 할 수 있을지는 모르겠습니다. 결론적으로 그것은 무엇을 해야 할 것인지, 어떻게 해야 할 것인지를 결정하는 데 더 큰 영감을 가진, 그리고 동료 인류에 대한 헌신을 가진 젊은 세대에 달려 있습니다. 현재는 곳곳에 불확실성이 놓여 있습니다. 우리의 생각보다 미래가 더 불투명한 곳에 놓여 있는지도 모릅니다.

■
질 아니자르Gil Anidjar

컬럼비아 대학의 중동과 아시아 언어, 문화학과 부교수이다. 저서로 『Semites : Race, Religion, Literature』(Stanford University Press, 2007) 등이 있다.

13
질 아니자르

세속주의와 신학·정치학 theologico-political

●선생님의 저서 『유대인, 아랍인 : 상대의 역사 *The Jew, the Arab: A History of the Enemy*』
에 등장하는 개념 신학·정치학은 선생님의 주장에서 핵심적 역할을 하고 있습니다.
이 용어가 의미하는 바는 무엇이며, 세속주의와는 어떤 관계를 맺고 있습니까? 이
용어는 유대교나 아랍에 대한 문제를 이해하는 데 어떤 도움을 줄 수 있나요?

그 용어는 크게 나누어서 신성divine과 인간적인 것, 종교적인 것과
속물적인 것, 거룩함과 종말론에서 세속적인 것 등을 구분하는 어떤
단일한 서구적인 지형을 드러낼 의도로 쓰인 것입니다. 이 용어들은
그것들이 구분되는 동시에 생겨난 것입니다. 근본적으로 이 용어는 세
속주의가 정치에서 종교를 분리해낼 수 있는지를 따져보기 위한 것이

라는 주장을 살펴보기 위한 방편인 것입니다. 이는 조지 부시나 아리엘 샤론Ariel Sharon 총리가 종교적 집단의 이익을 지향하는가라는 현재의 논의를 넘어서는 문제입니다. 그보다는 세상을 "마법에서 풀린disen-chanted" 것이거나 그냥 단순히 "세속적인" 것으로 이해하는 지배적인 서구적 사고에 대한 것입니다. 프랑스에서 세속주의를 고수하는 혼란스러운 모습을 보십시오. 또는 서구 언론들이 팔레스타인의 성지에 투자하는 보이는, 보이지 않는 노력들을 보십시오. 제 연구에 있어서 제 관심은 정치와 종교의 관계에 대한 어떤 이해에 도달하려는 것입니다. 저는 이 문제에 대해서 차이밖에 없다는 데리다의 명제를 제가 단조롭게 이해하는 것은 아닌가라는 두려움을 통해 알고 있습니다. 다른 방법으로 말하면, 하나 이상의 사물, 기호, 대상 등이 존재하기 때문에 라이프니츠Leibniz의 원리―만약 두 사물이 절대적으로 동일하다면 그 둘은 둘이 아니라 하나이다.―는 그들 사이에는 오직 차이만이 존재한다는 것입니다. 동일하지 않으면 그 자체로 다른 것입니다.

그렇지만 의문은 남습니다. 어떻게 이것과 저것을 구분할 수 있는가? 어디에서 차이나 단절이 발생한다고 말할 수 있는가? 분명히 종교와 정치 사이에는 남자와 여자 같은 엄연한 차이가 있습니다. 누가 그 차이를 나눌 수 있는가? 그렇다면 그 구분은 인정될 수 있는가? 또는 누군가가 알 수 있다고 주장하는 것의 차이는 무엇인가? 문제는 차이나 차이들이 위치하는 지점을, 그리고 그것은 얼마나 중요한가를 식별하려고 하는 순간에 생겨납니다. 우리는 문화연구나 역사학에서처럼 생물학에서 어느 지점에서 남성과 여성이, 남성성과 여성성이 구분된다는 주장을 할 때, 그러한 차이와 거의 관계없는 무언가가 문제가 된다는 것을 알고 있습니다. 물론 제 말의 진부함은 차치하고, 이 많은 것들이 권력과 관계가 있지만 그것은 권력의 문제로만 다 설명되는 것은 아닙니다. 정치적 문제 "이전"에도 문제는, 무엇이 관건인가입니다. 여기에 차이가 있다는 말에는 어떤 의도가 포함되어 있는 것입니까? 하지만 이 남자와 저 남자 사이보다 이 남자와 이 여자 사이에 더 많은 차이가 있다고 말하려는 사람은 누구입니까? 어떤 기준으로 남성 사이의 관계가 남자와 여자 사이의 관계보다 더 중요하다고 또는 덜 중요하다고 주장할 수 있는 것입니까? 종교와 정치의 관계도 같습니다. 둘 사이와 그것들 안에는 각각 다른 것이 있습니다. 누가 그 둘 사이의 관계가 그 내부에서의 차이보다 더 중요하다고 말할 수 있습니까? 그리고 최종적으로 이 주장에는 무엇이 발생할 수 있으며 차이는 분명하다고 누가 말할 수 있습니까?

다시 제가 말하려는 것은 완전히 통속적인 것입니다. 하지만 신학-정치학이 질문하는 내용은 이 통속성 안에 들어 있습니다. 왜 정확히 여기에 차이가 존재하는 걸까요? 왜 이 차이는 결정권을 가지고 있는 것으로, 쉽게 말해 적절한 것으로 여겨집니까? 어떻게 그 용어들은 오늘날 그만큼의 비중을 갖게 되는 겁니까? 어떤 사람들은 "나는 정치의 편에 있다."고 주장할 정도로, 어떤 사람들은 "나는 종교의 편에 있다."고 주장할 정도로 말입니다. 그 차이는 그 자신을 어떻게 구성했습니까? 사람들은 어떻게 오늘날 그런 방식으로, 그 차이를 통해 분간을 하게 되었습니까? 왜 우리는 이 차이를 신뢰해야 하는 것입니까? 저는 신학-정치학이 왜 차이가 나타나는 현장인지를 이해하기 위해 노력해 왔습니다. 모든 것은 차이의 현장이 될 수 있습니다. 왜 이 현장에 계속해서 관심을 가져야 하는 것입니까?

"오늘날의 사건들에 비추어" 이는 가장 긴급한 질문이며, 종교와 정치를 구분하는 문제를 해명하는 것이 시급하게 요구될 것입니다("현안 사건들"에 있어서는 적은 상관성을 띤 것은 제쳐놓는다 하더라도). 제가 반복적으로 말한 것을 이해해 주시기 바랍니다. 하지만 이 모든 것들은 부시가 빈 라덴만큼이나 근본주의적이라는 사실을 넘어서는 것입니다. 그 긴급함은 우리가 깨달을 수 있는 직접적인 맥락을 넘어서는 것입니다. 관건이 되는 것은 서구가 세속주의를 요청한다는 것입니다(종교와 신앙에 대한 평범하지 않은 집착과 손을 맞잡고 함께 가고 있는). 비록 그 요구가 서구에서 세속화가 나타났다는 주장이기는 하지만 말입니다. 이전에는 종교가 있었고 그리고 그 다음에는 다른 것이 있었다는 것을 어떻게 판단합니까? 연속성이 있었다는 점은 분명합니다. 변했다는 것은 문제가 되지 않지만 그 변화가 무엇인가라고 생각하는 관점은 모든 차이를 만들어 냅니다. 그 변화를 설명하기 위해 애초부터 완전히 새로운 출발이 있었고 이전에 보던 것과는 전혀 다르다는 식으로 상황은 뒤섞입니다. 이는 가능성입니다만 종교가 변했다든지 세속화되었다고 말할 수는 없는 것입니다. 혹자는 그 변화의 연속성과 종교가 완전히 사라진 지점을 설명하거나 붕괴라는 관점에서 그런 주장을 할 수도 있을 것입니다. 이것은 지나치게 단순화된 것이지만 말씀드리지 않을 수 없는 것입니다. 모든 것이 달라져서 과거의 종교와 현재의 종교가 아무런 관련이 없을 수도 있습니다. 어떤 것도 과거와 관련을 가지고 있지 않으며, 이는 명백한 것입니다.

이제 우리는 다음 질문을 할 수 있게 되었습니다. 신학-정치학은 무엇이며, 신학-정치학의 차이는 무엇인가? 그것은 어떻게 형성되었으며, 어떻게 유지되고 있는가? 그리고 어떻게 결정적인 것이 되었는가? 그것은 사실인가? 그리고 비록 제가 단일함에서의 차이에 주로 기대어 있기는 하지만 그 차이는 명백히 대단히 큰 것입니다.

그렇다면 종교와 정치 사이의 이 차이가 왜 아직까지 우리를 결정하는 요소입니까? 우리는 이 점에 대해서 충분히 생각해 보지 않았고, 최소한 상대enemy의 관점에서 판단한 것은 아닌지 생각해 보지 않았습니다. 왜냐하면 지금이 상대와 관련한 의문이 중요한 순간이기 때문입니다. 우리가 쓰려고 하는 신학, 종교, 정치학의 역사가 무엇이든지 우리가 상대방과 직면하지 않는 한, 그것은 "세속화" 이후에서처럼 이전에도 개념화되지 못한 상태에 머물러 있으며, 처음부터 지금까지 그 상대가 신학-정치학적인 만큼, 그리고 우리는 그에 관해 생각하지 않았으며, 따라서 우리는 여전히 상대와 함께 있는 것입니다.

●상대의 개념과 그 개념이 신학-정치학에 대해 가진 관계는 유대인과 아랍에는 어떻게 연관이 되는 것인지 설명해주시기 바랍니다.

네, 지금 말씀드리려 했던 것인데요, 유대인과 아랍은 상대로서 신학-정치학을 형성합니다. 그것은 "그것들"을 통해 만들어지는 것입니다. 철학적인 문제로써, 적에 관한 형이상학적 질문의 부재는 매우 흥미롭습니다. 친구란 무엇입니까? 진정한 친구란 무엇입니까? 이는 데리다가 증명했듯이 철학적이고 정치적인 생각입니다. 이 의문들은 철학이 시작되는 의문이기도 합니다. 철학이라는 어원은 그 자체로 사랑과 우정을 생각해보는 의미를 가지고 있습니다. 그것은 그 자체로 상대와 관계되지 않습니다. 즉, 이는 부재의 영역에서, 반성되지 않은 적개심의 영역에서 발생하는 한에서는 철학적인 문제이며, 실상 신학-정치학적인 차이와 관계를 가지고 있습니다. 여기서 무리해서 대답을 시도한다면 (전체 개념을 축소함 없이) 상대는 신학-정치학이라고 말할 수 있을 것입니다. 그것이 신학-정치학을 구성한다는 의미로서 말입니다. 따라서 지금은 우리는 상대의 의미를 묻지 않고는 무엇이 신학-정치학인지의 문제에 다가설 수 없다고 말씀드려야만 하겠습니다. 제 생각에 이곳이 잘 보아야 할 지점입니다. 상대는 종교와 정치에 의해 구성되고, 질문의 역사적인 무게는 유럽에서의 유대인과 아랍인에 의해 지워지고 구성되었습니다. 따라서 부재가 작동될 수 있는 것으로 보이는만큼, 그것은 구조적인 부재입니다. 상대의 문제가 부재한 것이 서구에서 상대와 친밀감을 형성할 수 있는 것으로 보이는 것이며, 즉 서구 자체에 대한 친밀감뿐 아니라 종교와 정치 사이의 친밀감으로 보일 수 있는 것입니다.

저는 이 점을 현대의 정치학과 같은 방식으로 설명하려 했습니다. 그 작업이 너무 곁길로 흐르지 않았으면 하는데요, 정치적 시오니즘은 유대인을 역사에 다시 기술되도록 하였고, 그것은 정치적인 역사로 이해되었습니다. 다른 하나의 등장 방법은 정치적인 시오니즘이 세속화되는 것으로 등장하는 것입니다. 그리고 명백히 다른 쪽에 서 있는 이슬람은 수 세기 동안 신학적인 측면은 부정되어 왔고, 지금에 와서 "종교"와 종교적인 광신행위의 축도가 되었습니다. 그리고 이 두 요소로부터 많은 것이 이어집니다. 여기서 파생된 한 예는 팔레스타인인들은 아직까지 정당한 정치적 요구를 갖지 못한 것으로 생각하는 것입니다. 사람들은 그들을 전쟁과 갈등을 추구하는 광적인 무슬림으로 알고 있습니다. 다른 예는 이슬람이 불관용의 동의어이며, 이는 종교가 계몽사상 이후에 어떻게 묘사되어 왔는가를 전형적으로 보여줍니다. 그런데 이는 세속화 명제에 대한 또 다른 기이한 사실입니다. 서구는 종교를 상실했고, 세속화는 승리했으며 동시에 동양에서 종교가 발견되었습니다. 오리엔탈리즘과 종교적 사실 사이에는 깊은 연관이 있습니다. 이슬람만이 그 예는 아닙니다만, 그것이 결정적이 라고 말하고 싶습니다. 어쨌든 "세속화"와 더불어 이슬람은 "세계 종 교"가 되었습니다.

명백히 이러한 관점에서 보면 유럽의 역할은 지대했습니다. 유럽은 결국 신학-정치학이 자리 잡은 현장인 것입니다. 다른 말로 하면 유럽 은 그 자체로 작동하지 않으며 과거로부터 이어져 내려온 정치와 종교 사이의 차이를 통해 작동하는 것입니다. 왜냐하면 세속화된 기독교는 여전히 기독교이기 때문입니다. 하지만 번역되거나(Schmitt), 은유적 이거나(Blumenberg), 곡해된 것(Löwith)이지요. 자신이 세속화되었음 을 알게 되는, 자신이 재탄생된 것임을 또는 자신이 세속 그 자체로 변 형되어 온 유일한 전통은 서구 기독교입니다. 따라서 지난 3백 년간 겪었던 변화들이 무엇이든 간에 문화적인 단위로서 기독교가 겪었던 변화입니다.

저는 이것이 너무도 계획적인 것이라고 확실히 그리고 빨리 말하려 했습니다. 왜냐하면 그것은 최근에 공부하려 했던 것이고 또 그 사실 이 점차 저를 놀라게 해왔기 때문입니다. 사람들이 종교재판소나 현대 의 선조들, 생물학적인 인종주의의 등장에 대해서 말할 때, 그들은 종 종 "순수한 피 법령limpieza de sangre ; the Purity of Blood statutes"을 인용하고는 합니다. 그 법령과 규정은 개종자나 "새 기독교인"을 유대인의 혈통으 로 규정하고 공식적인 지위에서의 역할을 맡지 못하도록 했습니다. 그 법령은 처음에는 15세기에 스페인에서 시작되어 한 세기 후에는 스페 인과 포르투갈 전역으로 퍼져나갔습니다. 이 법령에 함축된 바는 성례

전Sacrament이 의미가 없다는 것, 즉 세례식이 기독교인이 되는 것을 더이상 보증해 주지 않는다는 것이었습니다. "새 기독교인"을 다룬 이 법령이 가진 의미는 막강합니다. 제가 보았을 때 가장 중요한 것은 그것이 궁극적으로 구 기독교도와 신 기독교도 사이의 구분을 지탱해주던 교회에 미치는 의미의 문제입니다. 이는 스페인 역사에서 중요한 만큼이나 유대 역사에서도 중대한 문제입니다. 저에게 있어서는, 기독교에서 이보다 더 이상의 반성서적인 세속적 규정을 생각할 수 없습니다. 즉, "순수한 피 법령"은 세속화의 시작이었습니다. 사실상 성례전의 기능이 폐지된 것입니다. 여기서 진실로 "새 기독교인"을 발견하게 되는 것입니다. 이들은 개종자들이나 개종자들 가운데 일부를 말하는 것이 아니라, 교회 중에서 스스로를 "구 기독교인"으로 재발견한 경우를 말하는 것입니다. 이 모든 것이 지금까지의 바로 말 그대로의 기독교인이며, 진짜 가톨릭입니다. 기독교 교리의 기본 원리에 반하는 방향에서 교회의 이름으로 이루어진 것임에도 불구하고 말입니다. 어떻든지 간에 남은 것은 그런 가톨릭교이며, 기독교는 그 시점에서 급격하게 변했지만, 그럼에도 변화된 그것이 기독교이고, 나중에도 여전히 자신을 기독교라 부르며, 그렇게 행세하고 있는 것입니다. 따라서 누군가는 모든 것이 똑같다고도 할 수 있겠지만 그럼에도 불구하고 벤야민에 따르면 꽤 달라진 것입니다. 유대인이나 무어인에게 일어난 일과는 별개로 뭔가 근본적인 것이 기독교에 발생했습니다. 물론 그것은 대재앙이었지만 그 순간에 유럽이 변한 것입니다. 서구의 전 기독교가 보수화(종교재판소 설치보다 더 보수적인 것이 있습니까?)를 선언하면서 완전히 재탄생했고, 그것이 세속화의 시작이었습니다. 세속화는 다른 이름의 기독교입니다. 당연히 별개의 기독교입니다.

종교, 인종 그리고 민족성ethnicity[1]

●선생님의 책 『유대인, 아랍인: 상대의 역사』에서 유대인은 종교적인 범주인데 비해 아랍인은 민족적ethnic인 구분입니다. 책 전반에서 선생님은 유대인과 무슬림이라는 구분보다는 유대인과 아랍인이라는 구분을 쓰고 계십니다. 한쪽은 종교적으로 다른 쪽은 민족적인 범주로 구분하는 이유가 있습니까? 그리고 이러한 종교와 관련짓는 민족적인 또는 정치적 표기를 하지 않는 이유는 무엇입니까?

이것은 매우 중요한 논점 중의 하나입니다. 거기에는 그 이름의 힘에 따르고 싶은 어떤 수위가 있습니다. 그 이름은 제가 간절히 바랐던 것이며, 더 솔직히는 질문하고, 심지어는 납득해왔던 이름입니다. 언론에서, 이스라엘과 관련된 정치 담론에서, 제도에 대한 논의에서, 이스라엘의 신분증명서에도 모두 "유대인"과 "아랍인"은 관용적으로 사용되는 용어입니다. 사람들이 "갈등"이 신학적—종교 간의 충돌—이라는 것을 이론화 할 때도 여전히 이 용례를 따릅니다.

만약에 그들이 그것을 정치적인 문제로 본다고—민족주의가 서로 다투는 문제로—하더라도 그들은 여전히 같은 용례를 따릅니다(이스라엘과 팔레스타인 문제를 더 "정확히" 말하려 한다 하더라도). 몇몇 사람은 용어를 엄격하게 사용하려 해도, 이 문제는 그 엄격함을 넘고, 말하는 이들의 의도를 넘어서 사용됩니다. 그래서 대부분의 영역에서 지속적으로 쓰이는 것은 "유대인"과 "아랍인"이라는 용어입니다.

---

1) ethnicity는 인종적인 특성을 중심으로 한 민족 개념이고 nationality는 문화적인 특성을 중심으로 하는 민족 개념. nationality는 민족 단위의 국가적 특성을 포함하기도 하므로 국민성으로 번역했음.

지금의 용례는 모두 어떤 혼동의 결과입니다. 서구에서 무슬림을 지칭할 때 사용되는 여러 명칭들(사라센, 아가렌, 투르크, 마호메트교도, 아랍인)에는 작지 않은 편차가 있습니다. 그래서 서구의 담론에는 광범하게 분포된 용어들이 존재하지만 지시 대상이나, 지시하는 범위가 바뀌는 것은 아닙니다. 그럼에도 어떤 수준에서는 그 용어들에는 실체적인 지시 대상이 없다고 말하고 싶습니다. 무엇보다 그 용어들은 자기지시적입니다. 이는 유럽이 자기 자신에 대해 말하는 여러 경우들입니다. 자기 스스로를 아랍, 투르크, 사라센 등의 이름 붙이기와 관계없이 생각해보려는 시도였던 것입니다.

분명히 제가 하나는 종교적인 표지Jew를 쓰고 다른 하나는 민족적 표지Arab를 썼을 때는 이런 용례나 사고방식에 동조하려는 것은 아니었습니다. 하지만 여기에는 그 담론에 영향을 미치는 역사적으로 함축된 의미가 있습니다. 생각나는 사례 가운데 하나는 미국의 유대인들은 우선 민족성 담론(복잡해진 인종과 관련해서, 30~40년 사이에 미국에서 더욱 일반화 된)을 받아들인다는 점입니다. 반면에 그들은 조직화된 차원에서는 이 민족성 담론에 저항합니다. 이 점이 바로 유대민족 출신의 미국인Jewish American이 아니라 미국의 유대인American Jewish이라 불리는 이유입니다. 다른 말로 하면 종교적인 소수자집단에 불과한 것입니다. 미국에 있는 유대인들은 민족성을 중요시하지만 사회에 완전히 귀화되어 사는 것은 아닙니다. 그러한 면에서 "유대인"은 종교적인 용어입니다. 이는 종교적인 공동체에 의존하게 되고, 공동체는 민족적이지만 근본적으로는 종교적인 연결을 가지고 있습니다. 백인이 됨으로써 유대인들은 더욱 사회성이 있는 지위를 추구하고 획득했다고 말할 수 있습니다. 그러나 그들은 유대인이 18~19세기에 걸쳐 발생하고, 엄청난 결과를 초래했던 인종화에 거리를 두려는 역사적인 시도를 해왔습니다.

물론 이 제안이 모순으로 가득하고 다른 영역과 뒤섞이는 것이 사실입니다. 미국의 유대인들이 자신들을 하나의 민족단위로 보지 않는다고 말하는 것은 좀 바보 같기는 하지만 그 말에 담긴 무언가는 주목할 필요가 있습니다. 같은 차원에서 보자면 이스라엘은 세속주의 국가이지만 "국민성nationality"을 공유하는 것을 통해 이스라엘은 유대인들을 인종적으로 단일화하고ethnicize, 자신들의 신화와 정책에 반하는 차이를 지워나가고 있습니다. 결국 누가 유대인인가를 판정하는 권한을 가지고 있는 것은 유대교 율법사제단Rabbinate인 것입니다. 대부분의 경우에 가족법에 대한 권한은 율법사제단이 지고 있으며, 거기에서 중요한 정치적 결정이 내려지게 됩니다.

그래서 실제로 누가 유대인인가 하는 결정을 내리는 것은 종교적인 권위자이며, 그것은 "유대인"은 여전히 종교적인 용어라는 말이지만, 국민성nationality—민족성ethnicity을 의미하는—의 문제에 부딪히면, 종교적 차이는 사라지게 되는("아랍인"이라는 말처럼) 것입니다. 이스라엘의 신분 증명에는 여러 종류의 범주가 존재하는데 그 중 하나가 유대인이며, 다른 범주에는 체르케스Circassian인, 드루즈Druze인 등이 있습니다. 즉 어떤 것은 민족적인 구분이고 어떤 것은 종교적인 구분인데 이는 매우 복잡합니다. 이슬람교도가 아닌 아랍인이 있고, 아랍인이 아닌 이슬람교도가 있으며 이 둘은 대칭적이지 않습니다. 따라서 "아랍인"이 지배적인 비종교적인 방식으로 주장된다는 사실은 이 점에서 제게는 그것을 대부분 민족적인 표지로 생각하게 합니다. "유대인"이 신학적인 방식으로 결정되는 것과는 반대로 말입니다.

중요한 문제는 비록 이스라엘이 "유대인"을 인종적인 표지로 받아들이더라도 그런 인정이 인종주의의 완강한 부정에 종지부를 찍을 수는 있겠지만, 그것이 종교적인 국면에서 유지되고 있는 시오니즘의 메시아주의적이고, 종말론적이며, 묵시론적인 측면들에 내재되어 있는 부정은 유지한다는 사실입니다. 그것은 단지 유대인 이주자들이 아니라 시오니즘 자체에 그런 성격이 있기 때문이라는 것입니다. 라즈-크라코츠킨Amnon Raz-Krakotzkin이 잘 밝혀 놓은 글을 보면 시오니즘에서 나타나는 부정은 종교적인 운동이 아니라 정치적인 것입니다(정착지 건설은 이스라엘의 지원과 미국의 승인과 같은 세속주의의 지지없이는 불가능한 것입니다).

신학-정치학의 주제가 현재의 "유대인과 아랍인"의 문제를 어떻게 조명하는가를 보여줍니다. 인종과 민족성의 문제는 그 책을 탈고하고 나서 더 명쾌해졌습니다.

이는 모두 유럽과 관계를 맺고 있습니다. 19세기는 유럽이 스스로 정말로 종교에 대해 세속주의가 승리를 거둔 시기라고 생각하던 때였습니다(물론 유럽의 전 분야를 말하는 것은 아니고 지식인과 정치, 문화 담론 영역을 말하는 것입니다). 그때가 신학-정치학이 더 이상 문제를 만들어내지 않은 것으로 보였던 유일한 시기였습니다. 그리고 유대인에 대해 무엇을 말하든지 역으로 아랍에 대해서도 말해질 수 있었던 유일한 때이기도 했습니다. 둘 사이의 차이를 제거하는데 문제가 되는 것은 없었습니다. 지금 보아서는 믿을 수 없는 시기였고 중요한 의미를 갖는 시기였습니다. 하지만 흥미롭게도 종교와 인종보다는 종교와 정치에 대해 썼습니다. 제가 종교 재판소에 대해 말했던 것은 그 과정의 시작이었습니다. 누군가는 바로 그 순간부터 인종과 종교 사이의 관계에 대해 말할 수도 있을 것입니다. 제 생각으로 시기적으로 19세기와 유대인의 발명은 특히 중요한데요, 왜냐하면 유대인semites[2]에게 발생한 일은 종교를 발명했다고 말해졌던 인종이 발명된 이상한 일이었기 때문입니다.

그 순간에 인종과 종교는 동시에 유대인semites의 상象에서 떨어져 나와 두 개의 각각 다른 범주가 되었습니다. 정말로 흥미로운 것은, 그리고 사이드E. said가 도발적으로 묘사했던 것으로 유대인이 둘로 갈라진 과정과 적의가 유대인과 아랍에서 아랍만으로 이전되는 방식이었습니다. 이리하여 유대인Jew들은 유대인semites임을 멈췄습니다. 2차 대전 이후에 유대인들에게 인종과 종교 사이에서 매우 복잡한 일들이 벌어졌습니다. 무엇보다, 인종은 유대인을 이야기할 때 그들을 지칭하지 않는 단어가 되었습니다. 반면에 마지막이자 유일한 셈족은 아랍인이 되었습니다. 그래서 그들은 인종이고, 유대인들은 종교적인 구분을 하게 된 것입니다. 또는 당신이 원한다면 그 역으로 갈 수도 있습니다. 아니, 아랍을 지금까지도 종교에 부착된 인종이 되었다고 보는 것이 낫겠습니다.

학문적으로는 어떻든 간에 인종과 종교 사이의 구분은 끝났습니다. 종교는 인종 연구에서 가장 주변화되어 있습니다. 사람들이 말할 때는 인종, 계급, 젠더 다음이 종교입니다. 종교는 분과 학문이고 그것은 다른 학문들과 마찬가지로 인종의 문제를 탐구하지만 지식을 다루는 데 있어서의 분과학문적인 메커니즘과 같은, 즉 문학과 철학 사이의 구분

---

2) 원래 의미는 셈족이다. 유대인과 다른 중동의 아랍인들 모두 셈족에 속하지만 특히 유대인들이 노아의 큰 아들 셈의 자손을 자칭하기 때문에 주로 이들을 인종적으로 가리킬 때 사용된다. 여기서는 유대인을 민족과 구분되는 인종의 의미로 나타내기 위해 사용하고 있다.

과 비견되는 인종과 종교 구분에 대한 엄밀한 비평은 언젠가는 나타날 것으로 보입니다.

흥미로운 의문은 종교가 정확히 무엇인가라는 것, 나아가 그것이 옳은가 그른가 하는 것이 아니라 그것이 어떻게 기능을 하고 있는지, 어디에 놓여 있으며, 어떻게 봉쇄되고 있는지 하는 것입니다. 어떤 사람들은 종교적이어야 한다고 주장하고, 다른 사람들은 사물을 종교적인 방식에 의해 설명하려 하고, 어떤 문화 전체가 스스로를 이해하는 데 있어 종교가 얼마나 근본적인가를 설명하려고 합니다. 그 용어는 광범위하게 사용되고 있으며, 따라서 더 복합적인 방식으로 살펴보아야 합니다. 종교가 하나의 범주로 확정될 때, 그것은 별개로 재기입될 것입니다. 하지만 무엇과 별개인 것일까요? 아마 차이가 있을 수도 있고 없을 수도 있을 것이고, 그 차이가 우리가 생각하는 곳에 있지 않을 수도 있습니다. 푸코의 관점에서 보자면 거기에는 학제적인 메커니즘이 있고 그 학제에 따라 어떤 것은 인종으로 기록되고 어떤 것은 종교로 기록되는 것입니다. 차이는 정말로 보통 생각하는 곳에 있지 않습니다. 그리고 목표는 전혀 관심이 없음에도 우리는 그 목표를 위해 지속적으로 봉사하고 있습니다.

보편주의의 문제

●신학-정치학의 문제는 보편주의의 문제와 어떤 관련이 있습니까? 그리고 구체적으로 민주주의, 인권과 같은 가치들과는 어떻게 관련을 맺게 됩니까?

양해가 된다면 얼마 전에 끝낸 논문 〈유대인의 가설*Semitic Hypothesis*〉

내용을 미리 말씀을 드리고 싶습니다. 이 글에서 다루려고 했던 명제 중의 하나는 "세속주의는 오리엔탈리즘"이라는 어구였습니다. 저는 세속주의를 오리엔탈리즘으로 축소시킬 의도는 없습니다. 하지만 세속주의 담론이 반이슬람주의와 근본적으로 관계되어 있다는 점을 이해해야 한다고 생각합니다. 이는 새로운 진전도 아닙니다. 그것은 오히려, 헤겔이 말했듯이 서양에서 "종교의 상실"과 함께 나타난 동양에서의 새롭게 발견된 신앙을 구축하는 것입니다. 저는 아직까지 정치적 진보가 수억의 민중에 대한 독재가 지속되도록 해야만 한다고 생각할 어떤 타당한 주장도 들어보지 못했습니다. 그것은 정말로 어떤 판단으로써는 상식에서 벗어난 일입니다. 하지만 도대체 무엇을 판단하는 것입니까? 전체로서의 이슬람? 역사? 세계?

이는 제가 앞에서 내부에서는 근본적으로 변화된 기독교이지만 여전히 기독교로 존재하는 세속화에 대해서 언급한 것과 관련됩니다. 세속주의가 단순히 자신을 수출하는 어떤 것이 아니라는 것은 아니고, 종교 사용이 일반화되어 왔다는 것을 부정하려는 것도 아닙니다. 이슬람주의자들이 종교적인 시선을 가져야 한다고 주장하며, 그러한 것을 종교라 부른다는 것을 부정하는 것은 어리석은 일입니다. 저는 그저 단순히 집단적으로 번역을 했을 때 나타나는 문화적, 정치적 효과를 강조하고 싶을 뿐입니다. 예를 들어, 아다브adab 문학을 "편지"로 번역하는 것에 비견되는 북유럽 신화din를 그저 "종교"로 번역하는 것은 중대한 일이며, 지식과 소통 그 이상을 이해하는 일입니다. 일어난 일을 단순히 "세속화"라 생각하는 것은 매우 당황스러운 일입니다. 이는 단순히 어떤 단어 하나를 채택하는 것 이상으로 복잡한 일이기는 하지만 제 말이 언어를 바꾸는 것이 가진 영향을 축소시키려는 것은 아닙니다.

 우리는 공적 영역에 종교가 등장하는 어떤 시민사회도 있을 수 없다는 것인지에 대해 다른 정치적인 대안은 없는 것인지 절망적으로 상상해내려 합니다. 우리는 지금 이슬람을 삶의 방식으로 해석하는 서사를 넘어서야 합니다. 그것이 종교가 된 것입니다. 거기에는 발생했거나 지금도 생겨나고 있는 변화를 기술할 수 있도록 하는 언어가 너무 많으며 변화를 언급할 수 있는 그 가능성은 그것들에 달려 있는 것입니다. 다음으로 깨달아야 할 것은 세속화 담론입니다. 즉, 중동지역에서의 근대화와 민주주의에 대한 담론은 대부분 아랍어나 이 지역의 언어를 배워본 적이 없는 사람들에 의해 대부분 수행되고 있습니다. "전문지식expertise"이라고 말하는 게 더 정확할 지식은 겸손의 부족함에는 경계가 없다는 것을 알고 있습니다.

 만약에 제게 어떤 전문가가 이 세계는 정확히 무엇이 잘못되었으며 현 문제의 전부 또는 대부분을 해결하기 위해서 바꾸어야 할 것은 무엇인가라고 묻는다면, 저는 그 잘못이 "종교"로 규정되는 것에 반대할 생각은 없다고 말하고 싶습니다. 하지만 저는 누구나 세상 일반의 문제에 대해 그리고 해결책이 정확히 무엇인지에 대해 주장할 수 있다는 것에 주목합니다. 마르크스는 적어도 충분히 신중해서 대부분의 경우에 자기 자신의 주장을 서구 문화로 제한하였습니다. 그는 그 주장을 무너뜨릴 성명을 발표하였지만 대부분의 경우에 서구 사회가 작동하는 방식에 대해 이야기했습니다. 푸코 역시 마찬가지입니다. 거기에는 아직 제가 알지 못하는 것이 있다고 생각합니다만, 저는 단순한 자민족중심주의라기보다는 겸손함의 표현으로 보고 싶습니다. 알아두어야 할 것은 어떤 지역의 언어의 기본 원리를 모른다면 모든 것에 대해 말할 수 없다는 것입니다. 그래서 저는 어떤 지역의 정치나 인간 심리나 그 밖의 다른 것보다 종교적인 어떤 것을 비난하는 것에 열중하지 않습니다.

거기에는 사실상 이해가 결여된 차원이 존재하는 것입니다. 이슬람 국가에 있는 문제가 이슬람 때문이라고 말할 수 있습니까? 아마도 국가들이 가진 문제는 국가라는 문제일 것입니다. 또는 인간이 존재한다는 것이 문제일 것입니다(이 주장들은 명망 있는 사람들이 했던 것입니다). 저는 무엇이 문제인지 모르겠고, 따라서 문화·사회·정치 전반을 변모시키려는 대규모적인 해결책을 옹호할 생각은 없습니다. 그 변모의 막대한 부분은 이미 벌어지고 있지만, 그 주장은 둘로 나뉩니다. 이미 수많은 서구의 여성들이 베일을 사용하고 있다는 것은 알려진 사실입니다. 이것이 변화로 기록될 수도 있다는 것을 인정합시다. 그렇다면 프랑스 문화는 그러한 변화를 수용할까요, 거부할까요? 서구에서 사회의 변화는 어떤 의지에 의해 이루어지는 것이 아닙니다. 그것은 마치 누군가 나서서 "자, 이제 시민사회를 하기로 합시다."라고 말하는 것과 같은 것입니다. 그러나 아무것도 만들어낼 수 없습니다.

종교를 포기하거나 사적 영역으로 강등시키거나, 사람들이 요구하는 무엇이든지간에 이미 변한 종교에 대해 생각하는 대신에, 사람들의 삶을 도울 수 있는 방법을 생각할 수도 있습니다. 저는 종교는 책임이 없다고 말하려는 것이 아닙니다. 저는 인간의 역사에서 종교가 다른 요소들보다 더 많은 책임을 가지고 있다고 생각하는 것이 정당한지를 질문하는 것입니다. 레비나스가 말했듯이 책임을 정하는 것은 어려운 일입니다. 누군가 단 하나의 책임질 주장을 하지 않는 이상 사실상 첫 번째 사람만의 고유한 책임은 없습니다.

종교를 포기하는 것을 옹호하는 것이 제 소박한 생각에는 미학이 포기되어야 한다고 주장하는 것과 다를 바 없는 것으로 여겨집니다. 그것은 절대로 박물관에 가지 않는 것이나 아이의 얼굴에 경탄을 느끼지 않는 것과 같습니다. 예술이나 아름다움처럼, 아니 더욱 더 종교는 인간적이며 세속적인 의미에 반대되는 것으로 이해되고 있습니다. 그리고 아마도 사실상 그 구분을 버리고, 인간적인 것과 신성함과 같은 단어를 버려야 할지도 모릅니다. 하지만 말하려고 하는 나는 누구입니까?

제 말이 그러한 문제와 주제들에 대해 진지하게 연구한 사상가들의 중요성을 잊어버리자는 것은 아닙니다. 그들의 말이 부당하다는 것이 아닙니다. 그것은 제 자신의 일반적인 외면이 그러한 행동을 무시해버리는 것과 같은 것입니다. 비록 그것이 제가 존경하는 모든 빛나는 사상가들에 동의하는 행동일지라도 말입니다. 그것은 종교가 놓여 있는 모든 상황을 단순화시키는 것이며 그 정도는 아닐지라도 종교와 세속주의의 역사를 단순화 하는 것에 결부시키는 것으로 보입니다.

인권과 민주주의에 대한 질문에 답하면, 제3세계에서 있었던 내부적이고 지역적인 이유를 대는 분들이 계십니다. 하지만 세상의 많은 독재 정권들은 그리고 암시적으로 대부분의 중동 국가들은 미국 정책에 의해 선택되었거나 그 정책의 결과들인 것입니다. 미국은 전 세계 100개 이상의 국가에 군사적인 진출을 하고 있습니다.

저는 모든 것이 군사력과 경제력으로 귀착된다는 주장을 하려는 것이 아닙니다. 그 상황에 대한 이유가 무엇일지라도, 사실은, 원래 내재해 있던 원인과 과정에 따라 형성된 장애들은 너무 미미해서, 비난을 그런 식으로 적절히 지적하는 데 실패하게 된다는 것입니다. 그것이 왜 제가 유럽중심주의적이고, 또 제가 유럽과 서구에 대해서만 말하는가 하는 이유인데요, 왜냐하면 경제적 · 군사적 힘은 너무도 막강하기 때문입니다. 즉, 저는 경제적 · 군사적 힘에 대해 논하지 않았는데요, 제가 그에 대해 잘 모르기 때문입니다. 또 중대한 일들은 다른 차원 즉, 대부분 수사학적이고, "텍스트적"인 차원에서 벌어지는 것이라고 생각하는 훈련을 받아왔기 때문입니다. 오늘날의 구체화된 정책들에는 수백 년된 전례들이 있습니다. 그것이 왜 지금까지도 영향을 끼치고 있는지는 모르겠습니다. 아직도 사람들이 성경을 읽고 있어서인지, 아퀴나스T. Aquinas가 죽지 않아서인지, 루터M. Luther가 죽지 않아서인지(또는 프로이트S. Freud가 말했듯이 그들은 사실상 살아 있는 것처럼 더욱 강해지는 것인지), 그리고 십자군 원정이 끝나지 않아서인지 말입니다. 서양은 그들을 통해 복원되고 있는 것입니까? 정말로요? 결국 1차 걸프전이 베트남전으로부터의 복원을 의미하는 것이었다면, 예루살렘의 상실을 위해 무엇이 필요한지 누가 압니까?

찾아보기

역사로서의 현재
전 세계 권력 지형에 대한 비판적 조망

초판 1쇄 인쇄일 · 2008년 9월 10일
초판 1쇄 발행일 · 2008년 9월 18일

엮은이 · 네르멘 샤이크
옮긴이 · 김병철
펴낸이 · 양미자

편집 · 한고규선, 정안나
본문 디자인 · 이춘희

펴낸곳 · 도서출판 **모티브북**
등록번호 · 제 313-2004-00084호
주소 · 서울시 마포구 동교동 203-30 2층
전화 · 02-3141-6921, 6924 / 팩스 · 02-3141-5822
e-mail · motivebook@naver.com

ISBN 978-89-91195-27-1   93310